U0193400

高等代数的典型问题及实例分析

曹文慧　邓　丽　著

黑龍江大學出版社
HEILONGJIANG UNIVERSITY PRESS
哈尔滨

图书在版编目（CIP）数据

高等代数的典型问题及实例分析 / 曹文慧，邓丽著
. -- 哈尔滨 : 黑龙江大学出版社，2022.6
ISBN 978-7-5686-0815-2

Ⅰ. ①高… Ⅱ. ①曹… ②邓… Ⅲ. ①高等代数－研究 Ⅳ. ①O15

中国版本图书馆 CIP 数据核字（2022）第 080199 号

高等代数的典型问题及实例分析
GAODENG DAISHU DE DIANXING WENTI JI SHILI FENXI
曹文慧 邓 丽 著

责任编辑 于 丹 俞聪慧
出版发行 黑龙江大学出版社
地　　址 哈尔滨市南岗区学府三道街 36 号
印　　刷 北京亚吉飞数码科技有限公司
开　　本 720 毫米×1000 毫米 1/16
印　　张 14
字　　数 222 千
版　　次 2023 年 3 月第 1 版
印　　次 2023 年 3 月第 1 次印刷
书　　号 ISBN 978-7-5686-0815-2
定　　价 72.00 元

本书如有印装错误请与本社联系更换。

版权所有 侵权必究

前　言

高等代数是数学系各专业的一门重要基础课,其重要性不仅在于其内容是后续课程必不可少的基础,而且在于其解决问题的思想和方法对继续学习和研究都具有相当重要的意义. 这门课程对于培养和提高学生的抽象思维、逻辑推理、代数运算能力有非常重要的作用. 高等代数不仅是其他数学课程的基础,也是物理等课程的基础. 实际上,任何与数学有关的课程都涉及高等代数知识. 近年来,随着计算机的飞速发展和广泛应用,许多实际问题可以通过离散化的数值计算得到定量的解决. 作为处理离散问题工具的高等代数成为从事科学研究和工程设计的科技人员必备的数学基础.

高等代数主要讲授线性空间的理论,也兼顾一部分多项式理论与代数基本知识. 现代科技的最成功之处就是把纷繁复杂的现实问题进行合理的线性化,从而使问题可以得到良好的近似,线性化之后的问题比较易于解决,线性化之后抽象出的数学模型就是一种最简单的数学结构——线性空间.

这门课程的特点是: 比较抽象,概念比较多,定理比较多,前后联系紧密,环环紧扣,相互渗透. 在学习时,读者很容易遇到许多困难,特别是解题时缺少方法,以至一筹莫展.《高等代数的典型问题及实例分析》这本书能够对学习高等代数和线性代数的读者提供方法上的帮助. 本书共计 7 章,包括行列式、矩阵、向量组与线性方程组、线性空间与线性变换、方阵的特征值与相似对角化、二次型、欧氏空间. 每章都配以典型例题,其中一些例题是研究生入学试题,有一定的难度与深度,具有典型性与广泛性.

本书主要特点是:

(1)层次分明,循序渐进. 研究对象从比较具体的行列式、矩阵、向量、线性方程组到比较抽象的线性空间、线性变换、欧氏空间等,这一过程符合代数学的发展,也符合人类认识事物总是要经过的从具体到抽象再到具体(思维中的具体)的过程.

(2)分散难点,提高能力. 高等代数所使用的各种推证方法、公理化定义、抽象化思维、运算技巧、应用能力等都具有特色,是其他学科无法替代的. 为了既有适当的理论深度,又便于理解,我们对于一般高等代数中难度较大的内容做了适当处理,在分散难点的同时又培养了解题的能力.

(3)深入浅出,注意应用. 多处安排了不同领域的一些典型范例,在编写过程中力求做到叙述清晰、推证严谨、深入浅出、通俗易懂.

本书由大同师范高等专科学校的曹文慧和邓丽共同撰写. 其中,曹文慧撰写第1、2、6、7章(约11.5万字),邓丽撰写第3、4、5章(约10.3万字).

本书在写作过程中,参考了相关专业的著作、文献,得到了学校领导及同事的关心和支持,黑龙江大学出版社对本书的出版给予了很大的帮助,在此一并表示衷心的感谢.由于水平所限,书中疏漏和不妥之处恳请同行、读者指正.

编者

2022年2月

目　　录

第1章 行列式

代数式规则有形是线性代数的一个重要特征,这让我们联想到排列组合.在线性代数中,与排列组合联系最紧密的就是行列式. 行列式是一个研究线性代数的重要的基本工具,它是高等代数的重要组成部分,包含着丰富的数学思想方法. 此外,行列式在数学和自然科学的其他领域也有着十分重要的应用. 本章将介绍行列式的定义、性质、计算.

1.1 排列与逆序

定义 1.1.1 由自然数 $1,2,\cdots,n$ 组成的一个有序数组称为一个 n **阶排列**,记为 $j_1j_2\cdots j_n$.

例如,4213 是一个 4 阶排列,51231 是一个 5 阶排列. 1,2,3,4 可组成 4! 个不同的 4 阶排列. $1,2,\cdots,n$ 可组成 $n!$ 个不同的 n 阶排列. 按数字的自然顺序从小到大的 n 阶排列称为**标准排列**或**自然排列**.

定义 1.1.2 在一个排列中,若一个较大的数排在一个较小的数的前面,则称这两个数构成一个**逆序**. 排列中所有逆序的总个数称为这个排列的**逆序数**. 用$\tau\left(j_1j_2\cdots j_n\right)$表示排列 $j_1j_2\cdots j_n$ 的逆序数. 逆序数是偶数的排列称为**偶排列**,逆序数是奇数的排列称为**奇排列**.

如何求一个 n 阶排列 $j_1j_2\cdots j_n$ 的逆序数呢?设这个排列中排在 j_1 后面比 j_1 小的数的个数为$\tau\left(j_1\right)$,排在 j_2 后面比 j_2 小的数的个数为$\tau\left(j_2\right)$,$\cdots$,排在 j_{n-1} 后面比 j_{n-1} 小的数的个数为$\tau\left(j_{n-1}\right)$,则排列 $j_1j_2\cdots j_n$ 的逆序数为

$$\tau\left(j_1j_2\cdots j_n\right)=\tau\left(j_1\right)+\tau\left(j_2\right)+\cdots+\tau\left(j_{n-1}\right) .$$

例 1.1.1 求下列排列的逆序数.

(1)23514;(2)$n(n-1)\cdots 21$;(3)$135\cdots(2n-1)246\cdots(2n)$.

解:(1)从排列左边的第 1 个元素开始,每个元素都与它后面的元素比较,即可得到该排列的逆序数为

$$\tau\left(23514\right)=1+1+2+0=4 .$$

从排列左边的第 2 个元素开始,每个元素都与它前面的元素比较,也可得到该排列的逆序数为

$$\tau\left(23514\right)=0+0+3+1=4 .$$

(2)$\tau\left[n(n-1)\cdots 21\right]=\left(n-1\right)+\left(n-2\right)+\cdots+2+1=\dfrac{n\left(n-1\right)}{2}$.

(3)$\tau\left[135\cdots(2n-1)246\cdots(2n)\right]=1+2+\cdots+\left(n-1\right)=\dfrac{n\left(n-1\right)}{2}$.

1.2　二、三阶行列式

1.2.1　二阶行列式

定义 1.2.1　用符号$\begin{vmatrix} a & b \\ c & d \end{vmatrix}$来表示计算式$ad-bc$,我们将其称为**二阶行列式**,记作

$$D=\begin{vmatrix} a & b \\ c & d \end{vmatrix}=ad-bc .$$

二阶行列式有哪些用途呢？它是用来解二元线性方程组的,下面我们进行具体阐述.

解二元线性方程组

$$\begin{cases} a_{11}x_1+a_{12}x_2=b_1, \\ a_{21}x_1+a_{22}x_2=b_2, \end{cases}$$

利用消元法,得

$$(a_{11}a_{22}-a_{12}a_{21})x_1=b_1a_{22}-b_2a_{12},$$

$$(a_{11}a_{22}-a_{12}a_{21})x_2=b_2a_{11}-b_1a_{21}.$$

当$a_{11}a_{22}-a_{12}a_{21}\neq 0$时有唯一解,即

$$x_1=\frac{b_1a_{22}-b_2a_{12}}{a_{11}a_{22}-a_{12}a_{21}},\quad x_2=\frac{b_2a_{11}-b_1a_{21}}{a_{11}a_{22}-a_{12}a_{21}}.$$

若记

$$D=\begin{vmatrix}a_{11} & a_{12}\\ a_{21} & a_{22}\end{vmatrix},\quad D_1=\begin{vmatrix}b_1 & a_{12}\\ b_2 & a_{22}\end{vmatrix},\quad D_2=\begin{vmatrix}a_{11} & b_1\\ a_{21} & b_2\end{vmatrix},$$

当 $a_{11}a_{22}-a_{12}a_{21}\neq 0$ 时,即

$$D=\begin{vmatrix}a_{11} & a_{12}\\ a_{21} & a_{22}\end{vmatrix}\neq 0,$$

原二元线性方程组的解可以表示为

$$x_1=\frac{\begin{vmatrix}b_1 & a_{12}\\ b_2 & a_{22}\end{vmatrix}}{\begin{vmatrix}a_{11} & a_{12}\\ a_{21} & a_{22}\end{vmatrix}}=\frac{D_1}{D},$$

$$x_2=\frac{\begin{vmatrix}a_{11} & b_1\\ a_{21} & b_2\end{vmatrix}}{\begin{vmatrix}a_{11} & a_{12}\\ a_{21} & a_{22}\end{vmatrix}}=\frac{D_2}{D}.$$

其中, $D=\begin{vmatrix}a_{11} & a_{12}\\ a_{21} & a_{22}\end{vmatrix}$ 称为二元线性方程组

$$\begin{cases}a_{11}x_1+a_{12}x_2=b_1,\\ a_{21}x_1+a_{22}x_2=b_2\end{cases}$$

的**系数行列式**.

1.2.2 三阶行列式

定义 1.2.2 用 $\begin{vmatrix}a_{11} & a_{12} & a_{13}\\ a_{21} & a_{22} & a_{23}\\ a_{31} & a_{32} & a_{33}\end{vmatrix}$ 表示计算式

$$a_{11}a_{22}a_{33}+a_{12}a_{23}a_{31}+a_{13}a_{21}a_{32}-a_{11}a_{23}a_{32}-a_{12}a_{21}a_{33}-a_{13}a_{22}a_{31},$$

我们将其称为**三阶行列式**,即

$$\begin{vmatrix} a_{11} & a_{12} & a_{13} \\ a_{21} & a_{22} & a_{23} \\ a_{31} & a_{32} & a_{33} \end{vmatrix} = a_{11}a_{22}a_{33}+a_{12}a_{23}a_{31}+a_{13}a_{21}a_{32}-a_{11}a_{23}a_{32}-a_{12}a_{21}a_{33}-a_{13}a_{22}a_{31}.$$

与二阶行列式相同,三阶行列式也可以用来解三元线性方程组.

常见的三元线性方程组可以表示为

$$\begin{cases} a_{11}x_1+a_{12}x_2+a_{13}x_3=b_1, \\ a_{21}x_1+a_{22}x_2+a_{23}x_3=b_2, \\ a_{31}x_1+a_{32}x_2+a_{33}x_3=b_3, \end{cases}$$

我们定义

$$D=\begin{vmatrix} a_{11} & a_{12} & a_{13} \\ a_{21} & a_{22} & a_{23} \\ a_{31} & a_{32} & a_{33} \end{vmatrix}$$

为该三元线性方程组的系数行列式,同时定义

$$D_1=\begin{vmatrix} b_1 & a_{12} & a_{13} \\ b_2 & a_{22} & a_{23} \\ b_3 & a_{32} & a_{33} \end{vmatrix},\ D_2=\begin{vmatrix} a_{11} & b_1 & a_{13} \\ a_{21} & b_2 & a_{23} \\ a_{31} & b_3 & a_{33} \end{vmatrix},\ D_3=\begin{vmatrix} a_{11} & a_{12} & b_1 \\ a_{21} & a_{22} & b_2 \\ a_{31} & a_{32} & b_3 \end{vmatrix}.$$

当 $D \neq 0$ 时,该三元三式线性方程组的解为

$$x_1=\frac{D_1}{D},\ x_2=\frac{D_2}{D},\ x_3=\frac{D_3}{D}.$$

三阶行列式的关键在于求其结果，我们可以用对角线法则来计算三阶行列式的结果．具体可以表述为

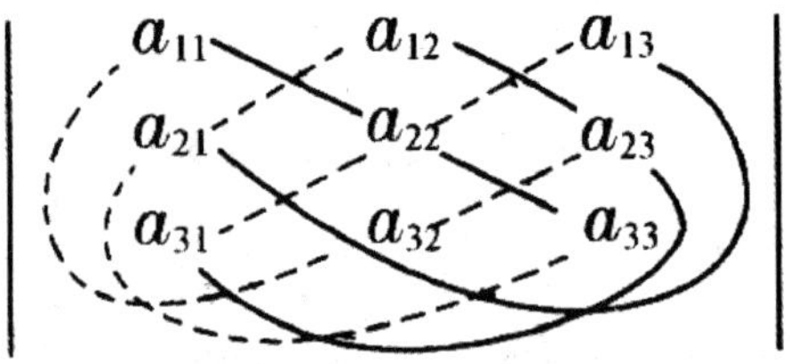

$$= a_{11}a_{22}a_{33} + a_{12}a_{23}a_{31} + a_{13}a_{21}a_{32} - a_{11}a_{23}a_{32} - a_{12}a_{21}a_{33} - a_{13}a_{22}a_{31} \ .$$

在这里，三阶行列式的计算结果中共有六个乘积项，每个乘积项的三个因子是来自不同行不同列的三个数．每条实线经过的三元素的乘积前用正号，每条虚线经过的三元素的乘积前用负号．

在三阶行列式

$$\begin{vmatrix} a_{11} & a_{12} & a_{13} \\ a_{21} & a_{22} & a_{23} \\ a_{31} & a_{32} & a_{33} \end{vmatrix} = a_{11}a_{22}a_{33} + a_{12}a_{23}a_{31} + a_{13}a_{21}a_{32} - a_{11}a_{23}a_{32} - a_{12}a_{21}a_{33} - a_{13}a_{22}a_{31}$$

中，我们将等号右端的部分称为三阶行列式的展开式．在三阶行列式的展开式中，每一项都可以写成 $a_{1j_1}a_{2j_2}a_{3j_3}$ 的形式，其中，j_1,j_2,j_3 无相同者，并且是1，2，3的一个排列，所以展开式中一共有六项，每一项 $a_{1j_1}a_{2j_2}a_{3j_3}$ 都带有符号 ± 1．若令 $\pm 1 = s(j_1,j_2,j_3)$，则 $s(j_1,j_2,j_3)$ 与排列 j_1,j_2,j_3 的奇偶性有关，且有 $s(j_1,j_2,j_3) = (-1)^{t(j_1j_2j_3)}$，所以三阶行列式可以表示为

$$\begin{vmatrix} a_{11} & a_{12} & a_{13} \\ a_{21} & a_{22} & a_{23} \\ a_{31} & a_{32} & a_{33} \end{vmatrix} = \sum_{(j_1,j_2,j_3)} (-1)^{t(j_1j_2j_3)} a_{1j_1}a_{2j_2}a_{3j_3} \ ,$$

其中，$\sum\limits_{(j_1,j_2,j_3)}$是对所有 3 级排列 j_1,j_2,j_3 取和.

由二、三阶行列式的定义可知，

$$\begin{vmatrix} a_{11} & a_{12} & a_{13} \\ a_{21} & a_{22} & a_{23} \\ a_{31} & a_{32} & a_{33} \end{vmatrix} = a_{11}\begin{vmatrix} a_{22} & a_{23} \\ a_{32} & a_{33} \end{vmatrix} - a_{12}\begin{vmatrix} a_{21} & a_{23} \\ a_{31} & a_{33} \end{vmatrix} + a_{33}\begin{vmatrix} a_{21} & a_{22} \\ a_{31} & a_{32} \end{vmatrix}.$$

1.3　n阶行列式

定义 1.3.1　由 n^2 个元素排列成 n 行、n 列，以

$$\begin{vmatrix} a_{11} & a_{12} & \cdots & a_{1n} \\ a_{21} & a_{22} & \cdots & a_{2n} \\ \vdots & \vdots & & \vdots \\ a_{n1} & a_{n2} & \cdots & a_{nn} \end{vmatrix}$$

记之，称其为 n **阶行列式**，它代表一个数. 此数值为不同行、不同列的元素 $a_{1j_1}a_{2j_2}\cdots a_{nj_n}$ 乘积的代数和，其中 $j_1j_2\cdots j_n$ 是数字$1,2,\cdots,n$ 的某一个排列，故共有 $n!$ 项. 每项前的符号按下列规定：当 $j_1j_2\cdots j_n$ 为偶排列时取正号，当 $j_1j_2\cdots j_n$ 为奇排列时取负号，即

$$D = \begin{vmatrix} a_{11} & a_{12} & \cdots & a_{1n} \\ a_{21} & a_{22} & \cdots & a_{2n} \\ \vdots & \vdots & & \vdots \\ a_{n1} & a_{n2} & \cdots & a_{nn} \end{vmatrix} = \sum_{j_1j_2\cdots j_n} (-1)^{\tau(j_1j_2\cdots j_n)} a_{1j_1}a_{2j_2}\cdots a_{nj_n} .$$

其中，$\sum\limits_{j_1 j_2 \cdots j_n}$ 表示对 $1,2,\cdots,n$ 这 n 个数组成的所有排列 $j_1 j_2 \cdots j_n$ 取和.

当 $n=1$ 时,即为一阶行列式,规定 $|a|=a$ ；当 $n=2$ 时,即为二阶行列式；当 n=3 时,即为三阶行列式.

下面给出行列式的转置概念.

定义 1.3.2 将一个 n 阶行列式

$$D=\begin{vmatrix} a_{11} & a_{12} & \cdots & a_{1n} \\ a_{21} & a_{22} & \cdots & a_{2n} \\ \vdots & \vdots & & \vdots \\ a_{n1} & a_{n2} & \cdots & a_{nn} \end{vmatrix}$$

的行与列对换一次,所得到的行列式

$$D^{\mathrm{T}}=\begin{vmatrix} a_{11} & a_{21} & \cdots & a_{n1} \\ a_{12} & a_{22} & \cdots & a_{n2} \\ \vdots & \vdots & & \vdots \\ a_{1n} & a_{2n} & \cdots & a_{nn} \end{vmatrix}$$

称为 D 的**转置行列式**.

1.4 行列式的性质

性质 1.4.1 行列式转置后其值保持不变,即 $D=D^{\mathrm{T}}$.

性质 1.4.2 若行列式有两行(列)相同,则此行列式为零.

性质 1.4.3 行列式 D 中第 i 行元素都乘 k ,其值等于 kD ,即

$$\begin{vmatrix} a_{11} & a_{12} & \cdots & a_{1n} \\ \vdots & \vdots & & \vdots \\ ka_{i1} & ka_{i2} & \cdots & ka_{in} \\ \vdots & \vdots & & \vdots \\ a_{n1} & a_{n2} & \cdots & a_{nn} \end{vmatrix} = k\begin{vmatrix} a_{11} & a_{12} & \cdots & a_{1n} \\ \vdots & \vdots & & \vdots \\ a_{i1} & a_{i2} & \cdots & a_{in} \\ \vdots & \vdots & & \vdots \\ a_{n1} & a_{n2} & \cdots & a_{nn} \end{vmatrix}.$$

性质 1.4.4　若行列式有两行(列)元素对应成比例,则此行列式为零.

性质 1.4.5　若行列式有一行(列)的元素全部为零,则此行列式为零.

性质 1.4.6　行列式 D 中第 i 行每个元素都是两元素之和,则此行列式为两个行列式之和,即

$$\begin{vmatrix} a_{11} & a_{12} & \cdots & a_{1n} \\ \vdots & \vdots & & \vdots \\ a_{i1}+b_{i1} & a_{i2}+b_{i2} & \cdots & a_{in}+b_{in} \\ \vdots & \vdots & & \vdots \\ a_{n1} & a_{n2} & \cdots & a_{nn} \end{vmatrix} = \begin{vmatrix} a_{11} & a_{12} & \cdots & a_{1n} \\ \vdots & \vdots & & \vdots \\ a_{i1} & a_{i2} & \cdots & a_{in} \\ \vdots & \vdots & & \vdots \\ a_{n1} & a_{n2} & \cdots & a_{nn} \end{vmatrix} + \begin{vmatrix} a_{11} & a_{12} & \cdots & a_{1n} \\ \vdots & \vdots & & \vdots \\ b_{i1} & b_{i2} & \cdots & b_{in} \\ \vdots & \vdots & & \vdots \\ a_{n1} & a_{n2} & \cdots & a_{nn} \end{vmatrix}.$$

性质 1.4.7　行列式中,把某行的各元素分别乘非零常数 k,再加到另一行的对应元素上,行列式的值不变(对行列式做倍加行变换,行列式的值不变),即

$$\begin{vmatrix} a_{11} & a_{12} & \cdots & a_{1n} \\ \vdots & \vdots & & \vdots \\ a_{i1} & a_{i2} & \cdots & a_{in} \\ \vdots & \vdots & & \vdots \\ a_{j1} & a_{j2} & \cdots & a_{jn} \\ \vdots & \vdots & & \vdots \\ a_{n1} & a_{n2} & \cdots & a_{nn} \end{vmatrix} = \begin{vmatrix} a_{11} & a_{12} & \cdots & a_{1n} \\ \vdots & \vdots & & \vdots \\ a_{i1} & a_{i2} & \cdots & a_{in} \\ \vdots & \vdots & & \vdots \\ ka_{i1}+a_{j1} & ka_{i2}+a_{j2} & \cdots & ka_{in}+a_{jn} \\ \vdots & \vdots & & \vdots \\ a_{n1} & a_{n2} & \cdots & a_{nn} \end{vmatrix}.$$

性质 1.4.8　交换行列式的两个不同行,所得行列式与原行列式反号,即

$$\begin{vmatrix} a_{11} & a_{12} & \cdots & a_{1n} \\ \vdots & \vdots & & \vdots \\ a_{i1} & a_{i2} & \cdots & a_{in} \\ \vdots & \vdots & & \vdots \\ a_{j1} & a_{j2} & \cdots & a_{jn} \\ \vdots & \vdots & & \vdots \\ a_{n1} & a_{n2} & \cdots & a_{nn} \end{vmatrix} = -\begin{vmatrix} a_{11} & a_{12} & \cdots & a_{1n} \\ \vdots & \vdots & & \vdots \\ a_{j1} & a_{j2} & \cdots & a_{jn} \\ \vdots & \vdots & & \vdots \\ a_{i1} & a_{i2} & \cdots & a_{in} \\ \vdots & \vdots & & \vdots \\ a_{n1} & a_{n2} & \cdots & a_{nn} \end{vmatrix}.$$

例 1.4.1 计算行列式 $D_4 = \begin{vmatrix} 1 & 1 & 2 & 3 \\ 1 & 2-x^2 & 2 & 3 \\ 2 & 3 & 1 & 5 \\ 2 & 3 & 1 & 9-x^2 \end{vmatrix}$.

解：当 $2-x^2=1$，即 $x=\pm1$ 时，D_4 中第 1,2 行对应元素相等，此时 $D_4=0$，这表明 D_4 有因子 $(x-1)(x+1)$；当 $9-x^2=5$，即 $x=\pm2$ 时，D_4 中第 3,4 行对应元素相等，此时 $D_4=0$，这表明 D_4 有因子 $(x-2)(x+2)$.

根据行列式定义可知，D_4 为 x 的 4 次多项式，因此

$$D_4 = k(x-1)(x+1)(x-2)(x+2),$$

其中，k 为待定常数. 令 $x=0$，则上式右边为 $4k$，而左边为

$$D_4 = \begin{vmatrix} 1 & 1 & 2 & 3 \\ 1 & 2 & 2 & 3 \\ 2 & 3 & 1 & 5 \\ 2 & 3 & 1 & 9 \end{vmatrix} \xlongequal[r_3-r_2]{\substack{r_4-r_3 \\ r_2-r_1 \\ r_3-2r_1}} \begin{vmatrix} 1 & 1 & 2 & 3 \\ 0 & 1 & 0 & 0 \\ 0 & 0 & -3 & -1 \\ 0 & 0 & 0 & 4 \end{vmatrix} = -12,$$

从而求得 $-12=4k$，于是 $k=-3$，因此

$$D_4 = -3(x-1)(x+1)(x-2)(x+2).$$

1.5 行列式的计算

定义 1.5.1 在 $D=\left|a_{ij}\right|_n$ 中，划去元素 a_{ij} 所在的第 i 行和第 j 列后，剩下的元素按照原来的排法构成 $n-1$ 阶行列式，称其为元素 a_{ij} 的**余子式**，记为 M_{ij}.
称

$$A_{ij}=\left(-1\right)^{i+j}M_{ij}$$

为元素 a_{ij} 的**代数余子式**.

定理 1.5.1 行列式按一行(列)展开定理：n 阶行列式 $D=\left|a_{ij}\right|_{m\times n}$ 等于它的任意一行(列)的各元素与其对应的代数余子式乘积之和，即

$$D=a_{i1}A_{i1}+a_{i2}A_{i2}+\cdots+a_{in}A_{in}=\sum_{j=1}^{n}a_{ij}A_{ij},\ i=1,2,\cdots,n;$$

$$D=a_{1j}A_{1j}+a_{2j}A_{2j}+\cdots+a_{nj}A_{nj}=\sum_{j=1}^{n}a_{ij}A_{ij},\ j=1,2,\cdots,n.$$

推论 1.5.1 n 阶行列式 $D=\left|a_{ij}\right|_m$ 中某一行(列)的各个元素与另一行(列)的对应元素的代数余子式乘积之和等于 0，即

$$a_{k1}A_{i1}+a_{k2}A_{i2}+\cdots+a_{kn}A_{in}=0,\ i\neq k;$$

$$a_{1j}A_{1j}+a_{2j}A_{2j}+\cdots+a_{nj}A_{nj}=0,\ j\neq k.$$

定理 1.5.2 Laplace 展开定理：在 n 阶行列式 D_n 中任意取定 k 行(列)$(i\leqslant k\leqslant n-1)$，则由这 k 行(列)所组成的所有 k 阶子式分别与其代数余子式的乘积之和等于行列式 D_n.

定义 1.5.2 一些特殊行列式的计算公式.

(1)上(下)三角行列式

$$\begin{vmatrix} a_{11} & a_{12} & \cdots & a_{1n} \\ 0 & a_{22} & \cdots & a_{2n} \\ \vdots & \vdots & & \vdots \\ 0 & 0 & \cdots & a_{nn} \end{vmatrix} = \begin{vmatrix} a_{11} & 0 & \cdots & 0 \\ a_{21} & a_{22} & \cdots & 0 \\ \vdots & \vdots & & \vdots \\ a_{n1} & a_{n2} & \cdots & a_{nn} \end{vmatrix} = a_{11}a_{22}\cdots a_{nn}$$

(2)副对角线下(上)边的元素全为零的 n 阶行列式

$$\begin{vmatrix} a_{11} & a_{12} & \cdots & a_{1,n-1} & a_{1n} \\ a_{21} & a_{22} & \cdots & a_{2,n-1} & 0 \\ \vdots & \vdots & & \vdots & \vdots \\ a_{n-1,1} & a_{n-1,2} & \cdots & 0 & 0 \\ a_{n1} & 0 & \cdots & 0 & 0 \end{vmatrix} = \begin{vmatrix} 0 & 0 & \cdots & 0 & a_{1n} \\ 0 & 0 & \cdots & a_{2,n-1} & a_{2n} \\ \vdots & \vdots & & \vdots & \vdots \\ 0 & a_{n-1,2} & \cdots & a_{n-1,n-1} & a_{n-1,n} \\ a_{n1} & a_{n2} & \cdots & a_{n,n-1} & a_{nn} \end{vmatrix}$$

$$= (-1)^{\frac{n(n-1)}{2}} a_{1n}a_{2,n-1}\cdots a_{n1}$$

(3)分块上(下)三角行列式

$$\begin{vmatrix} a_{11} & \cdots & a_{1n} & c_{11} & \cdots & c_{1m} \\ \vdots & & \vdots & \vdots & & \vdots \\ a_{n1} & \cdots & a_{nn} & c_{n1} & \cdots & c_{nm} \\ 0 & \cdots & 0 & b_{11} & \cdots & b_{1n} \\ \vdots & & \vdots & \vdots & & \vdots \\ 0 & \cdots & 0 & b_{m1} & \cdots & b_{mn} \end{vmatrix} = \begin{vmatrix} a_{11} & \cdots & a_{1n} & 0 & \cdots & 0 \\ \vdots & & \vdots & \vdots & & \vdots \\ a_{n1} & \cdots & a_{nn} & 0 & \cdots & 0 \\ c_{11} & \cdots & c_{1n} & b_{11} & \cdots & b_{1n} \\ \vdots & & \vdots & \vdots & & \vdots \\ c_{m1} & \cdots & c_{mn} & b_{m1} & \cdots & b_{mn} \end{vmatrix}$$

$$= \begin{vmatrix} a_{11} & \cdots & a_{1n} \\ \vdots & & \vdots \\ a_{n1} & \cdots & a_{nn} \end{vmatrix} \begin{vmatrix} b_{11} & \cdots & b_{1n} \\ \vdots & & \vdots \\ b_{m1} & \cdots & b_{mn} \end{vmatrix}$$

（4）n 阶 Vandermonde 行列式

$$\begin{vmatrix} 1 & 1 & \cdots & 1 \\ x_1 & x_2 & \cdots & x_n \\ x_1^2 & x_2^2 & \cdots & x_n^2 \\ \vdots & \vdots & & \vdots \\ x_1^{n-1} & x_2^{n-1} & \cdots & x_n^{n-1} \end{vmatrix} = \prod_{1 \leqslant j < i \leqslant n} \left(x_i - x_j \right)$$

（5）特征多项式

设 $\boldsymbol{A} = (a_{ij})$ 是 3 阶矩阵，则 $\boldsymbol{A}$ 的特征多项式为

$$\left| \lambda \boldsymbol{E} - \boldsymbol{A} \right| = \lambda^3 - (a_{11} + a_{22} + a_{33}) \lambda^3 + s_2 \lambda - \left| \boldsymbol{A} \right| .$$

其中，$s_2 = \begin{vmatrix} a_{11} & a_{12} \\ a_{21} & a_{22} \end{vmatrix} + \begin{vmatrix} a_{11} & a_{13} \\ a_{31} & a_{33} \end{vmatrix} + \begin{vmatrix} a_{22} & a_{23} \\ a_{32} & a_{33} \end{vmatrix}$.

例 1.5.1　计算 4 阶行列式

$$D_4 = \begin{vmatrix} 1 & -3 & -1 & 2 \\ 1 & 2 & 1 & 1 \\ -1 & 2 & 0 & 1 \\ 2 & 7 & 3 & 0 \end{vmatrix} .$$

解：由行列式可知，把第1行加到第2行上，再将第1行乘3加到第4行上，从而第 3 列中有 3 个 0，即

$$D_4 = \begin{vmatrix} 1 & -3 & -1 & 2 \\ 2 & -1 & 0 & 3 \\ -1 & 2 & 0 & 1 \\ 5 & -2 & 0 & 6 \end{vmatrix} ,$$

最后按第 3 列展开，得

$$D_4=-\begin{vmatrix}2&-1&3\\-1&2&1\\5&-2&6\end{vmatrix}\xlongequal{r_3+r_2}-\begin{vmatrix}2&-1&3\\-1&2&1\\4&0&7\end{vmatrix}\xlongequal{r_2+2r_1}-\begin{vmatrix}2&-1&3\\3&0&7\\4&0&7\end{vmatrix}=-\begin{vmatrix}3&7\\4&7\end{vmatrix}.$$

1.6 克拉默法则

定理 1.6.1 若 n 元线性方程组

$$\begin{cases}a_{11}x_1+a_{12}x_2+\cdots+a_{1n}x_n=b_1,\\a_{21}x_1+a_{22}x_2+\cdots+a_{2n}x_n=b_2,\\\quad\cdots\cdots\\a_{n1}x_1+a_{n2}x_2+\cdots+a_{nn}x_n=b_n\end{cases}$$

的系数行列式

$$D=\begin{vmatrix}a_{11}&a_{12}&\cdots&a_{1n}\\a_{21}&a_{22}&\cdots&a_{2n}\\\vdots&\vdots&&\vdots\\a_{n1}&a_{n2}&\cdots&a_{nn}\end{vmatrix}\neq 0,$$

则方程有唯一解

$$x_1=\frac{D_1}{D},x_2=\frac{D_2}{D},x_3=\frac{D_3}{D},\cdots,x_n=\frac{D_n}{D}.$$

其中，$D_j=\begin{vmatrix} a_{11} & \cdots & a_{1,j-1} & b_1 & a_{1,j+1} & \cdots & a_{1n} \\ a_{21} & \cdots & a_{2,j-1} & b_2 & a_{2,j+1} & \cdots & a_{2n} \\ \vdots & & \vdots & \vdots & \vdots & & \vdots \\ a_{n1} & \cdots & a_{n,j-1} & b_n & a_{n,j+1} & \cdots & a_{nn} \end{vmatrix}, j=1,2,\ldots,n.$

推论 1.6.1 若齐次线性方程组

$$\begin{cases} a_{11}x_1+a_{12}x_2+\cdots+a_{1n}x_n=0, \\ a_{21}x_1+a_{22}x_2+\cdots+a_{2n}x_n=0, \\ \cdots\cdots \\ a_{n1}x_1+a_{n2}x_2+\cdots+a_{nn}x_n=0 \end{cases}$$

的系数行列式 $D\neq 0$，则方程组只有零解.

推论 1.6.2 若齐次线性方程组

$$\begin{cases} a_{11}x_1+a_{12}x_2+\cdots+a_{1n}x_n=0, \\ a_{21}x_1+a_{22}x_2+\cdots+a_{2n}x_n=0, \\ \cdots\cdots \\ a_{n1}x_1+a_{n2}x_2+\cdots+a_{nn}x_n=0 \end{cases}$$

有非零解，则系数行列式 $D=0$.

例 1.6.1 解线性方程组

$$\begin{cases} 2x_1-2x_2+6x_4=-2, \\ 2x_1-x_2+2x_3+4x_4=-2, \\ 3x_1-x_2+4x_3+4x_4=-3, \\ 5x_1-3x_2+x_3+20x_4=-2. \end{cases}$$

解:

$$D=\begin{vmatrix}2&-2&0&6\\2&-1&2&4\\3&-1&4&4\\5&-3&1&20\end{vmatrix}=\begin{vmatrix}2&0&0&0\\2&1&2&-2\\3&2&4&-5\\5&2&1&5\end{vmatrix}=2\begin{vmatrix}1&2&-2\\2&4&-5\\2&1&5\end{vmatrix}=2\begin{vmatrix}1&0&0\\2&0&-1\\2&-3&9\end{vmatrix}=-6,$$

$$D_1=\begin{vmatrix}-2&-2&0&6\\-2&-1&2&4\\-3&-1&4&4\\-2&-3&1&20\end{vmatrix}=-6,D_2=\begin{vmatrix}2&-2&0&6\\2&-2&2&4\\3&-3&4&4\\5&-2&1&20\end{vmatrix}=-12,$$

$$D_3=\begin{vmatrix}2&-2&-2&6\\2&-1&-2&4\\3&-1&-3&4\\5&-3&-2&20\end{vmatrix}=6,D_2=\begin{vmatrix}2&-2&0&-2\\2&-1&2&-2\\3&-1&4&-3\\5&-3&1&-2\end{vmatrix}=0,$$

由克拉默法则可知,方程组的唯一解为

$$x_1=\frac{D_1}{D}=1,x_2=\frac{D_2}{D}=2,x_3=\frac{D_3}{D}=-1,x_4=\frac{D_4}{D}=0.$$

克拉默法则解决了方程个数与未知量个数相等且系数行列式不等于零的线性方程组的求解问题,这对于线性方程组的理论研究具有十分重要的意义.但是当 n 元线性方程组中未知量的个数较大时,应用克拉默法则解方程组的计算量是很大的,这时需要寻求更简单的方法.

1.7　行列式应用实例

1.7.1　数字型行列式的计算

例 1.7.1 $\begin{vmatrix} b+c & c+a & a+b \\ a & b & c \\ a^2 & b^2 & c^2 \end{vmatrix} =$ ______ .

解: 把第 2 行加至第 1 行,提取公因式,即

$$\begin{vmatrix} b+c & c+a & a+b \\ a & b & c \\ a^2 & b^2 & c^2 \end{vmatrix} = \begin{vmatrix} a+b+c & a+b+c & a+b+c \\ a & b & c \\ a^2 & b^2 & c^2 \end{vmatrix} = (a+b+c)\begin{vmatrix} 1 & 1 & 1 \\ a & b & c \\ a^2 & b^2 & c^2 \end{vmatrix}$$

$$= (a+b+c)(b-a)(c-a)(c-b) \ .$$

例 1.7.2　计算 n 阶行列式

$$D_n = \begin{vmatrix} 1+a_1 & a_2 & \cdots & a_n \\ a_1 & 1+a_2 & \cdots & a_n \\ \vdots & \vdots & & \vdots \\ a_1 & a_2 & \cdots & 1+a_n \end{vmatrix} .$$

解:

$$D_n = \begin{vmatrix} 1+a_1 & a_2 & \cdots & a_n \\ a_1 & 1+a_2 & \cdots & a_n \\ \vdots & \vdots & & \vdots \\ a_1 & a_2 & \cdots & 1+a_n \end{vmatrix}$$

$$=\begin{vmatrix}1+a_1 & a_2 & \cdots & 0\\ a_1 & 1+a_2 & \cdots & 0\\ \vdots & \vdots & & \vdots\\ a_1 & a_2 & \cdots & 1\end{vmatrix}+a_n\begin{vmatrix}1+a_1 & a_2 & \cdots & 1\\ a_1 & 1+a_2 & \cdots & 1\\ \vdots & \vdots & & \vdots\\ a_1 & a_2 & \cdots & 1\end{vmatrix}=D_{n-1}+a_n,$$

可知

$$D_n=a_n+D_{n-1}=a_n+a_{n-1}+D_{n-2}=\cdots=a_n+a_{n-1}+\cdots+a_2+D_1=1+\sum_{i=1}^{n}a_i.$$

1.7.2 抽象型行列式的计算

抽象型行列式一般不给出具体元素，它往往涉及与行列式相关联的方阵、伴随阵、逆矩阵、分块矩阵、n 维向量等的运算．因此，解决该类问题时应灵活运用矩阵的有关性质．具体讨论时应注意以下几点．

（1）熟悉公式．对 $\left|\boldsymbol{A}^{-1}\right|=|\boldsymbol{A}|^{-1}$，$|k\boldsymbol{A}|=k^n|\boldsymbol{A}|$，$\left|\boldsymbol{A}^*\right|=|\boldsymbol{A}|^{n-1}$ 等一些常用的公式要熟记．

（2）计算 $|\boldsymbol{A}+\boldsymbol{B}|$ 一般较难，但有公式 $|\boldsymbol{AB}|=|\boldsymbol{A}|\cdot|\boldsymbol{B}|$（这里 $\boldsymbol{A},\boldsymbol{B}$ 均为 n 阶方阵），所以两个方阵和的行列式常转化为积的问题．

（3）遇到伴随矩阵 $\left|\boldsymbol{A}^*\right|$ 时，一般利用公式 $\boldsymbol{AA}^*=\boldsymbol{A}^*\boldsymbol{A}+|\boldsymbol{A}|\boldsymbol{E}$，然后两边取行列式．

（4）计算形如 $\begin{vmatrix}\boldsymbol{A} & \boldsymbol{B}\\ \boldsymbol{C} & \boldsymbol{D}\end{vmatrix}$ 的分块行列式时，通常利用广义初等变换进行“打洞”，即打出一块零矩阵，然后两边取行列式，再由 Laplace 定理展开即可．如当 $\boldsymbol{A}$ 可逆时，由

$$\begin{pmatrix}\boldsymbol{E} & \boldsymbol{O}\\ -\boldsymbol{CA}^{-1} & \boldsymbol{E}\end{pmatrix}\begin{pmatrix}\boldsymbol{A} & \boldsymbol{B}\\ \boldsymbol{C} & \boldsymbol{D}\end{pmatrix}=\begin{pmatrix}\boldsymbol{A} & \boldsymbol{B}\\ \boldsymbol{O} & \boldsymbol{D}-\boldsymbol{CA}^{-1}\boldsymbol{B}\end{pmatrix},$$

两边取行列式可得

$$\begin{vmatrix} A & B \\ C & D \end{vmatrix} = \begin{vmatrix} A & B \\ O & D-CA^{-1}B \end{vmatrix} = |A| \cdot |D-CA^{-1}B| .$$

（5）各行（列）以向量及其运算形式给出的行列式，可以按行（列）拆成几个行列式之和.

（6）当已知矩阵的特征值时，可以用所有特征值之积计算.

例 1.7.3　设 A, B 为 n 阶方阵，证明：$D = \begin{vmatrix} A & JBJ \\ B & JAJ \end{vmatrix} = |A-JB| \cdot |A+JB|$，其中，$J = \begin{pmatrix} & & & 1 \\ & & 1 & \\ & \iddots & & \\ 1 & & & \end{pmatrix}$.

证明：由题可知，J 是可逆阵，且 $J^{-1} = J$. 由于

$$\begin{pmatrix} A & JBJ \\ B & JAJ \end{pmatrix} \to \begin{pmatrix} A & JBJ \\ B+JA & JAJ+BJ \end{pmatrix} \to \begin{pmatrix} A-JB & JBJ \\ O & JAJ+BJ \end{pmatrix},$$

再由 Laplace 定理，可知

$$\begin{aligned} \begin{pmatrix} A & JBJ \\ B & JAJ \end{pmatrix} &= |A-JB| \cdot |JAJ+BJ| = |A-JB| \cdot |J| \cdot |AJ+JBJ| \\ &= |A-JB| \cdot |J| \cdot |A+JB| \cdot |J| \\ &= |AJ-B| \cdot |A+JB| . \end{aligned}$$

1.7.3　低阶行列式的计算

低阶行列式的计算主要是利用行列式的性质把普通行列式化为特殊行列式（如上、下三角行列式），可以先利用行列式的性质把某一行或列的元素化为尽可能多的零，然后再使用行列式按行（列）展开定理进行计算.

例 1.7.4 计算行列式 $D=\begin{vmatrix}2&-5&1&2\\-3&7&-1&4\\5&-9&2&7\\4&-6&1&2\end{vmatrix}$.

解:

$$D\xlongequal{c_1\leftrightarrow c_3}-\begin{vmatrix}1&-5&2&2\\-1&7&-3&4\\2&-9&5&7\\1&-6&4&2\end{vmatrix}\xlongequal[\substack{r_3+r_1\times(-2)\\ r_4-r_1}]{r_2+r_1}-\begin{vmatrix}1&-5&2&2\\0&2&-1&6\\0&1&1&3\\0&-1&2&0\end{vmatrix}=-\begin{vmatrix}1&0&0&0\\0&2&-1&6\\0&1&1&3\\0&-1&2&0\end{vmatrix}$$

$$\xlongequal[r_3+r_4]{r_2+2r_4}-\begin{vmatrix}1&0&0&0\\0&0&3&6\\0&0&3&3\\0&-1&2&0\end{vmatrix}\xlongequal{r_2\leftrightarrow r_4}\begin{vmatrix}1&0&0&0\\0&-1&2&0\\0&0&3&3\\0&0&3&6\end{vmatrix}\xlongequal{r_4-r_3}\begin{vmatrix}1&0&0&0\\0&-1&2&0\\0&0&3&3\\0&0&0&3\end{vmatrix}=-9\ .$$

第2章　矩阵

为了更方便地研究各种各样的问题,人们从大量常见问题中总结出了矩阵的概念. 矩阵有广泛的实际应用背景. 就物理学方面来讲,有些物理量(如质量、温度、长度等)只需要用一个数来表示;但有些物理量(如相互作用力、速度等)不仅有大小,而且有方向,如机械工程和建筑结构的受力状况,土木工程中水坝、桥梁等的受力情况,等等,这些都不是一个数能说明的,需要用几个数才能将其描述清楚. 如果引入矩阵,不仅便于表述一些物理量,而且可以大大简化许多物理运算;另外,电子线路、电力系统等各种系统来的状态或特性都需要用很多参数表达出来,引入矩阵可以简化问题. 我们经常用一个统计表来表示一个企业或部门的状况,例如一个工厂生产某一产品的产量、成本、利润等;学校里某个班的各科成绩表等也需要用很多数来表达. 如果把这些数抽象成一个矩阵,就会给统计和研究带来极大的方便. 在计算机和通信领域,矩阵应用更广泛. 在数学中,矩阵是线性代数的重要概念之一,更是求解线性方程组的重要工具. 本章我们将引入矩阵的概念,并对矩阵的性质及运算规律进行讨论.

2.1 矩阵的概念

定义 2.1.1 称由数域 F 上 $m\times n$ 个数 $a_{ij}\left(i=1,2,\cdots,m; j=1,2,\cdots,n\right)$ 排成的 m 行 n 列数表

$$\begin{pmatrix} a_{11} & a_{12} & \cdots & a_{1n} \\ a_{21} & a_{22} & \cdots & a_{2n} \\ \vdots & \vdots & & \vdots \\ a_{m1} & a_{m2} & \cdots & a_{mn} \end{pmatrix}$$

为一个 m 行 n 列矩阵，或 $m\times n$ 阶**矩阵**，简记为 $\left(a_{ij}\right)_{m\times n}$ 或 $\left(a_{ij}\right)$. 其中，$a_{ij}(i=1,2,\cdots, m; j=1,2,\cdots,n)$ 表示这个矩阵中第 i 行、第 j 列的元素. 元素是实数的矩阵称为**实矩阵**；元素是复数的矩阵称为**复矩阵**.

矩阵通常用大写英文字母 $\boldsymbol{A}, \boldsymbol{B}, \boldsymbol{C}$ 等表示. 下面介绍几类特殊矩阵.

（1）**零矩阵**：所有元素都为零的矩阵，即

$$\begin{pmatrix} 0 & 0 & \cdots & 0 \\ 0 & 0 & \cdots & 0 \\ \vdots & \vdots & & \vdots \\ 0 & 0 & \cdots & 0 \end{pmatrix}.$$

在不发生混淆的情况下，仍用 $\boldsymbol{O}$ 表示. 如果要表示其行数与列数，则记为 $\boldsymbol{O}_{m\times n}$. 不同型的两个零矩阵是不相等的.

（2）**单位矩阵**：主对角元素都是 1 的对角阵，记作 $\boldsymbol{E}$，即

$$\begin{pmatrix} 1 & & & 0 \\ & 1 & & \\ & & \ddots & \\ 0 & & & 1 \end{pmatrix}.$$

若要表明阶数 n，可记为 $\boldsymbol{E}_n$. 不同型的两个单位矩阵不相等.

（3）**对角矩阵**：除主对角线上的元素外，其他元素全为零的方阵，如

$$\begin{pmatrix} a_{11} & 0 & \cdots & 0 \\ 0 & a_{22} & \cdots & 0 \\ \vdots & \vdots & & \vdots \\ 0 & 0 & \cdots & a_{nn} \end{pmatrix}.$$

（4）**上（下）三角矩阵**：在 n 阶方阵 $\left(a_{ij}\right)_n$ 中，如果主对角线下方的元素全为零，即当 $i > j$ 时，$a_{ij} = 0(i, j = 1,\ 2, \cdots, n)$，则称其为**上三角矩阵**；如果主对角线上方的元素全为零，即当 $i < j$ 时，$a_{ij} = 0(i, j = 1,\ 2, \cdots, n)$，则称其为**下三角矩阵**. 以下两种矩阵

$$\begin{pmatrix} a_{11} & a_{12} & \cdots & a_{1n} \\ 0 & a_{22} & \cdots & a_{2n} \\ \vdots & \vdots & & \vdots \\ 0 & 0 & \cdots & a_{nn} \end{pmatrix}, \begin{pmatrix} a_{11} & 0 & \cdots & 0 \\ a_{21} & a_{22} & \cdots & 0 \\ \vdots & \vdots & & \vdots \\ a_{n1} & a_{n2} & \cdots & a_{nn} \end{pmatrix}$$

分别为**上三角矩阵**、**下三角矩阵**.

（5）**矩阵的转置**：将矩阵 $\boldsymbol{A} = (a_{ij})_{m\times n}$ 的行与列的元素位置交换，称为矩阵 $\boldsymbol{A}$ 的**转置**，记为 $\boldsymbol{A}^{\mathrm{T}} = (a_{ji})_{n\times m}$.

（6）**对称矩阵与反对称矩阵**：在方阵 $\left(a_{ij}\right)_{m\times n}$ 中，若 $a_{ij} = a_{ji}(i, j = 1, 2, \cdots, n)$，即相对于对角线，其对称位置的两元素相等，则称其为**对称矩阵**；若 $a_{ij} = -a_{ji}(i, j = 1, 2, \cdots, n)$，即相对于对角线，其对称位置的两元素互为相反数，其对角线上的元素为零，则称其为**反对称矩阵**. 例如，

$$\begin{pmatrix} 1 & -1 & 0 \\ -1 & 2 & 2 \\ 0 & 2 & 3 \end{pmatrix}, \begin{pmatrix} 0 & 1 & -2 \\ -1 & 0 & 3 \\ 2 & -3 & 0 \end{pmatrix}$$

分别为**对称矩阵**和**反对称矩阵**.

（7）**正交矩阵**：设 $\boldsymbol{A}$ 为方阵，如果有 $\boldsymbol{A}^{\mathrm{T}}\boldsymbol{A}=\boldsymbol{A}\boldsymbol{A}^{\mathrm{T}}=\boldsymbol{E}$，则称 $\boldsymbol{A}$ 为**正交矩阵**.

（8）**可交换矩阵**：$\boldsymbol{A},\boldsymbol{B}$ 是同阶方阵，若 $\boldsymbol{AB}=\boldsymbol{BA}$，则称 $\boldsymbol{A},\boldsymbol{B}$ 为**可交换矩阵**.

2.2 矩阵的基本运算

2.2.1 矩阵加法

定义 2.2.1 对任意正整数 m,n 和任意数域 F，$F^{m\times n}$ 中任意两个矩阵 $\boldsymbol{A}=\left(a_{ij}\right)_{m\times n}$ 和 $\boldsymbol{B}=\left(b_{ij}\right)_{m\times n}$ 可以相加，得到的和 $\boldsymbol{A}+\boldsymbol{B}$ 是 $m\times n$ 矩阵，它的第 (i,j) 元等于 $\boldsymbol{A},\boldsymbol{B}$ 的第 (i,j) 元之和 $a_{ij}+b_{ij}$，即

$$\left(a_{ij}\right)_{m\times n}+\left(b_{ij}\right)_{m\times n}=\left(a_{ij}+b_{ij}\right)_{m\times n}.$$

只有同型的两个矩阵才能相加，且可视为其对应的行（或列）相加.

2.2.2 数乘矩阵

定义 2.2.2 对任意正整数 m,n 和任意数域 F，$F^{m\times n}$ 中任意两个矩阵 $\boldsymbol{A}=\left(a_{ij}\right)_{m\times n}$ 和 F 中任意一个数 λ 相乘得到一个 $m\times n$ 矩阵 $\lambda\boldsymbol{A}$，它的第 (i,j) 元等于 λa_{ij}，即

$$\lambda\left(a_{ij}\right)_{m\times n}=\left(\lambda a_{ij}\right)_{m\times n}.$$

矩阵的加法与数乘运算满足下列运算规律:

(1)交换律: $\boldsymbol{A}+\boldsymbol{B}=\boldsymbol{B}+\boldsymbol{A}$;

(2)结合律: $(\boldsymbol{A}+\boldsymbol{B})+\boldsymbol{C}=\boldsymbol{A}+(\boldsymbol{B}+\boldsymbol{C})$;

(3)分配率: $\left(\lambda+\mu\right)\boldsymbol{A}=\lambda\boldsymbol{A}+\mu\boldsymbol{A}$.

2.2.3 矩阵乘法

定义 2.2.3 设矩阵 $\boldsymbol{A}=\left(a_{ik}\right)_{m\times s}$, $\boldsymbol{B}=\left(b_{kj}\right)_{s\times n}$. 令 $\boldsymbol{C}=\left(c_{ij}\right)_{m\times n}$,其中, c_{ij} 是 $\boldsymbol{A}$ 的第 i 行与 $\boldsymbol{B}$ 的第 j 列对应元素乘积之和,即

$$c_{ij}=a_{i1}b_{1j}+a_{i2}b_{2j}+\cdots+a_{is}b_{sj}=\sum_{k=1}^{s}a_{ik}b_{kj},\ i=i,2,\cdots,m;\ j=1,2,\cdots,n,$$

则称矩阵 $\boldsymbol{C}$ 为矩阵 $\boldsymbol{A}$ 与 $\boldsymbol{B}$ 的乘积,记作 $\boldsymbol{C}=\boldsymbol{AB}$.

矩阵乘法满足下列运算规律:

(1) $(\boldsymbol{AB})\boldsymbol{C}=\boldsymbol{A}(\boldsymbol{BC})$;

(2) $(\boldsymbol{A}+\boldsymbol{B})\boldsymbol{C}=\boldsymbol{AC}+\boldsymbol{BC}, \boldsymbol{A}(\boldsymbol{B}+\boldsymbol{C})=\boldsymbol{AB}+\boldsymbol{AC}$;

(3) $k(\boldsymbol{AB})=(k\boldsymbol{A})\boldsymbol{B}=\boldsymbol{A}(k\boldsymbol{B})$.

2.3 矩阵的初等变换

2.3.1 初等变换

定义 2.3.1 对矩阵 $\boldsymbol{A}$ 施行以下三种变换称为矩阵的**初等变换**.

(1)**互换**: 对调矩阵 $\boldsymbol{A}$ 的第 行与第 j 行(或第 i 列与第 j 列)的位置,记为 $r_i \leftrightarrow r_j$(或 $c_i \leftrightarrow c_j$);

(2)**倍乘**: 以一非零常数 k 乘矩阵 $\boldsymbol{A}$ 的第 i 行(或第 j 列),记为 $r_i \to kr_i$(或 $c_j \to kc_j$);

(3)**倍加**: 将矩阵 $\boldsymbol{A}$ 的第 j 行(或第 j 列)各元素的 k 倍加到第 i 行(或第 i 列)的对应元素上去,记为 $r_i \to r_i + kr_j$(或 $c_i \to c_i + kc_j$).

2.3.2 初等矩阵

定义 2.3.2 对单位矩阵 $\boldsymbol{E}$ 施行一次初等变换得到的矩阵称为**初等矩阵**.

三种初等变换分别对应着三种初等矩阵.

(1)把 n 阶单位矩阵 $\boldsymbol{E}$ 的第 i, j 行(列)互换得到的矩阵称为**初等对换矩阵**,记为 $\boldsymbol{E}(i,j)$,即

$$\boldsymbol{E}(i,j)=\begin{pmatrix}1&&&&&&&&&\\&\ddots&&&&&&&&\\&&1&&&&&&&\\&&&0&\cdots&1&&&&\\&&&&1&&&&&\\&&&\vdots&\ddots&\vdots&&&&\\&&&&&1&&&&\\&&&1&\cdots&0&&&&\\&&&&&&1&&&\\&&&&&&&\ddots&&\\&&&&&&&&1\end{pmatrix}\begin{matrix}\\\\\\\text{第}i\text{行}\\\\\\\\\text{第}j\text{行}\\\\\\\\\end{matrix},$$

则由行列式的性质可知：$\left|\boldsymbol{E}\left(i,j\right)\right|=-1,[\boldsymbol{E}\left(i,j\right)]^{-1}=\boldsymbol{E}\left(i,j\right)$.

（2）对 $\boldsymbol{E}$ 进行倍乘变换得到的矩阵称为**初等倍乘矩阵**，即

$$\boldsymbol{E}(i,j)=\begin{pmatrix}1&&&&\\&\ddots&&&\\&&k&&\\&&&\ddots&\\&&&&1\end{pmatrix}\text{第}i\text{行},$$

由行列式的性质可知：$\left|\boldsymbol{E}(i(k))\right|=k\neq0,[\boldsymbol{E}(i(k))]^{-1}=\boldsymbol{E}(i(\frac{1}{k})),[\boldsymbol{E}(i(k))]^{\mathrm{T}}=\boldsymbol{E}(i(k))$.

（3）把 n 阶单位矩阵 $\boldsymbol{E}$ 的第 j 行（第 i 列）乘以数 k 加到第 i 行（第 j 列）得到的矩阵称为**初等倍加矩阵**，即

$$\boldsymbol{E}(i,j(k))=\begin{pmatrix}1&&&&&\\&\ddots&&&&\\&&1&\cdots&k&&\\&&&\ddots&\vdots&&\\&&&&1&&\\&&&&&\ddots&\\&&&&&&1\end{pmatrix}\begin{matrix}\\\\\text{第}i\text{行}\\\\\text{第}j\text{行}\\\\\\\end{matrix},$$

则由行列式的性质可知：$|\boldsymbol{E}(i,j(k))|=1,[\boldsymbol{E}(i,j(k))]^{-1}=\boldsymbol{E}(i,j(-k)),\ [\boldsymbol{E}(i,j(k))]^{\mathrm{T}}=\boldsymbol{E}(j,i(k))$.

例 2.3.1 求与矩阵 $\boldsymbol{A}=\begin{pmatrix}2&-1&3&1\\4&2&5&4\\2&0&2&6\end{pmatrix}$ 行等价的简化阶梯阵.

分析：此类问题一般是先把矩阵 $\boldsymbol{A}$ 化为阶梯形矩阵，然后再把阶梯形矩阵化为简化阶梯阵.

解：

$$\boldsymbol{A}=\begin{pmatrix}2&-1&3&1\\4&2&5&4\\2&0&2&6\end{pmatrix}\xrightarrow[r_3-r_1]{r_2-2r_1}\begin{pmatrix}2&-1&3&1\\0&4&-1&2\\0&1&-1&5\end{pmatrix}$$

$$\xrightarrow{r_2-4r_3}\begin{pmatrix}2&-1&3&1\\0&0&3&-18\\0&1&-1&5\end{pmatrix}\xrightarrow{r_2\leftrightarrow r_3}\begin{pmatrix}2&-1&3&1\\0&1&-1&5\\0&0&3&-18\end{pmatrix}$$

$$\xrightarrow[\frac{1}{3}r_3]{r_1+r_2}\begin{pmatrix}2&0&2&6\\0&1&-1&5\\0&0&1&-6\end{pmatrix}\xrightarrow[r_2+r_3]{r_1-2r_3}\begin{pmatrix}2&0&0&18\\0&1&0&-1\\0&0&1&-6\end{pmatrix}$$

$$\xrightarrow{\frac{1}{2}r_1}\begin{pmatrix}1&0&0&9\\0&1&0&-1\\0&0&1&-6\end{pmatrix}.$$

例 2.3.2 设

$$\boldsymbol{A}=\begin{pmatrix}a_{11}&a_{12}&a_{13}\\a_{21}&a_{22}&a_{23}\\a_{31}&a_{32}&a_{33}\end{pmatrix},\quad \boldsymbol{B}=\begin{pmatrix}a_{11}&a_{12}&a_{13}\\a_{31}+a_{11}&a_{32}+a_{12}&a_{33}+a_{13}\\a_{21}&a_{22}&a_{23}\end{pmatrix},$$

$$\boldsymbol{P}_1=\begin{pmatrix}1&0&0\\0&0&1\\0&1&0\end{pmatrix},\quad \boldsymbol{P}_2=\begin{pmatrix}1&0&0\\0&0&1\\1&1&0\end{pmatrix},$$

则必有(　)

(A) $AP_1P_2 = B$　　　　(B) $AP_2P_1 = B$

(C) $P_1P_2A = B$　　　　(D) $P_2P_1A = B$

解：矩阵左乘 P_1 表示交换矩阵的第二行与第三行，矩阵左乘 P_2 表示矩阵的第一行加到第三行，再利用观察法可知 $P_1P_2A = B$．故选(C).

定理 2.3.1　设 A 是一个 $m\times n$ 矩阵，对 A 进行一次初等行变换后得到的矩阵等于用一个 m 阶相应的初等矩阵左乘 A 所得的积，对矩阵 A 进行一次初等列变换后得到的矩阵等于用一个 n 阶相应的初等矩阵右乘 A 所得的积.

2.4　可逆矩阵

2.4.1　逆矩阵的定义

定义 2.4.1　对于一个 n 阶矩阵 A，如果有一个 n 阶矩阵 B，使得 $AB=BA=E$，则称 A 为可逆的(或非奇异的)，且称 B 是 A 的**逆矩阵**.

从逆矩阵的定义可以看出，A 与 B 可交换，因此可逆矩阵 A 一定是方阵，逆矩阵 B 也是同阶方阵；如果矩阵 A 可逆，则它的逆矩阵一定是唯一的；设 B,B_1 都是 A 的逆矩阵，从而有 $B = BE = B(AB_1) = (BA)B_1 = EB_1 = B_1$．

2.4.2　逆矩阵的性质

性质 2.4.1　(1)若方阵 A 可逆，则 $|A| \neq 0$，且 $|A^{-1}| = |A|^{-1}$．

（2）设 $\boldsymbol{A},\boldsymbol{B}\in F^{n\times n}$，若 $\boldsymbol{AB}=\boldsymbol{E}_n$，则 $\boldsymbol{A}$ 与 $\boldsymbol{B}$ 都可逆，且 $\boldsymbol{A}^{-1}=\boldsymbol{B},\boldsymbol{B}^{-1}=\boldsymbol{A}$.

（3）若 n 阶方阵 $\boldsymbol{A},\boldsymbol{B}$ 都可逆，则 $\boldsymbol{AB}$ 也可逆，且 $(\boldsymbol{AB})^{-1}=\boldsymbol{B}^{-1}\boldsymbol{A}^{-1}$.

（4）若 $\boldsymbol{A}$ 可逆，则 $\boldsymbol{A}^{\mathrm{T}}$ 可逆，且 $\left(\boldsymbol{A}^{\mathrm{T}}\right)^{-1}=\left(\boldsymbol{A}^{-1}\right)^{\mathrm{T}}$.

（5）设 m 阶方阵 $\boldsymbol{A}$ 与 n 阶方阵 $\boldsymbol{B}$ 可逆，则准对角阵 $\begin{pmatrix}\boldsymbol{A} & \\ & \boldsymbol{B}\end{pmatrix}$ 可逆，且 $\begin{pmatrix}\boldsymbol{A} & \\ & \boldsymbol{B}\end{pmatrix}^{-1}=\begin{pmatrix}\boldsymbol{A}^{-1} & \\ & \boldsymbol{B}^{-1}\end{pmatrix}$.

2.4.3 矩阵可逆的充分必要条件

定理 2.4.1 设 $\boldsymbol{A}=\left(a_{ij}\right)\in F^{n\times n},n\geqslant 2$，则 $\boldsymbol{A}$ 可逆的充分必要条件是 $|\boldsymbol{A}|\neq 0$（即 $\boldsymbol{A}$ 非退化）；当 $\boldsymbol{A}$ 可逆时，有 $\boldsymbol{A}^{-1}=\dfrac{1}{|\boldsymbol{A}|}\boldsymbol{A}^{*}$.

$\boldsymbol{A}$ 可逆的充分必要条件是 $\boldsymbol{A}^{*}$ 可逆.

注意：①可逆矩阵一定是方阵，但并不是所有方阵都有逆矩阵.

②方阵 $\boldsymbol{A}$ 可逆的充分必要条件是 $\boldsymbol{A}$ 非奇异（非退化），即 $|\boldsymbol{A}|\neq 0$.

③若 $\boldsymbol{A}$ 为 n 阶矩阵，如果存在 n 阶矩阵 $\boldsymbol{B}$，使得 $\boldsymbol{AB}=\boldsymbol{E}$，则 $\boldsymbol{BA}=\boldsymbol{E}$. 即在计算或证明时，只要有 $\boldsymbol{AB}=\boldsymbol{E}$ 或 $\boldsymbol{BA}=\boldsymbol{E}$，即可得出 $\boldsymbol{A},\boldsymbol{B}$ 互为逆矩阵的结论.

例 2.4.1 设 $f(x)=x^3-2x^2+3x-1$，方阵 $\boldsymbol{A}$ 满足 $f(\boldsymbol{A})=\boldsymbol{O}$ ，即

$$\boldsymbol{A}^3-2\boldsymbol{A}^2+3\boldsymbol{A}-\boldsymbol{E}=\boldsymbol{O},$$

试证明 $\boldsymbol{A}$ 与 $\boldsymbol{A}-2\boldsymbol{E}$ 可逆，并用 $\boldsymbol{A}$ 的多项式表示 $\boldsymbol{A}^{-1}$ 及 $(\boldsymbol{A}-2\boldsymbol{E})^{-1}$.

证明：由题可知

$$\boldsymbol{A}\left(\boldsymbol{A}^2-2\boldsymbol{A}+3\boldsymbol{E}\right)=\boldsymbol{E},$$

故 $\boldsymbol{A}$ 可逆，且 $\boldsymbol{A}^{-1}=\boldsymbol{A}^2-2\boldsymbol{A}+3\boldsymbol{E}$.

利用整除法，用 $x-2$ 除 x^3-2x^2+3x-1 所得商式为 x^2+3，而余式为 5，

即

$$\begin{array}{r}
x^2+3 \\
x-2\overline{\big)x^3-2x^2+3x-1} \\
\underline{x^3-2x^2\qquad\quad} \\
3x-1 \\
\underline{3x-6} \\
5
\end{array},$$

表示为多项式形式,得

$$(x-2)(x^2+3)=(x^3-2x^2+3x-1)-5,$$

以 $\boldsymbol{A}$ 代替 x 且利用矩阵的运算律,便有

$$(\boldsymbol{A}-2\boldsymbol{E})(\boldsymbol{A}^2+3\boldsymbol{E})=(\boldsymbol{A}^3-2\boldsymbol{A}^2+3\boldsymbol{A}-\boldsymbol{E})-5\boldsymbol{E}=-5\boldsymbol{E},$$

所以 $\boldsymbol{A}-2\boldsymbol{E}$ 可逆,且 $(\boldsymbol{A}-2\boldsymbol{E})^{-1}=-\dfrac{1}{5}(\boldsymbol{A}^2+3\boldsymbol{E})$.

2.4.4　逆矩阵的求解

2.4.4.1　具体矩阵逆矩阵的求解

求元素为具体数字的逆矩阵时,常采用如下方法.

方法 1:伴随矩阵法, 即 $\boldsymbol{A}^{-1}=\dfrac{1}{|\boldsymbol{A}|}\boldsymbol{A}^*$.

注意:①此方法适于求解阶数较低(一般不超过 3 阶)或元素的代数余子式易于计算的矩阵的逆矩阵. 注意 $\boldsymbol{A}^*=(\boldsymbol{A}_{ji})_{n\times n}$ 元素的位置及符号. 特别对于 2 阶方阵 $\boldsymbol{A}=\begin{pmatrix} a_{11} & a_{12} \\ a_{21} & a_{22} \end{pmatrix}$,其伴随矩阵 $\boldsymbol{A}^*=\begin{pmatrix} a_{22} & -a_{12} \\ -a_{21} & a_{11} \end{pmatrix}$,即伴随矩阵具有

“主对角元互换,次对角元变号”的规律.

②对分块矩阵$\begin{pmatrix} \boldsymbol{A} & \boldsymbol{B} \\ \boldsymbol{C} & \boldsymbol{D} \end{pmatrix}$不能按上述规律求伴随矩阵.

方法 2: 初等变换法, 即 $(\boldsymbol{A} \vdots \boldsymbol{E}) \xrightarrow{\text{行}} (\boldsymbol{E} \quad \boldsymbol{A}^{-1})$.

注意: ①对于阶数较高($n \geqslant 3$)的矩阵,通常采用初等行变换法求逆矩阵. 在用上述方法求逆矩阵时,只允许施行初等行变换.

②也可利用$\begin{pmatrix} \boldsymbol{A} \\ \boldsymbol{E} \end{pmatrix} \xrightarrow{\text{列}} \begin{pmatrix} \boldsymbol{E} \\ \boldsymbol{A}^{-1} \end{pmatrix}$求得 $\boldsymbol{A}$ 的逆矩阵.

③当矩阵 $\boldsymbol{A}$ 可逆时,可利用

$$(\boldsymbol{A} \vdots \boldsymbol{B}) \xrightarrow{\text{行}} (\boldsymbol{E} \vdots \boldsymbol{A}^{-1}\boldsymbol{B}), \quad \begin{pmatrix} \boldsymbol{A} \\ \boldsymbol{C} \end{pmatrix} \xrightarrow{\text{列}} \begin{pmatrix} \boldsymbol{C} \\ \boldsymbol{C}\boldsymbol{A}^{-1} \end{pmatrix}$$

求得 $\boldsymbol{A}^{-1}\boldsymbol{B}$ 和 $\boldsymbol{C}\boldsymbol{A}^{-1}$. 这一方法的优点是不需要求出 $\boldsymbol{A}$ 的逆矩阵,也不需要进行矩阵乘法,仅通过初等变换便可求出 $\boldsymbol{A}^{-1}\boldsymbol{B}$ 和 $\boldsymbol{C}\boldsymbol{A}^{-1}$.

方法 3: 分块对角矩阵求逆, 对于分块对角(或次对角)矩阵求逆可套用公式

$$\begin{pmatrix} \boldsymbol{A}_1 & & & \\ & \boldsymbol{A}_2 & & \\ & & \ddots & \\ & & & \boldsymbol{A}_s \end{pmatrix}^{-1} = \begin{pmatrix} \boldsymbol{A}_1^{-1} & & & \\ & \boldsymbol{A}_2^{-1} & & \\ & & \ddots & \\ & & & \boldsymbol{A}_s^{-1} \end{pmatrix}, \begin{pmatrix} & & & \boldsymbol{A}_1 \\ & & \boldsymbol{A}_2 & \\ & \iddots & & \\ \boldsymbol{A}_s & & & \end{pmatrix}^{-1} = \begin{pmatrix} & & & \boldsymbol{A}_s^{-1} \\ & & \iddots & \\ & \boldsymbol{A}_2^{-1} & & \\ \boldsymbol{A}_1^{-1} & & & \end{pmatrix},$$

其中, $A_i (i = 1, 2, \cdots, s)$.

例 2.4.2 (1)设 $\boldsymbol{A} = \begin{pmatrix} 3 & 0 & 0 \\ 1 & 4 & 0 \\ 0 & 0 & 3 \end{pmatrix}$,则 $(\boldsymbol{A} - 2\boldsymbol{E})^{-1} =$ ______ .

(2)已知三阶矩阵 $\boldsymbol{A}$ 的逆矩阵为 $\boldsymbol{A}^{-1} = \begin{pmatrix} 1 & 1 & 1 \\ 1 & 2 & 1 \\ 1 & 1 & 3 \end{pmatrix}$,则 $\boldsymbol{A}$ 的伴随矩阵 $\boldsymbol{A}^*$ 的

逆矩阵为______.

解:（1）$\boldsymbol{A}-2\boldsymbol{E}=\begin{pmatrix}3&0&0\\1&4&0\\0&0&3\end{pmatrix}-2\begin{pmatrix}1&0&0\\0&1&0\\0&0&1\end{pmatrix}=\begin{pmatrix}1&0&0\\1&2&0\\0&0&1\end{pmatrix}$.

方法 1:

$$\left(\begin{array}{ccc|ccc}1&0&0&1&0&0\\1&2&0&0&1&0\\0&0&1&0&0&1\end{array}\right)\to\begin{pmatrix}1&0&0&1&0&0\\0&2&0&-1&1&0\\0&0&1&0&0&1\end{pmatrix}$$

$$\to\left(\begin{array}{ccc|ccc}1&0&0&1&0&0\\0&1&0&-\frac{1}{2}&\frac{1}{2}&0\\0&0&1&0&0&1\end{array}\right),$$

因此

$$(\boldsymbol{A}-2\boldsymbol{E})^{-1}=\begin{pmatrix}1&0&0\\-\frac{1}{2}&\frac{1}{2}&0\\0&0&1\end{pmatrix}.$$

方法 2: 分块矩阵法.

$$\begin{pmatrix}\boldsymbol{A}&\boldsymbol{O}\\\boldsymbol{C}&\boldsymbol{B}\end{pmatrix}^{-1}=\begin{pmatrix}\boldsymbol{A}^{-1}&\boldsymbol{O}\\-\boldsymbol{B}^{-1}\boldsymbol{C}\boldsymbol{A}^{-1}&\boldsymbol{B}^{-1}\end{pmatrix}.$$

由于

$$\boldsymbol{A}-2\boldsymbol{E}=\left(\begin{array}{cc|c}1&0&0\\1&2&0\\\hline 0&0&1\end{array}\right),$$

因此

$$(\boldsymbol{A}-2\boldsymbol{E})^{-1}=\begin{pmatrix}1&0&0\\-\frac{1}{2}&\frac{1}{2}&0\\0&0&1\end{pmatrix}.$$

（2）由 $\boldsymbol{A}\boldsymbol{A}^{*}=|\boldsymbol{A}|\boldsymbol{E}$，得

$$\boldsymbol{A}^{*}=|\boldsymbol{A}|\boldsymbol{A}^{-1},(\boldsymbol{A}^{*})^{-1}=\frac{1}{|\boldsymbol{A}|}\boldsymbol{A},$$

又因为$(\boldsymbol{A}^{-1})^{-1}=\boldsymbol{A}$，因此由

$$(\boldsymbol{A}^{-1}\ \vdots\ \boldsymbol{E})=\left(\begin{array}{ccc:ccc}1&1&1&1&0&0\\1&2&1&0&1&0\\1&1&3&0&0&1\end{array}\right)\to\left(\begin{array}{cccccc}1&1&1&1&0&0\\0&1&0&-1&1&0\\0&0&2&-1&0&1\end{array}\right)$$

$$\to\left(\begin{array}{ccc:ccc}1&0&0&2&-1&0\\0&1&0&-\frac{1}{2}&1&0\\0&0&11&-\frac{1}{2}&0&\frac{1}{2}\end{array}\right)\to\left(\begin{array}{ccc:ccc}1&0&0&\frac{5}{2}&-1&-\frac{1}{2}\\0&1&0&-1&1&0\\0&0&11&-\frac{1}{2}&0&\frac{1}{2}\end{array}\right)$$

可知，

$$\boldsymbol{A}=\begin{pmatrix}\frac{5}{2}&-1&-\frac{1}{2}\\-1&1&0\\-\frac{1}{2}&0&\frac{1}{2}\end{pmatrix}.$$

因此

$$(\boldsymbol{A}^{*})^{-1}=\frac{1}{|\boldsymbol{A}|}\boldsymbol{A}=\begin{pmatrix}5&-2&-1\\-2&2&0\\-1&0&1\end{pmatrix}.$$

2.4.4.2　抽象矩阵逆矩阵的求解

对于元素未具体给出的所谓抽象矩阵 $\boldsymbol{A}$,判断其可逆及求逆矩阵常利用以下结论：设 $\boldsymbol{A}$ 为 n 阶方阵,若存在 n 阶方阵 $\boldsymbol{B}$,使得 $\boldsymbol{AB}=\boldsymbol{E}$（或 $\boldsymbol{BA}=\boldsymbol{E}$),则 $\boldsymbol{A}$ 可逆,且 $\boldsymbol{A}^{-1}=\boldsymbol{B}$.

注意,对于既需要证明 $\boldsymbol{A}$ 可逆又要求出 $\boldsymbol{A}^{-1}$ 的题目,利用上述结论可将两个问题一并解决,即不必先证 $|\boldsymbol{A}|\neq 0$.

例 2.4.3　设方阵 $\boldsymbol{A}$ 满足 $\boldsymbol{A}^3-\boldsymbol{A}^2+2\boldsymbol{A}-\boldsymbol{E}=\boldsymbol{O}$,证明 $\boldsymbol{A}$ 及 $\boldsymbol{E}-\boldsymbol{A}$ 均可逆,并求 $\boldsymbol{A}^{-1}$ 和 $(\boldsymbol{E}-\boldsymbol{A})^{-1}$.

分析：本题是典型的抽象矩阵的求解,应先使矩阵 $\boldsymbol{B}$ 和 $\boldsymbol{C}$ 满足 $\boldsymbol{AB}=\boldsymbol{E}$ 及 $(\boldsymbol{E}-\boldsymbol{A})\boldsymbol{C}=\boldsymbol{E}$,从而求得 $\boldsymbol{A}^{-1}=\boldsymbol{B},(\boldsymbol{E}-\boldsymbol{A})^{-1}=\boldsymbol{C}$. 矩阵 $\boldsymbol{B}$ 和 $\boldsymbol{C}$ 可以通过观察得到,也可采用待定系数法. 本题中矩阵 $\boldsymbol{B}$ 易于通过观察法得到,对于矩阵 $\boldsymbol{C}$,可设 $(\boldsymbol{E}-\boldsymbol{A})(-\boldsymbol{A}^2+a\boldsymbol{A}+b\boldsymbol{E})=c\boldsymbol{E}$,展开得

$$\boldsymbol{A}^3-(a+1)\boldsymbol{A}^2+(a-b)\boldsymbol{A}+(b-c)\boldsymbol{E}=\boldsymbol{O},$$

与所给等式比较得 $a+1=1,a-b=2,b-c=-1$,于是 $a=0,b=-2,c=-1$,可得

$$(\boldsymbol{E}-\boldsymbol{A})(-\boldsymbol{A}^2-2\boldsymbol{E})=-\boldsymbol{E},$$

从而 $(\boldsymbol{E}-\boldsymbol{A})(\boldsymbol{A}^2+2\boldsymbol{E})=\boldsymbol{E}$,因此 $\boldsymbol{C}=\boldsymbol{A}^2+2\boldsymbol{E}$.

证明：由 $\boldsymbol{A}^3-\boldsymbol{A}^2+2\boldsymbol{A}-\boldsymbol{E}=\boldsymbol{O}$ 可得

$$\boldsymbol{A}(\boldsymbol{A}^2-\boldsymbol{A}+2\boldsymbol{E})=\boldsymbol{E}, \quad (\boldsymbol{E}-\boldsymbol{A})(\boldsymbol{A}^2+2\boldsymbol{E})=\boldsymbol{E},$$

因此 $\boldsymbol{A}$ 与 $\boldsymbol{E}-\boldsymbol{A}$ 均可逆,并且 $\boldsymbol{A}^{-1}=\boldsymbol{A}^2-\boldsymbol{A}+2\boldsymbol{E}$, $(\boldsymbol{E}-\boldsymbol{A})^{-1}=\boldsymbol{A}^2+2\boldsymbol{E}$.

2.5 矩阵的秩

定义 2.5.1 $m\times n$ 矩阵 $\boldsymbol{A}$ 的所有非零子式的最高阶数称为矩阵 $\boldsymbol{A}$ 的**秩**，记为 $\mathrm{rank}\boldsymbol{A}$ 或 $r(\boldsymbol{A})$．零矩阵的秩定义为零.

定理 2.5.1 有关矩阵的秩的重要公式与结论：

（1）$r(\boldsymbol{A})=r(\boldsymbol{A}^{\mathrm{T}})=r(\boldsymbol{A}^{\mathrm{T}}\boldsymbol{A})$．

（2）若 $\boldsymbol{A}\neq 0$，则 $r(\boldsymbol{A})\geqslant 1$.

（3）$r(\boldsymbol{A}\pm\boldsymbol{B})\leqslant r(\boldsymbol{A})+r(\boldsymbol{B})$.

（4）$r(\boldsymbol{AB})\leqslant \min\{r(\boldsymbol{A}),r(\boldsymbol{B})\}$.

（5）若 $\boldsymbol{A}$ 可逆，则 $r(\boldsymbol{AB})=r(\boldsymbol{B})$；若 $\boldsymbol{B}$ 可逆，则 $r(\boldsymbol{AB})=r(\boldsymbol{A})$．

（6）设 $\boldsymbol{A}$ 为 $m\times n$ 矩阵，$\boldsymbol{B}$ 为 $n\times s$ 矩阵，若 $\boldsymbol{AB}=0$，则 $r(\boldsymbol{A})+r(\boldsymbol{B})\leqslant n$．

例 2.5.1 设 $\boldsymbol{A}=\begin{pmatrix}0&1&2&3\\1&4&7&10\\-1&0&1&b\\a&2&3&4\end{pmatrix}$，其中，$a,b$ 是参数，讨论 $r(\boldsymbol{A})$．

解：
$$\boldsymbol{A}=\begin{pmatrix}0&1&2&3\\1&4&7&10\\-1&0&1&b\\a&2&3&4\end{pmatrix}\xrightarrow{c_1\leftrightarrow c_2}\begin{pmatrix}1&0&2&3\\4&1&7&10\\0&-1&1&b\\2&a&3&4\end{pmatrix}$$
$$\xrightarrow[r_4+r_1\times(-2)]{r_2+r_1\times(-4)}\begin{pmatrix}1&0&2&3\\0&1&-1&-2\\0&1&-1&b\\0&a&-1&-2\end{pmatrix}\xrightarrow[r_4+r_2\times(-1)]{r_3+r_2\times(-1)}\begin{pmatrix}1&0&2&3\\0&1&-1&-2\\0&0&0&b+2\\0&a-1&0&0\end{pmatrix},$$

当 $a\neq 1,b\neq -2$ 时，$r(\boldsymbol{A})=r(\boldsymbol{B})=4$；当 $a=1,b=-2$ 时，$r(\boldsymbol{A})=r(\boldsymbol{B})=2$；当 $a=1,b\neq -2$ 或 $b=-2,a\neq 1$ 时，$r(\boldsymbol{A})=r(\boldsymbol{B})=3$．

例 2.5.2　已知矩阵

$$A=\begin{pmatrix}1&1&1&1&1\\2&0&-3&2&1\\1&3&6&1&2\\4&2&6&4&3\end{pmatrix},$$

试求该矩阵的秩,并写出该矩阵的一个最高阶非零子式.

解: $$A=\begin{pmatrix}1&1&1&1&1\\2&0&-3&2&1\\1&3&6&1&2\\4&2&6&4&3\end{pmatrix}$$
$$=\begin{pmatrix}1&1&1&1&1\\0&-2&-5&0&-1\\0&2&5&0&1\\0&-2&2&0&-1\end{pmatrix}$$
$$=\begin{pmatrix}1&1&1&1&1\\0&-2&-5&0&-1\\0&0&0&0&0\\0&0&7&0&0\end{pmatrix}$$
$$=\begin{pmatrix}1&1&1&1&1\\0&-2&-5&0&-1\\0&0&7&0&0\\0&0&0&0&0\end{pmatrix}$$
$$=B,$$
所以 $r(A)=r(B)=3$.

由 $r(A)=3$ 可知,原矩阵 A 的最高阶非零子式的阶数为 3,矩阵 A 的非零子式共有 40 个,要从中找出一个并不是一件简单的事,但由矩阵 B 可知,由矩阵 A 的第 1,2,3 列元素按原位置排列而构成的矩阵为

$$A_1=\begin{pmatrix}1&1&1\\2&0&-3\\1&3&6\\4&2&6\end{pmatrix},$$

将其变为阶梯形

$$A_1 = \begin{pmatrix} 1 & 1 & 1 \\ 0 & -2 & -5 \\ 0 & 0 & 7 \\ 0 & 0 & 0 \end{pmatrix},$$

则 $r(A_1)=3$，所以，矩阵 A_1 一定有三阶非零子式，并且一共有 4 个三阶子式，从中找出一个非零子式，经检验可知，其第 1,2,4 行构成的非零子式 $\begin{vmatrix} 1 & 1 & 1 \\ 2 & 0 & -3 \\ 4 & 2 & 6 \end{vmatrix} = -14 \neq 0$ 是原矩阵 A 的一个最高阶非零子式.

2.6 分块矩阵

定理 2.6.1 设 A 是一个 $m\times n$ 矩阵，用 $k(0\leqslant k<m)$ 条横线和 $l(0\leqslant l<n)$ 条竖线将 A 分割成 $(k+1)\times(l+1)$ 个小矩阵（按原次序排列），组成的矩阵称为矩阵 A 的**分块矩阵**.

分块矩阵的运算一般有如下几种：

（1）分块矩阵的加法：$A=\left(A_{ij}\right)_{m\times n}$ 与 $B=\left(B_{ij}\right)_{m\times n}$ 是两个分块矩阵，而且对于所有的指标 i 与 j，矩阵 A_{ij} 的行数等于矩阵 B_{ij} 的行数，矩阵 A_{ij} 的列数等于 B_{ij} 的列数，则

$$A+B=\left(A_{ij}+B_{ij}\right)_{m\times n}.$$

（2）设 $A=\left(A_{ij}\right)_{m\times n}$ 是一个分块矩阵，λ 为任意常数，则 $\lambda A=\left(\lambda A_{ij}\right)_{m\times n}$.

（3）分块矩阵的乘法：$A=\left(A_{ij}\right)_{m\times n}$ 与 $B=\left(B_{ij}\right)_{n\times s}$ 是两个分块矩阵，对于任意的指标 i,j,k，矩阵 A_{ik} 的列数等于矩阵 B_{kj} 的行数，即矩阵 A 的列的分块方

法与矩阵 $\boldsymbol{B}$ 的行的分块方法相同,且都分成 n 块,则 $\boldsymbol{AB}=\left(\boldsymbol{C}_{ij}\right)_{m\times n}$,其中 $\boldsymbol{C}_{ij}=\sum_{k=1}^{n}\boldsymbol{A}_{ik}\boldsymbol{B}_{kj}$.

(4)分块矩阵的转置: 设 $\boldsymbol{A}=\left(\boldsymbol{A}_{ij}\right)_{m\times n}$ 是一个分块矩阵,则 $\boldsymbol{A}^{\mathrm{T}}=\left(\boldsymbol{A}_{ij}\right)_{n\times m}$,其中, $\boldsymbol{B}_{ij}=\boldsymbol{A}_{ji}^{\mathrm{T}}$.

例 2.6.1　将 $\boldsymbol{A}_{5\times5},\boldsymbol{B}_{5\times4}$ 分成 2×2 的分块矩阵,并计算 $\boldsymbol{AB}$,其中,

$$\boldsymbol{A}=\begin{pmatrix}-1&0&2&2&3\\0&-1&-2&0&1\\0&0&3&0&0\\0&0&0&3&0\\0&0&0&0&3\end{pmatrix},\boldsymbol{B}=\begin{pmatrix}1&3&0&-1\\2&1&-1&0\\-1&2&0&0\\3&1&0&0\\2&3&0&0\end{pmatrix}.$$

解:

$$\boldsymbol{A}=\left(\begin{array}{cc:ccc}-1&0&1&2&3\\0&-1&-2&0&1\\\hdashline0&0&3&0&0\\0&0&0&3&0\\0&0&0&0&3\end{array}\right)=\begin{pmatrix}-\boldsymbol{E}_2&\boldsymbol{A}_{12}\\\boldsymbol{O}&3\boldsymbol{E}_3\end{pmatrix},$$

其中,

$$\boldsymbol{A}_{12}=\begin{pmatrix}1&2&3\\-2&0&1\end{pmatrix}.$$

对矩阵 $\boldsymbol{B}$ 分块如下:

$$\boldsymbol{B}=\left(\begin{array}{cc:cc}1&3&0&-1\\2&1&-1&0\\\hdashline-1&2&0&0\\3&1&0&0\\2&3&0&0\end{array}\right)=\begin{pmatrix}\boldsymbol{B}_{11}&-\boldsymbol{E}_2\\\boldsymbol{B}_{21}&\boldsymbol{O}\end{pmatrix},$$

其中，

$$\boldsymbol{B}_{11}=\begin{pmatrix}1 & 3\\ 2 & 1\end{pmatrix},\boldsymbol{B}_{21}=\begin{pmatrix}-1 & 2\\ 3 & 1\\ 2 & 3\end{pmatrix}.$$

从而

$$\boldsymbol{AB}=\begin{pmatrix}-\boldsymbol{E}_2 & \boldsymbol{A}_{12}\\ \boldsymbol{O} & 3\boldsymbol{E}_3\end{pmatrix}\begin{pmatrix}\boldsymbol{B}_{11} & -\boldsymbol{E}_2\\ \boldsymbol{B}_{21} & \boldsymbol{O}\end{pmatrix}=\begin{pmatrix}-\boldsymbol{B}_{11}+\boldsymbol{A}_{12}\boldsymbol{B}_{21} & -\boldsymbol{E}_2(-\boldsymbol{E}_2)\\ 3\boldsymbol{E}_3\boldsymbol{B}_{21} & \boldsymbol{O}\end{pmatrix},$$

求得

$$\boldsymbol{AB}=\begin{pmatrix}10 & 10 & 1 & 0\\ 2 & -2 & 0 & 1\\ -3 & 6 & 0 & 0\\ 9 & 3 & 0 & 0\\ 6 & 9 & 0 & 0\end{pmatrix}.$$

第3章　向量组与线性方程组

解析几何中把“既有大小又有方向的量”称为向量,并把可随意平行移动的有向线段作为向量的几何形象. 由于奇点固定在坐标系原点的三维几何向量与空间直角坐标系中的点具有一一对应关系,而空间直角坐标系中的一点又由三个数构成的有序数组(即该点的坐标)唯一确定,因此,可用三个数构成的有序数组来描述三维几何向量. 同样,二维几何向量就用两个数构成的有序数组来描述. 在很多实际问题中,还需要用 n 个数构成的有序数组来描述研究对象.

另外,线性方程组的解与一个有序数组存在对应关系. 一个线性方程组就对应于若干个有序数组. 这样,对线性方程组的研究就可以转化成讨论若干个有序数组.

综上所述,我们引进 n 维向量的概念. 为了在理论上深入研究与此相关的问题,我们还将引入向量空间等概念,并讨论向量间的线性关系,并在此基础上研究线性方程组解的性质和解的结构等问题.

3.1 向量组的线性相关性

3.1.1 n维向量

定义 3.1.1 由 n 个数 $a_1,a_2,\cdots,a_n$ 组成的一个有序数组 $(a_1,a_2,\cdots,a_n)$ 称为一个 n **维向量**,这 n 个数称为该向量的 n 个分量,第 i 个数 a_i 称为第 i 个分量.

一个 n 维向量,既可以写成行向量,也可以写成列向量,即

$$\boldsymbol{\alpha}=(a_1,a_2,\cdots,a_n),\boldsymbol{\alpha}^{\mathrm{T}}=\begin{pmatrix}a_1\\a_2\\\vdots\\a_n\end{pmatrix}.$$

下面介绍 n 维向量的运算.

向量相等:对于 n 维向量 $\boldsymbol{\alpha}=(a_1,a_2,\cdots,a_n)$,$\boldsymbol{\beta}=(b_1,b_2,\cdots,b_n)$,如果 $\boldsymbol{\alpha}$ 与 $\boldsymbol{\beta}$ 的对应分量全相等,即 $\boldsymbol{\alpha}_i=\boldsymbol{\beta}_j(i=1,2,\cdots,n)$,则称向量 $\boldsymbol{\alpha}$ 与 $\boldsymbol{\beta}$ 相等,记为 $\boldsymbol{\alpha}=\boldsymbol{\beta}$.

零向量:分量全为零的向量称为零向量,记为 $\mathbf{0}$,即 $\mathbf{0}=(0,0,\cdots,0)$.

负向量:设 $\boldsymbol{\alpha}=(a_1,a_2,\cdots,a_n)$,则 $(-a_1,-a_2,\cdots,-a_n)$ 称为 $\boldsymbol{\alpha}$ 的负向量,记为 $-\boldsymbol{\alpha}$,即

$$-\boldsymbol{\alpha}=(-a_1,-a_2,\cdots,-a_n).$$

向量的和:设 n 维向量 $\boldsymbol{\alpha}=(a_1,a_2,\cdots,a_n)$,$\boldsymbol{\beta}=(b_1,b_2,\cdots,b_n)$,则称 $(a_1+b_1,a_2+b_2,\cdots,a_n+b_n)$ 为向量 $\boldsymbol{\alpha}$ 与 $\boldsymbol{\beta}$ 的和,记为 $\boldsymbol{\alpha}+\boldsymbol{\beta}$,即

$$\boldsymbol{\alpha}+\boldsymbol{\beta}=(a_1+b_1,a_2+b_2,\cdots,a_n+b_n).$$

向量的差:向量 $\boldsymbol{\alpha}$ 与 $\boldsymbol{\beta}$ 的差可以看作 $\boldsymbol{\alpha}$ 与 $-\boldsymbol{\beta}$ 的和,记为 $\boldsymbol{\alpha}-\boldsymbol{\beta}$,即

$$\boldsymbol{\alpha}-\boldsymbol{\beta}=\boldsymbol{\alpha}+(-\boldsymbol{\beta})=(a_1-b_1,a_2-b_2,\cdots,a_n-b_n).$$

向量的加法与数乘向量运算统称为向量的线性运算. 向量的线性运算满足以下基本运算规律.

(1) $\boldsymbol{\alpha}+\boldsymbol{\beta}=\boldsymbol{\beta}+\boldsymbol{\alpha}$;

(2) $\boldsymbol{\alpha}+\mathbf{0}=\boldsymbol{\alpha}$;

(3) $\boldsymbol{\alpha}+(-\boldsymbol{\alpha})=\mathbf{0}$;

(4) $(\boldsymbol{\alpha}+\boldsymbol{\beta})+\boldsymbol{\gamma}=\boldsymbol{\alpha}+(\boldsymbol{\beta}+\boldsymbol{\gamma})$;

(5) $\lambda(\boldsymbol{\alpha}+\boldsymbol{\beta})=\lambda\boldsymbol{\alpha}+\lambda\boldsymbol{\beta}$;

(6) $(\lambda+\mu)\boldsymbol{\alpha}=\lambda\boldsymbol{\alpha}+\mu\boldsymbol{\alpha}$;

(7) $(\lambda\mu)\boldsymbol{\alpha}=\lambda(\mu\boldsymbol{\alpha})=\mu(\lambda\boldsymbol{\alpha})$;

(8) $1\boldsymbol{\alpha}=\boldsymbol{\alpha}$.

其中, $\boldsymbol{\alpha},\boldsymbol{\beta},\boldsymbol{\gamma}$ 为 n 维向量, $\mathbf{0}$ 为 n 维零向量, λ,μ 为任意常数.

由加法及数乘运算可引出线性组合、线性相关等概念,由内积可引出单位化、正交化等问题. 特别地, 若 $(\boldsymbol{\alpha},\boldsymbol{\beta})=0$, 则称 $\boldsymbol{\alpha}$ 与 $\boldsymbol{\beta}$ 正交, 而 $(\boldsymbol{\alpha},\boldsymbol{\alpha})=\boldsymbol{\alpha}^{\mathrm{T}}\boldsymbol{\alpha}=a_1^2+a_2^2+\cdots+a_n^2$,向量$\boldsymbol{\alpha}$的长度是$\|\boldsymbol{\alpha}\|=\sqrt{\boldsymbol{\alpha}^{\mathrm{T}}\boldsymbol{\alpha}}=\sqrt{a_1^2+a_2^2+\cdots+a_n^2}$, 则 $\boldsymbol{\alpha}^{\mathrm{T}}\boldsymbol{\alpha}=0\Leftrightarrow\boldsymbol{\alpha}=0$.

例 3.1.1　设向量 $\boldsymbol{\alpha}_1=\begin{pmatrix}1\\-2\\0\\4\end{pmatrix},\boldsymbol{\alpha}_2=\begin{pmatrix}-2\\5\\1\\3\end{pmatrix},\boldsymbol{\alpha}_3=\begin{pmatrix}5\\7\\9\\-3\end{pmatrix}$, 求向量 $\boldsymbol{\beta}$, 使其满足条件

$$\boldsymbol{\beta}-\boldsymbol{\alpha}_1^{\mathrm{T}}+2\boldsymbol{\alpha}_2^{\mathrm{T}}+\boldsymbol{\alpha}_3^{\mathrm{T}}=0.$$

解：由题意知

$$\begin{aligned}\boldsymbol{\beta}&=\frac{1}{3}\left(\boldsymbol{\alpha}_1^{\mathrm{T}}-2\boldsymbol{\alpha}_2^{\mathrm{T}}-\boldsymbol{\alpha}_3^{\mathrm{T}}\right)\\&=\frac{1}{3}\left[\begin{pmatrix}1&-2&0&4\end{pmatrix}-2\begin{pmatrix}-2&5&1&3\end{pmatrix}-\begin{pmatrix}5&7&9&-3\end{pmatrix}\right]\\&=\frac{1}{3}\left[\begin{pmatrix}1&-2&0&4\end{pmatrix}+\begin{pmatrix}4&-10&-2&-6\end{pmatrix}-\begin{pmatrix}5&7&9&-3\end{pmatrix}\right]\\&=\frac{1}{3}\begin{pmatrix}0&-19&-11&1\end{pmatrix}\\&=\begin{pmatrix}0&-\frac{19}{3}&-\frac{11}{3}&\frac{1}{3}\end{pmatrix}.\end{aligned}$$

3.1.2 向量的线性表出

定义 3.1.2 设$\boldsymbol{\alpha}_1,\boldsymbol{\alpha}_2,\cdots,\boldsymbol{\alpha}_s$都是数域$F$上的$n$维向量，如果存在数域$F$上的数$k_1,k_2,\cdots,k_s$，使得

$$\boldsymbol{\beta}=k_1\boldsymbol{\alpha}_1+k_2\boldsymbol{\alpha}_2+\cdots+k_s\boldsymbol{\alpha}_s,$$

则称$\boldsymbol{\beta}$是向量$\boldsymbol{\alpha}_1,\boldsymbol{\alpha}_2,\cdots,\boldsymbol{\alpha}_s$的线性组合，或称$\boldsymbol{\beta}$可由向量组合$\boldsymbol{\alpha}_1,\boldsymbol{\alpha}_2,\cdots,\boldsymbol{\alpha}_s$线性表出. 例如，向量$\boldsymbol{\alpha}_1=(1,1,0),\boldsymbol{\alpha}_2=(1,-1,1),\boldsymbol{\beta}=(2,0,1)$，则$\boldsymbol{\beta}=\boldsymbol{\alpha}_1+\boldsymbol{\alpha}_2$，因此向量$\boldsymbol{\beta}$是向量$\boldsymbol{\alpha}_1,\boldsymbol{\alpha}_2$的线性组合，也可以说，$\boldsymbol{\beta}$可由向量$\boldsymbol{\alpha}_1,\boldsymbol{\alpha}_2$线性表出.

设n维向量

$$\boldsymbol{\varepsilon}_1=(1,0,\cdots,0),\boldsymbol{\varepsilon}_2=(0,1,\cdots,0),\cdots,\boldsymbol{\varepsilon}_n=(0,0,\cdots,1),$$

则任何一个n维向量$\boldsymbol{\alpha}=(a_1,a_2,\cdots,a_n)$，都可由$\boldsymbol{\varepsilon}_1,\boldsymbol{\varepsilon}_2,\cdots,\boldsymbol{\varepsilon}_n$线性表出，即

$$\boldsymbol{\alpha}=\alpha_1\boldsymbol{\varepsilon}_1+\alpha_2\boldsymbol{\varepsilon}_2+\cdots+\alpha_n\boldsymbol{\varepsilon}_n,$$

称 $\boldsymbol{\varepsilon}_1,\boldsymbol{\varepsilon}_2,\cdots,\boldsymbol{\varepsilon}_n$ 为**基本单位向量**.

如果给定了一个 n 维向量 $\boldsymbol{\beta}$ 及一组 n 维向量 $\boldsymbol{\alpha}_1,\boldsymbol{\alpha}_2,\cdots,\boldsymbol{\alpha}_s$，如何判别 $\boldsymbol{\beta}$ 能否由 $\boldsymbol{\alpha}_1,\boldsymbol{\alpha}_2,\cdots,\boldsymbol{\alpha}_s$ 线性表出？若能表出，又是怎样表出？

把向量表示成列向量. 若向量 $\boldsymbol{\beta}=\begin{pmatrix} b_1 \\ b_2 \\ \vdots \\ b_n \end{pmatrix}$ 可由向量组 $\boldsymbol{\alpha}_j=\begin{pmatrix} a_{1j} \\ a_{2j} \\ \vdots \\ a_{nj} \end{pmatrix}(j=1,2,\cdots,s)$ 线性表出，即有 $x_1,x_2,\cdots,x_n$，使得

$$x_1\boldsymbol{\alpha}_1+x_2\boldsymbol{\alpha}_2+\cdots+x_s\boldsymbol{\alpha}_s=(\boldsymbol{\alpha}_1,\boldsymbol{\alpha}_2,\cdots,\boldsymbol{\alpha}_s)\begin{pmatrix} x_1 \\ x_2 \\ \vdots \\ x_n \end{pmatrix}=\boldsymbol{\beta}$$

成立. 上式按向量的分量写出，即

$$\begin{cases} a_{11}x_1+a_{12}x_2+\cdots+a_{1s}x_s=b_1, \\ a_{21}x_1+a_{22}x_2+\cdots+a_{2s}x_s=b_2, \\ \cdots\cdots \\ a_{n1}x_1+a_{n2}x_2+\cdots+a_{ns}x_s=b_n, \end{cases}$$

由此，得到下面的定理.

定理 3.1.1　设 n 维向量

$$\boldsymbol{\beta}=\begin{pmatrix} b_1 \\ b_2 \\ \vdots \\ b_n \end{pmatrix},\quad \boldsymbol{\alpha}_j=\begin{pmatrix} a_{1j} \\ a_{2j} \\ \vdots \\ a_{nj} \end{pmatrix},\quad j=1,2,\cdots,s,$$

记

$$\boldsymbol{A}_{n\times s}=(\boldsymbol{\alpha}_1,\boldsymbol{\alpha}_2,\cdots,\boldsymbol{\alpha}_s),(\boldsymbol{A\beta})=(\boldsymbol{\alpha}_1,\boldsymbol{\alpha}_2,\cdots,\boldsymbol{\alpha}_s,\boldsymbol{\beta}),$$

则下面命题互为充分必要条件：

（1）$\boldsymbol{\beta}$ 可以由向量组 $\boldsymbol{\alpha}_1,\boldsymbol{\alpha}_2,\cdots,\boldsymbol{\alpha}_s$ 线性表出．

（2）非齐次线性方程组 $\boldsymbol{AX}=\boldsymbol{\beta}$．

（3）$r(\boldsymbol{A})=r(\boldsymbol{A\beta})$．

证明：（1）⇔（2），$\boldsymbol{\beta}$ 可由 $\boldsymbol{\alpha}_1,\boldsymbol{\alpha}_2,\cdots,\boldsymbol{\alpha}_s$ 线性表出，表出系数设为 $k_1,k_2,\cdots,k_s$，即

$$\boldsymbol{\beta}=k_1\boldsymbol{\alpha}_1+k_2\boldsymbol{\alpha}_2+\cdots+k_s\boldsymbol{\alpha}_s．$$

方程组 $\boldsymbol{AX}=(\boldsymbol{\alpha}_1,\boldsymbol{\alpha}_2,\cdots,\boldsymbol{\alpha}_s)\begin{pmatrix}x_1\\x_2\\\vdots\\x_n\end{pmatrix}=\boldsymbol{\beta}$，即

$$\boldsymbol{\alpha}_1x_1+\boldsymbol{\alpha}_2x_2+\cdots+\boldsymbol{\alpha}_sx_s=\hat{\boldsymbol{a}}$$

有解，且 $(x_1,x_2,\cdots,x_s)=(k_1,k_2,\cdots,k_s)$ 是一个解．

（2）⇔（3），$\boldsymbol{AX}=\boldsymbol{\beta}$ 有解 ⇔ $r(\boldsymbol{A})\Leftrightarrow r(\boldsymbol{A\beta})$．

例 3.1.2 设 $\boldsymbol{\alpha}_1=(1,2,3),\boldsymbol{\alpha}_2=(1,3,4),\boldsymbol{\alpha}_3=(2,-1,2),\boldsymbol{\beta}=(2,5,8)$，问 $\boldsymbol{\beta}$ 能否由 $\boldsymbol{\alpha}_1,\boldsymbol{\alpha}_2,\boldsymbol{\alpha}_3$ 线性表出？若能表出，写出表达式．

解：将向量组处理成列向量，设

$$\boldsymbol{\beta}=\boldsymbol{\alpha}_1x_1+\boldsymbol{\alpha}_2x_2+\boldsymbol{\alpha}_3x_3,$$

按分量写出，即得线性方程组

$$\begin{cases}x_1+x_2+2x_3=2,\\2x_1+3x_2-x_3=5,\\3x_1+4x_2+2x_3=8,\end{cases}$$

将线性方程组的增广矩阵做初等变换化为阶梯形矩阵，得

$$\left(\boldsymbol{Ab}\right)=\begin{pmatrix}1&1&2&2\\2&3&-1&5\\3&4&2&8\end{pmatrix}\to\begin{pmatrix}1&1&2&2\\0&1&-5&1\\0&1&-4&2\end{pmatrix}\to\begin{pmatrix}1&1&2&2\\0&1&-5&1\\0&0&1&1\end{pmatrix},$$

由阶梯形矩阵知 $r\left(\boldsymbol{A}\right)=r\left(\boldsymbol{Ab}\right)=3=n$（未知量个数），故方程组有唯一解，且回代得解

$$\left(x_1,x_2,x_3\right)=\left(-6,6,1\right),$$

即 $\boldsymbol{\beta}$ 可由 $\boldsymbol{\alpha}_1,\boldsymbol{\alpha}_2,\boldsymbol{\alpha}_3$ 唯一线性表出，且

$$\boldsymbol{\beta}=-6\boldsymbol{\alpha}_1+6\boldsymbol{\alpha}_2+\boldsymbol{\alpha}_3 .$$

3.1.3 向量组线性相关性的判别法

定理 3.1.2 n 维向量组 $(\boldsymbol{\alpha}_1,\boldsymbol{\alpha}_2,\cdots,\boldsymbol{\alpha}_s)(s\geqslant 2)$ 线性相关的充分必要条件是其中至少有一个向量可以由其余向量线性表出.

证明： 充分性. 设 $\boldsymbol{\alpha}_1,\boldsymbol{\alpha}_2,\cdots,\boldsymbol{\alpha}_s$ 中有一个向量

$$\boldsymbol{\alpha}_j=l_1\boldsymbol{\alpha}_1+\cdots+l_{j-1}\boldsymbol{\alpha}_{j-1}+l_{j+1}\boldsymbol{\alpha}_{t+1}+\cdots+l_s\boldsymbol{\alpha}_s ,$$

则

$$l_1\boldsymbol{\alpha}_1+\cdots+l_{j-1}\boldsymbol{\alpha}_{j-1}-\boldsymbol{\alpha}_j+l_{j+1}\boldsymbol{\alpha}_{t+1}+\cdots+l_s\boldsymbol{\alpha}_s=0 ,$$

系数中有 -1，因此 $\boldsymbol{\alpha}_1,\cdots,\boldsymbol{\alpha}_{j-1},\boldsymbol{\alpha}_j,\boldsymbol{\alpha}_{j+1},\cdots,\boldsymbol{\alpha}_s$ 线性相关.

必要性. 设 $\boldsymbol{\alpha}_1,\boldsymbol{\alpha}_2,\cdots,\boldsymbol{\alpha}_s$ 线性相关，有不全为零的 $k_1,k_2,\cdots,k_s$，使得

$$k_1\boldsymbol{\alpha}_1+k_2\boldsymbol{\alpha}_2+\cdots+k_s\boldsymbol{\alpha}_s=0 .$$

设$k_i \neq 0$，则

$$\boldsymbol{\alpha}_i = -\frac{k_1}{k_i}\boldsymbol{\alpha}_1 - \cdots - \frac{k_{i-1}}{k_i}\boldsymbol{\alpha}_{i-1} - \frac{k_{i+1}}{k_i}\boldsymbol{\alpha}_{i+1} - \cdots - \frac{k_s}{k_i}\boldsymbol{\alpha}_s .$$

推论 3.1.1 向量组$(\boldsymbol{\alpha}_1, \boldsymbol{\alpha}_2, \cdots, \boldsymbol{\alpha}_s)(s \geqslant 2)$线性无关的充分必要条件是：其中每一个向量都不能由其余向量线性表出.

定理 3.1.3 设向量组$\boldsymbol{\alpha}_1, \boldsymbol{\alpha}_2, \cdots, \boldsymbol{\alpha}_s$线性无关，而向量组$\boldsymbol{\alpha}_1, \boldsymbol{\alpha}_2, \cdots, \boldsymbol{\alpha}_s, \boldsymbol{\beta}$线性相关，则$\boldsymbol{\beta}$可由$\boldsymbol{\alpha}_1, \boldsymbol{\alpha}_2, \cdots, \boldsymbol{\alpha}_s$线性表出，且表出方式唯一.

证明：因为$\boldsymbol{\alpha}_1, \boldsymbol{\alpha}_2, \cdots, \boldsymbol{\alpha}_s, \boldsymbol{\beta}$线性相关，所以存在不全为零的数$k_1, k_2, \cdots, k_s$，使得

$$k_1\boldsymbol{\alpha}_1 + k_2\boldsymbol{\alpha}_2 + \cdots + k_s\boldsymbol{\alpha}_s + k\boldsymbol{\beta} = 0.$$

假设$k = 0$，则$k_1, k_2, \cdots, k_s$不全为零. 于是从上式得出$\boldsymbol{\alpha}_1, \boldsymbol{\alpha}_2, \cdots, \boldsymbol{\alpha}_s$线性相关的结论，这与已知条件矛盾. 因此$k \neq 0$，且

$$\boldsymbol{\beta} = -\frac{k_1}{k}\boldsymbol{\alpha}_1 - \frac{k_2}{k}\boldsymbol{\alpha}_2 - \cdots - \frac{k_s}{k}\boldsymbol{\alpha}_s ,$$

其次，假设$\boldsymbol{\beta}$有两种表出方式：

$$\boldsymbol{\beta} = k_1\boldsymbol{\alpha}_1 + k_2\boldsymbol{\alpha}_2 + \cdots + k_s\boldsymbol{\alpha}_s, \boldsymbol{\beta} = l_1\boldsymbol{\alpha}_1 + l_2\boldsymbol{\alpha}_2 + \cdots + l_s\boldsymbol{\alpha}_s ,$$

则有

$$k_1\boldsymbol{\alpha}_1 + k_2\boldsymbol{\alpha}_2 + \cdots + k_s\boldsymbol{\alpha}_s = l_1\boldsymbol{\alpha}_1 + l_2\boldsymbol{\alpha}_2 + \cdots + l_s\boldsymbol{\alpha}_s$$

或者

$$(k_1 - l_1)\boldsymbol{\alpha}_1 + (k_2 - l_2)\boldsymbol{\alpha}_2 + \cdots + (k_s - l_s)\boldsymbol{\alpha}_s = 0.$$

由于$\boldsymbol{\alpha}_1, \boldsymbol{\alpha}_2, \cdots, \boldsymbol{\alpha}_s$线性无关，可知$k_i - l_i = 0$，即

$$k_i = l_i, i = 1, 2, \cdots, s,$$

这说明 $\boldsymbol{\beta}$ 的表出方式唯一. 证毕.

推论 3.1.2 设向量组 $\boldsymbol{\alpha}_1, \boldsymbol{\alpha}_2, \cdots, \boldsymbol{\alpha}_s$ 线性无关,若向量 $\boldsymbol{\beta}$ 不能由 $\boldsymbol{\alpha}_1, \boldsymbol{\alpha}_2, \cdots, \boldsymbol{\alpha}_s$ 线性表出,则 $\boldsymbol{\alpha}_1, \boldsymbol{\alpha}_2, \cdots, \boldsymbol{\alpha}_s, \boldsymbol{\beta}$ 线性无关.

下面给出线性相关性的矩阵判别法.

设向量组

$$\boldsymbol{\alpha}_i = \left(a_{i1}, a_{i2}, \cdots, a_{in}\right) \quad \left(i = 1, 2, \cdots, s\right) \text{或} \boldsymbol{\beta}_i = \begin{pmatrix} a_{1j} \\ a_{2j} \\ \vdots \\ a_{nj} \end{pmatrix} \quad \left(j = 1, 2, \cdots, s\right),$$

以它们为行(或列)可确定一个矩阵

$$\boldsymbol{A} = \begin{pmatrix} a_1 \\ a_2 \\ \vdots \\ a_s \end{pmatrix} = \begin{pmatrix} a_{11} & a_{12} & \cdots & a_{1n} \\ a_{21} & a_{22} & \cdots & a_{2n} \\ \vdots & \vdots & & \vdots \\ a_{s1} & a_{s2} & \cdots & a_{sn} \end{pmatrix}.$$

反之,若把矩阵 $\boldsymbol{A}$ 的每一行(或列)看作一个向量,则可确定一个向量组.

定理 3.1.4 向量组 $\boldsymbol{\alpha}_1, \boldsymbol{\alpha}_2, \cdots, \boldsymbol{\alpha}_s$ 线性相关的充分必要条件是 $r\left(\boldsymbol{A}\right) < s$.

证明: 必要性. 若 $\boldsymbol{\alpha}_1, \boldsymbol{\alpha}_2, \cdots, \boldsymbol{\alpha}_s$ 线性相关,则其中至少有一个向量是其余向量的线性组合. 不妨设

$$\boldsymbol{\alpha}_s = k_1 \boldsymbol{\alpha}_1 + k_2 \boldsymbol{\alpha}_2 + \cdots + k_{s-1} \boldsymbol{\alpha}_{s-1}, \tag{3-1-1}$$

现在用 $-k_1, -k_2, \cdots, -k_{s-1}$ 分别乘矩阵 A 的第 1 行,第 2 行,⋯,第 $s-1$ 行,然后相加,则由式(3-1-1)可知,第 s 行所有元素全为零. 因此,当 $s \leqslant n$ 时,矩阵 $\boldsymbol{A}$ 的 s 阶子式全为零,因此 $r\left(\boldsymbol{A}\right) < s$;当 $s > n$ 时,矩阵 $\boldsymbol{A}$ 不存在 s 阶子式,显然 $r\left(\boldsymbol{A}\right) < s$.

充分性. 若 $r(\boldsymbol{A})=r<s$，则不妨设 $r>0$ 且矩阵 $\boldsymbol{A}$ 左上角的 r 阶子式 $\boldsymbol{D}\neq 0$. 如果能证明 $r+1$ 个行向量 $\boldsymbol{\alpha}_1,\boldsymbol{\alpha}_2,\cdots,\boldsymbol{\alpha}_{r+1}$ 线性相关，那么 $\boldsymbol{A}$ 的 s 个行向量 $\boldsymbol{\alpha}_1,\boldsymbol{\alpha}_2,\cdots,\boldsymbol{\alpha}_s$ 线性相关.

为此，需要找到不全为零的 $r+1$ 个数 $k_1,k_2,\cdots,k_{r+1}$，使

$$k_1\boldsymbol{\alpha}_1+k_2\boldsymbol{\alpha}_2+\cdots k_{r+1}\boldsymbol{\alpha}_{r+1}=0,$$

即

$$\begin{cases} k_1\boldsymbol{\alpha}_{11}+k_2\boldsymbol{\alpha}_{21}+\cdots k_{r+1}\boldsymbol{\alpha}_{r+1,1}=0, \\ k_1\boldsymbol{\alpha}_{12}+k_2\boldsymbol{\alpha}_{22}+\cdots k_{r+1}\boldsymbol{\alpha}_{r+1,2}=0, \\ \qquad\cdots\cdots \\ k_1\boldsymbol{\alpha}_{1n}+k_2\boldsymbol{\alpha}_{2n}+\cdots k_{r+1}\boldsymbol{\alpha}_{r+1,n}=0, \end{cases}$$

上式也可简写为

$$k_1\boldsymbol{\alpha}_{1t}+k_2\boldsymbol{\alpha}_{2t}+\cdots+k_{r+1}\boldsymbol{\alpha}_{r+1,t}=0\ (t=1,2,\cdots,n), \tag{3-1-2}$$

下面求使式(3-1-2)成立的 $k_1,k_2,\cdots,k_{r+1}$.

将 $\boldsymbol{A}$ 左上角的 r 阶子式 D 加上 $\boldsymbol{A}$ 中的第 $r+1$ 行和第 t 列的相应元素，构成 $r+1$ 阶行列式

$$D_{r+1}=\begin{vmatrix} \boldsymbol{\alpha}_{11} & \cdots & \boldsymbol{\alpha}_{1r} & \boldsymbol{\alpha}_{1t} \\ \vdots & & \vdots & \vdots \\ \boldsymbol{\alpha}_{r1} & \cdots & \boldsymbol{\alpha}_{rr} & \boldsymbol{\alpha}_{rt} \\ \boldsymbol{\alpha}_{r+1,1} & \cdots & \boldsymbol{\alpha}_{r+1,r} & \boldsymbol{\alpha}_{r+1,t} \end{vmatrix},$$

其中，$1\leqslant t\leqslant n$.

当 $t\leqslant r$ 时，由于 D_{r+1} 中有两列相同，因此 $D_{r+1}=0$；当 $t>r$ 时，由于 D_{r+1} 是 $\boldsymbol{A}$ 的 $r+1$ 阶子式，因此仍有 $D_{r+1}=0$. 即当 $t=1,2,\cdots,n$ 时，总有 $D_{r+1}=0$. 将　　按第 t 列展开，得

$$A_1\boldsymbol{\alpha}_{1t}+A_2\boldsymbol{\alpha}_{2t}+\cdots+A_r\boldsymbol{\alpha}_{rt}+D\boldsymbol{\alpha}_{r+1,t}=0, \tag{3-1-3}$$

其中，$A_1,A_2,\cdots,A_r,D$ 分别为 $\boldsymbol{\alpha}_{1t},\boldsymbol{\alpha}_{2t},\cdots,\boldsymbol{\alpha}_{rt},\boldsymbol{\alpha}_{r+1,t}$ 的代数余子式．显然，$A_1,A_2,\cdots,A_r,D$ 都与 无关，比较（3–1–2）、（3–1–3）两式，可知 $A_1,A_2,\cdots,A_r,D$ 就是要求的 $r+1$ 个不全为零（至少 D 不为零）的数 $k_1,k_2,\cdots,k_{r+1}$．因此 $\boldsymbol{\alpha}_1,\boldsymbol{\alpha}_2,\cdots,\boldsymbol{\alpha}_{r+1}$ 线性相关，从而 $\boldsymbol{\alpha}_1,\boldsymbol{\alpha}_2,\cdots,\boldsymbol{\alpha}_s$ 线性相关.

例 3.1.3　判定下列向量组的线性相关性.

（1）$\boldsymbol{\alpha}_1=(1,0,0,0),\boldsymbol{\alpha}_2=(0,3,-2,4),\boldsymbol{\alpha}_3=(0,6,-4,2)$.

（2）$\boldsymbol{\alpha}_1=(2,-1,7,3),\boldsymbol{\alpha}_2=(1,4,11,-2),\boldsymbol{\alpha}_3=(3,-6,3,8)$.

解：（1）将 $\boldsymbol{\alpha}_1,\boldsymbol{\alpha}_2,\boldsymbol{\alpha}_3$ 组成矩阵，并求其秩.

$$\boldsymbol{A}=\begin{pmatrix}1&0&0&0\\0&3&-2&4\\0&6&-4&2\end{pmatrix}\to\begin{pmatrix}1&0&0&0\\0&3&-2&4\\0&0&0&-6\end{pmatrix},$$

显然，$r(\boldsymbol{A})=3$，因此 $\boldsymbol{\alpha}_1,\boldsymbol{\alpha}_2,\boldsymbol{\alpha}_3$ 线性无关.

（2）将向量 $\boldsymbol{\alpha}_1,\boldsymbol{\alpha}_2,\boldsymbol{\alpha}_3$ 组成矩阵，并求其秩.

$$\boldsymbol{A}=\begin{pmatrix}2&-1&7&3\\1&4&11&-2\\3&-6&3&8\end{pmatrix}\to\begin{pmatrix}1&4&11&-2\\2&-1&7&3\\3&-6&3&8\end{pmatrix}$$

$$\to\begin{pmatrix}1&4&11&-2\\0&-9&-15&7\\0&-18&-30&14\end{pmatrix}\to\begin{pmatrix}1&4&11&-2\\0&-9&-15&7\\0&0&0&0\end{pmatrix},$$

显然，$r(\boldsymbol{A})=2<3$，因此 $\boldsymbol{\alpha}_1,\boldsymbol{\alpha}_2,\boldsymbol{\alpha}_3$ 线性相关.

3.2 向量组的秩

定理 3.2.1 （1）只含有零向量的向量组没有极大线性无关组，其秩为零.

（2）如果向量组 $\boldsymbol{A}$: $\boldsymbol{\alpha}_1,\boldsymbol{\alpha}_2,\cdots,\boldsymbol{\alpha}_m$ 可以由向量组 $\boldsymbol{B}$: $\boldsymbol{\beta}_1,\boldsymbol{\beta}_2,\cdots,\boldsymbol{\beta}_d$ 线性表出，那么必然有 $r(\boldsymbol{\alpha}_1,\boldsymbol{\alpha}_2,\cdots,\boldsymbol{\alpha}_m)\leqslant r(\boldsymbol{\beta}_1,\boldsymbol{\beta}_2,\cdots,\boldsymbol{\beta}_d)$.

（3）等价向量组的秩相等.

证明：这里只证明（2）.

不妨设向量组 $\boldsymbol{A}$: $\boldsymbol{\alpha}_1,\boldsymbol{\alpha}_2,\cdots,\boldsymbol{\alpha}_m$ 和向量组 $\boldsymbol{B}$: $\boldsymbol{\beta}_1,\boldsymbol{\beta}_2,\cdots,\boldsymbol{\beta}_d$ 分别有极大线性无关组 $\boldsymbol{C},\boldsymbol{D}$，且向量组 $\boldsymbol{C},\boldsymbol{D}$ 分别含有 s,t 个向量，则

$$r(\boldsymbol{\alpha}_1,\boldsymbol{\alpha}_2,\cdots,\boldsymbol{\alpha}_m)=r(\boldsymbol{C})=s,\ r(\boldsymbol{\beta}_1,\boldsymbol{\beta}_2,\cdots,\boldsymbol{\beta}_d)=r(\boldsymbol{D})=t,$$

向量组 $\boldsymbol{A}$: $\boldsymbol{\alpha}_1,\boldsymbol{\alpha}_2,\cdots,\boldsymbol{\alpha}_m$ 与向量组 $\boldsymbol{C}$ 等价，且向量组 $\boldsymbol{B}$: $\boldsymbol{\beta}_1,\boldsymbol{\beta}_2,\cdots,\boldsymbol{\beta}_d$ 与向量组 $\boldsymbol{D}$ 等价，又因为向量组 $\boldsymbol{A}$: $\boldsymbol{\alpha}_1,\boldsymbol{\alpha}_2,\cdots,\boldsymbol{\alpha}_m$ 可以由向量组 $\boldsymbol{B}$: $\boldsymbol{\beta}_1,\boldsymbol{\beta}_2,\cdots,\boldsymbol{\beta}_d$ 线性表出，所以向量组 $\boldsymbol{C}$ 可以由向量组 $\boldsymbol{D}$ 线性表出，显然有

$$s=r(\boldsymbol{\alpha}_1,\boldsymbol{\alpha}_2,\cdots,\boldsymbol{\alpha}_m)\leqslant r(\boldsymbol{\beta}_1,\boldsymbol{\beta}_2,\cdots,\boldsymbol{\beta}_d)=t.$$

定理 3.2.2 （1）向量组 $\boldsymbol{A}$：$\boldsymbol{\alpha}_1,\boldsymbol{\alpha}_2,\cdots,\boldsymbol{\alpha}_n$ 线性无关的充分必要条件是 $r(\boldsymbol{\alpha}_1,\boldsymbol{\alpha}_2,\cdots,\boldsymbol{\alpha}_n)=n$.

（2）向量组 $\boldsymbol{A}$：$\boldsymbol{\alpha}_1,\boldsymbol{\alpha}_2,\cdots,\boldsymbol{\alpha}_n$ 线性相关的充要条件是 $r(\boldsymbol{\alpha}_1,\boldsymbol{\alpha}_2,\cdots,\boldsymbol{\alpha}_n)<n$.

（3）如果向量组 $\boldsymbol{A}$：$\boldsymbol{\alpha}_1,\boldsymbol{\alpha}_2,\cdots,\boldsymbol{\alpha}_n$ 的秩为 $r(\boldsymbol{\alpha}_1,\boldsymbol{\alpha}_2,\cdots,\boldsymbol{\alpha}_n)=r$，那么该向量组中任意 r 个向量所构成的向量组都是该向量组的极大线性无关组.

证明略.

定理 3.2.3 矩阵 $\boldsymbol{A}$ 的秩等于它行向量的秩，也等于它列向量的秩.

证明：设矩阵

$$
\boldsymbol{A}=\begin{pmatrix} a_{11} & a_{12} & \cdots & a_{1n} \\ a_{21} & a_{22} & \cdots & a_{2n} \\ \vdots & \vdots & & \vdots \\ a_{m1} & a_{m2} & \cdots & a_{mn} \end{pmatrix}=\begin{pmatrix} \boldsymbol{\alpha}_1 \\ \boldsymbol{\alpha}_2 \\ \vdots \\ \boldsymbol{\alpha}_m \end{pmatrix},
$$

且

$$
r\{\boldsymbol{\alpha}_1,\boldsymbol{\alpha}_2,\cdots,\boldsymbol{\alpha}_m\}=r.
$$

若$r=m$，则向量组$\boldsymbol{\alpha}_1,\boldsymbol{\alpha}_2,\cdots,\boldsymbol{\alpha}_m$线性无关，可得

$$
r\{\boldsymbol{A}\}=m=r.
$$

若$r<m$，则向量组$\boldsymbol{\alpha}_1,\boldsymbol{\alpha}_2,\cdots,\boldsymbol{\alpha}_m$的任意一个极大线性无关组中都只含有$r$个向量，我们将其设为$\boldsymbol{\alpha}_1,\boldsymbol{\alpha}_2,\cdots,\boldsymbol{\alpha}_r$，那么矩阵$\boldsymbol{A}$的前$r$行中必然有一个$r$阶子式不等于零．又由于向量组$\boldsymbol{\alpha}_1,\boldsymbol{\alpha}_2,\cdots,\boldsymbol{\alpha}_m$中的任意$r+1$个向量线性相关，则矩阵$\boldsymbol{A}$的$r+1$阶子式都等于零，所以

$$
r\{\boldsymbol{A}\}=r.
$$

同时有

$$
r(\boldsymbol{A})=r(\boldsymbol{A}^{\mathrm{T}}),
$$

故而，矩阵$\boldsymbol{A}^{\mathrm{T}}$的行秩就等于矩阵$\boldsymbol{A}$的列秩.

综上，矩阵$\boldsymbol{A}$的秩等于它行向量的秩，也等于它列向量的秩.

综上所述，我们可以总结出求向量组的秩、极大线性无关组及把其余向量表示为极大线性无关组的线性组合的简单方法：对于列向量组，以向量组的向量为列构造矩阵$\boldsymbol{A}$，通过初等行变换将其先化为行阶梯形矩阵，然后再化为行最简形，秩等于行阶梯形矩阵的非零行的行数，行阶梯形矩阵（或行最简形

矩阵)中每行首个非零元所在列对应的原矩阵 $\boldsymbol{A}$ 的相应列向量,就构成它的一个极大线性无关组,用行最简形矩阵直接写出其余向量表示为所求极大线性无关组的线性组合;对于行向量组,可以先转置变为列向量组,或者对称地仅用初等列变换化为列最简形矩阵去进行.

3.3 向量空间与向量的内积

3.3.1 向量空间

定义 3.3.1 如果由 n 维向量组成的非空集合 V 是一个集合,并且该集合关于加法和数乘运算闭合,那么我们就称集合 V 为**向量空间**. 如果一个向量空间中的元素含有复向量,那么该向量空间又称作**复向量空间**;如果一个向量空间中的元素都是实向量,那么该向量空间又称作**实向量空间**.

显然,n 维向量的线性运算的八条运算规律在 n 维向量空间 V 中成立.

实数域 $\mathbf{R}$ 上 n 维向量的全体 $\mathbf{R}^n$ 是一个向量空间,即

$$\mathbf{R}^n=\left\{\boldsymbol{\alpha}=(a_1,a_2,\cdots,a_n)\,\middle|\,a_i\in\mathbf{R},i=1,2,\cdots,n\right\}$$

或

$$\mathbf{R}^n=\left\{\boldsymbol{\alpha}=\begin{pmatrix}a_1\\a_2\\\vdots\\a_n\end{pmatrix}\,\middle|\,a_i\in\mathbf{R},i=1,2,\cdots,n\right\},$$

显然

$$(0,0,\cdots,0)\in\left\{\boldsymbol{\alpha}=(a_1,a_2,\cdots,a_n)\middle| a_i\in\mathbf{R},i=1,2,\cdots,n\right\},$$

$$\begin{pmatrix}0\\0\\\vdots\\0\end{pmatrix}\in\left\{\boldsymbol{\alpha}=\begin{pmatrix}a_1\\a_2\\\vdots\\a_n\end{pmatrix}\middle| a_i\in\mathbf{R},i=1,2,\cdots,n\right\}.$$

故而,无论哪种情形,$\mathbf{R}^n$ 都是非空集合；而且有

$$\forall\boldsymbol{\alpha}=(a_1,a_2,\cdots,a_n),\boldsymbol{\beta}=(b_1,b_2,\cdots,b_n)\in\left\{\boldsymbol{\alpha}=(a_1,a_2,\cdots,a_n)\middle| a_i\in\mathbf{R},i=1,2,\cdots,n\right\},$$

以及任意常数 k 有

$$\boldsymbol{\alpha}+\boldsymbol{\beta}=(a_1+b_1,a_2+b_2,\cdots,a_n+b_n)\in\left\{\boldsymbol{\alpha}=(a_1,a_2,\cdots,a_n)\middle| a_i\in\mathbf{R},i=1,2,\cdots,n\right\},$$

$$k\boldsymbol{\alpha}=(ka_1,ka_2,\cdots,ka_n)\in\left\{\boldsymbol{\alpha}=(a_1,a_2,\cdots,a_n)\middle| a_i\in\mathbf{R},i=1,2,\cdots,n\right\};$$

$$\forall\boldsymbol{\alpha}=\begin{pmatrix}a_1\\a_2\\\vdots\\a_n\end{pmatrix},\boldsymbol{\beta}=\begin{pmatrix}b_1\\b_2\\\vdots\\b_n\end{pmatrix}\in\left\{\boldsymbol{\alpha}=\begin{pmatrix}a_1\\a_2\\\vdots\\a_n\end{pmatrix}\middle| a_i\in\mathbf{R},i=1,2,\cdots,n\right\},$$

以及任意常数 k 有

$$\boldsymbol{\alpha}+\boldsymbol{\beta}=\begin{pmatrix}a_1+b_1\\a_2+b_2\\\vdots\\a_n+b_n\end{pmatrix}\in\left\{\boldsymbol{\alpha}=\begin{pmatrix}a_1\\a_2\\\vdots\\a_n\end{pmatrix}\middle| a_i\in\mathbf{R},i=1,2,\cdots,n\right\},$$

$$k\boldsymbol{\alpha}=\begin{pmatrix}ka_1\\ka_2\\\vdots\\ka_n\end{pmatrix}\in\left\{\boldsymbol{\alpha}=\begin{pmatrix}a_1\\a_2\\\vdots\\a_n\end{pmatrix}\middle| a_i\in\mathbf{R},i=1,2,\cdots,n\right\}.$$

所以,无论哪种情况,$\mathbf{R}^n$ 都是一个向量空间.

定义 3.3.2 仅由零向量构成的向量集合对于向量的加法与数乘运算也是封闭的,故而 $\{\mathbf{0}\}$ 也是一个向量空间,我们将其称为**零空间**.

定义 3.3.3 设向量集合 V,W 都是向量空间,如果 $V \subset W$,那么向量空间 V 就是向量空间 W 的**子空间**.

如果向量空间 V 是由所有 n 维向量构成的向量空间,那么,$\mathbf{R}^n$ 就是向量空间 V 的一个子空间;如果向量空间 V 是由任意 n 维实向量构成的向量空间,那么,向量空间 V 是 $\mathbf{R}^n$ 的子空间.

对于向量空间 V ,零空间和它本身也是它的子空间,我们将其称为向量空间 V 的**平凡子空间**,其他子空间称作向量空间 V 的**非平凡子空间**.

3.3.2 向量的内积

定义 3.3.4 设有 n 维向量

$$\boldsymbol{\alpha}=(a_1,a_2,\cdots,a_n)^{\mathrm{T}},\boldsymbol{\beta}=(b_1,b_2,\cdots,b_n)^{\mathrm{T}}$$

或

$$\boldsymbol{\alpha}=\begin{pmatrix}a_1\\a_2\\\vdots\\a_n\end{pmatrix},\boldsymbol{\beta}=\begin{pmatrix}b_1\\b_2\\\vdots\\b_n\end{pmatrix},$$

定义 n 维向量 $\boldsymbol{\alpha},\boldsymbol{\beta}$ 的内积为

$$<\alpha,\beta>=a_1b_1+a_2b_2+\cdots+a_nb_n=\sum_{k=1}^{n}a_kb_k.$$

向量 α 和向量 β 的内积也叫**数量积**或**点积**,两向量的内积也可以用 $\boldsymbol{\alpha}\boldsymbol{\cdot}\boldsymbol{\beta}$

来表示.

性质 3.3.1　如果 $\boldsymbol{\alpha},\boldsymbol{\beta},\boldsymbol{\varepsilon}$ 是三个 n 维实向量,且 k 为一任意实数,则有:

(1) $<\boldsymbol{\alpha},\boldsymbol{\beta}>=\boldsymbol{\alpha}^{\mathrm{T}}\boldsymbol{\beta}$.

(2) $<\boldsymbol{\alpha},\boldsymbol{\beta}>=<\boldsymbol{\beta},\boldsymbol{\alpha}>$.

(3) $<\boldsymbol{\alpha}+\boldsymbol{\beta},\boldsymbol{\varepsilon}>=<\boldsymbol{\alpha},\boldsymbol{\varepsilon}>+<\boldsymbol{\beta},\boldsymbol{\varepsilon}>$.

(4) $<k\boldsymbol{\alpha},\boldsymbol{\beta}>=k<\boldsymbol{\alpha},\boldsymbol{\beta}>$.

(5) $<\boldsymbol{\alpha},\boldsymbol{\alpha}>\geqslant 0$.

定义 3.3.5　当向量

$$\boldsymbol{\alpha}\neq 0 \text{且} \boldsymbol{\beta}\neq 0$$

时,我们定义

$$\arccos\frac{<\boldsymbol{\alpha},\boldsymbol{\beta}>}{\|\boldsymbol{\alpha}\|\,\|\boldsymbol{\beta}\|}$$

为 n 维向量 $\boldsymbol{\alpha}$ 与 $\boldsymbol{\beta}$ 的夹角,用($\boldsymbol{\alpha}$; $\boldsymbol{\beta}$)来表示 . 当 $<\boldsymbol{\alpha},\boldsymbol{\beta}>=0$ 时,我们称 n 维向量 $\boldsymbol{\alpha}$ 与 $\boldsymbol{\beta}$ 正交,记作 $\boldsymbol{\alpha}\perp\boldsymbol{\beta}$.

显然, 如果 $\boldsymbol{\alpha}=0$,则其与任意一个向量均正交.

定义 3.3.6　称 $\|\boldsymbol{\alpha}\|=\sqrt{<\boldsymbol{\alpha},\ \boldsymbol{\alpha}>}$ 为 n 维向量 $\boldsymbol{\alpha}=(a_1,\ a_2,\cdots,\ a_n)^{\mathrm{T}}$ 的长度(范数),当 $\|\boldsymbol{\alpha}\|=1$ 时,我们称向量 α 为**单位向量**.

显然,当 $\alpha\neq 0$ 时,向量 $\dfrac{\boldsymbol{\alpha}}{\|\boldsymbol{\alpha}\|}$ 是与向量 $\boldsymbol{\alpha}$ 方向相同的单位向量,则 $\dfrac{\boldsymbol{\alpha}}{\|\boldsymbol{\alpha}\|}$ 又称作向量 α 的单位化,记作 $\boldsymbol{\alpha}^0$,那么,对于任意的非零向量 $\boldsymbol{\alpha}$ 都有

$$\boldsymbol{\alpha}^0=\frac{1}{\|\boldsymbol{\alpha}\|}\boldsymbol{\alpha}$$

且

$$\|\boldsymbol{\alpha}^0\|=\frac{1}{\|\boldsymbol{\alpha}\|}\|\boldsymbol{\alpha}\|=1\ .$$

性质 3.3.2 向量的长度具有以下性质：

（1）$\|k\boldsymbol{\alpha}\| = |k| \cdot \|\boldsymbol{\alpha}\|$.

（2）当$\boldsymbol{\alpha}=0$时，$\|\boldsymbol{\alpha}\|=0$；当$\boldsymbol{\alpha} \neq 0$时，$\|\boldsymbol{\alpha}\| > 0$.

（3）$\|\boldsymbol{\alpha}+\boldsymbol{\beta}\| \leqslant \|\boldsymbol{\alpha}\| + \|\boldsymbol{\beta}\|$.

（4）$<\boldsymbol{\alpha},\boldsymbol{\beta}>^2 \leqslant \|\boldsymbol{\alpha}\|^2 \cdot \|\boldsymbol{\beta}\|^2$.

现在我们来证明（4）.

证明：如果n维向量$\boldsymbol{\alpha}$与$\boldsymbol{\beta}$线性无关，那么对于任意实数有

$$x\boldsymbol{\alpha}+\boldsymbol{\beta} \neq 0,$$

则

$$\langle x\boldsymbol{\alpha}+\boldsymbol{\beta}, x\boldsymbol{\alpha}+\boldsymbol{\beta}\rangle = \langle \boldsymbol{\alpha},\boldsymbol{\alpha}\rangle x^2 + 2\langle \boldsymbol{\alpha},\boldsymbol{\beta}\rangle x + \langle \boldsymbol{\beta},\boldsymbol{\beta}\rangle > 0.$$

根据一元二次不等式的相关性质可知

$$\left[2\langle \boldsymbol{\alpha},\boldsymbol{\beta}\rangle\right]^2 - 4\langle \boldsymbol{\alpha},\boldsymbol{\alpha}\rangle\langle \boldsymbol{\beta},\boldsymbol{\beta}\rangle < 0,$$

则有

$$<\boldsymbol{\alpha},\boldsymbol{\beta}>^2 \leqslant \|\boldsymbol{\alpha}\|^2 \cdot \|\boldsymbol{\beta}\|^2.$$

如果n维向量$\boldsymbol{\alpha}$与$\boldsymbol{\beta}$线性相关，由于假如$\boldsymbol{\alpha} \neq 0$，那么

$$<\boldsymbol{\alpha},\boldsymbol{\beta}>^2 \leqslant \|\boldsymbol{\alpha}\|^2 \cdot \|\boldsymbol{\beta}\|^2,$$

所以我们不妨设

$$k\boldsymbol{\alpha} = \boldsymbol{\beta} \neq 0,$$

则有

$$\begin{aligned}\langle \boldsymbol{\alpha},\boldsymbol{\beta}\rangle^2 &= \langle \boldsymbol{\alpha},k\boldsymbol{\alpha}\rangle^2 = k^2\langle \boldsymbol{\alpha},\boldsymbol{\alpha}\rangle^2 \\ &= \langle \boldsymbol{\alpha},\boldsymbol{\alpha}\rangle\langle k\boldsymbol{\alpha},k\boldsymbol{\alpha}\rangle \\ &= \|\boldsymbol{\alpha}\|^2\|\boldsymbol{\beta}\|^2.\end{aligned}$$

例 3.3.1　如果$\boldsymbol{\alpha}$和$\boldsymbol{\beta}$是空间R^3中的两个三维向量,试证明,$\boldsymbol{\alpha}$和$\boldsymbol{\beta}$的内积可以表示为

$$<\boldsymbol{\alpha},\boldsymbol{\beta}>=a_1b_1+a_2b_2+a_3b_3=\|\boldsymbol{\alpha}\|\|\boldsymbol{\beta}\|\cos(\boldsymbol{\alpha};\ \boldsymbol{\beta}).$$

其中,$\|\boldsymbol{\alpha}\|$表示向量$\boldsymbol{\alpha}$的长度(或范数),$\|\boldsymbol{\beta}\|$表示向量$\boldsymbol{\beta}$的范数,$(\boldsymbol{\alpha};\ \boldsymbol{\beta})$表示向量$\boldsymbol{\alpha}$与$\boldsymbol{\beta}$的夹角.

证明:在我们常见的空间直角坐标系$\{O;x,y,z\}$中,设向量$\boldsymbol{\alpha}$与$\boldsymbol{\beta}$的坐标表示分别为$\boldsymbol{\alpha}=(a_1,a_2,a_3)$和$\boldsymbol{\beta}=(b_1,b_2,b_3)$,则

$$\boldsymbol{\alpha}-\boldsymbol{\beta}=(a_1-b_1,a_2-b_2,a_3-b_3),$$

根据余弦定理有

$$\begin{aligned}\|\boldsymbol{\alpha}-\boldsymbol{\beta}\|^2 &= (a_1-b_1)^2+(a_2-b_2)^2+(a_3-b_3)^2 \\ &= \|\boldsymbol{\alpha}\|^2+\|\boldsymbol{\beta}\|^2-2\|\boldsymbol{\alpha}\|\|\boldsymbol{\beta}\|\cos(\boldsymbol{\alpha};\ \boldsymbol{\beta}) \\ &= a_1^2+a_2^2+a_3^2+b_1^2+b_2^2+b_3^2-\|\boldsymbol{\alpha}\|\|\boldsymbol{\beta}\|\cos(\boldsymbol{\alpha};\ \boldsymbol{\beta}),\end{aligned}$$

可以得出

$$<\boldsymbol{\alpha},\boldsymbol{\beta}>=\|\boldsymbol{\alpha}\|\|\boldsymbol{\beta}\|\cos(\boldsymbol{\alpha};\ \boldsymbol{\beta})=a_1b_1+a_2b_2+a_3b_3.$$

3.4 线性方程组的消元法

我们在中学已经学过用加减消元法、代入消元法解二元、三元线性方程组，现在我们推广更一般的情况：m 个方程 n 个未知数的 n 元线性方程组求解问题.

定义 3.4.1 设有 m 个方程 n 个未知数的 n 元线性方程组

$$\begin{cases} a_{11}x_1 + a_{12}x_2 + \cdots + a_{1n}x_n = b_1, \\ a_{21}x_1 + a_{22}x_2 + \cdots + a_{2n}x_n = b_2, \\ \qquad \cdots\cdots \\ a_{m1}x_1 + a_{m2}x_2 + \cdots + a_{mn}x_n = b_m. \end{cases} \tag{3-4-1}$$

记

$$\boldsymbol{A} = \begin{pmatrix} a_{11} & a_{12} & \cdots & a_{1n} \\ a_{21} & a_{22} & \cdots & a_{2n} \\ \vdots & \vdots & & \vdots \\ a_{m1} & a_{m2} & \cdots & a_{mn} \end{pmatrix}, \ \boldsymbol{X} = \begin{pmatrix} x_1 \\ x_2 \\ \vdots \\ x_n \end{pmatrix}, \ \boldsymbol{b} = \begin{pmatrix} b_1 \\ b_2 \\ \vdots \\ b_m \end{pmatrix},$$

则方程组（3–4–1）的矩阵形式为

$$\boldsymbol{AX} = \boldsymbol{b}\ , \tag{3-4-2}$$

其中，称 $\boldsymbol{A}$ 为方程组（3–4–1）的**系数矩阵**，称 $\boldsymbol{b}$ 为方程组（3–4–1）的**常数项矩阵**，称 $\boldsymbol{X}$ 为 n **元未知数矩阵**.

我们把方程组（3–4–1）的系数矩阵 $\boldsymbol{A}$ 与常数项矩阵 $\boldsymbol{b}$ 放在一起构成的矩阵

$$(\boldsymbol{A},\boldsymbol{b}) = \begin{pmatrix} a_{11} & a_{12} & \cdots & a_{1n} & b_1 \\ a_{21} & a_{22} & \cdots & a_{2n} & b_2 \\ \vdots & \vdots & & \vdots & \vdots \\ a_{m1} & a_{m2} & \cdots & a_{mn} & b_m \end{pmatrix}$$

称为线性方程组(3-4-1)的**增广矩阵**.

显然,线性方程组与它的增广矩阵建立了一一对应的关系.

3.5　线性方程组解的结构

定义 3.5.1　方程组

$$\begin{cases} a_{11}x_1 + a_{12}x_2 + \cdots + a_{1n}x_n = b_1, \\ a_{21}x_1 + a_{22}x_2 + \cdots + a_{2n}x_n = b_2, \\ \cdots\cdots \\ a_{m1}x_1 + a_{m2}x_2 + \cdots + a_{mn}x_n = b_m \end{cases} \tag{3-5-1}$$

为 n 元非齐次线性方程组. 若记

$$\boldsymbol{A} = \begin{pmatrix} a_{11} & a_{12} & \cdots & a_{1n} \\ a_{21} & a_{22} & \cdots & a_{2n} \\ \vdots & \vdots & & \vdots \\ a_{m1} & a_{m2} & \cdots & a_{mn} \end{pmatrix}, \boldsymbol{x} = \begin{pmatrix} x_1 \\ x_2 \\ \vdots \\ x_n \end{pmatrix}, \boldsymbol{b} = \begin{pmatrix} b_1 \\ b_2 \\ \vdots \\ b_n \end{pmatrix},$$

则方程组(3-5-1)可改为如下矩阵形式

$$\boldsymbol{Ax} = \boldsymbol{b}.$$

令

$$\boldsymbol{\alpha}_j = \begin{pmatrix} a_{1j} \\ a_{2j} \\ \vdots \\ a_{mj} \end{pmatrix}, j = 1, 2, \cdots, n,$$

则方程组(3–5–1)可改写为如下向量形式:

$$x_1\boldsymbol{\alpha}_1 + x_2\boldsymbol{\alpha}_2 + \cdots + x_n\boldsymbol{\alpha}_n = b.$$

称矩阵

$$\overline{\boldsymbol{A}} = (A \mid b)\begin{pmatrix} a_{11} & a_{12} & \cdots & a_{1n} & b_1 \\ a_{21} & a_{22} & \cdots & a_{2n} & b_2 \\ \vdots & \vdots & & \vdots & \vdots \\ a_{m1} & a_{m2} & \cdots & a_{mn} & b_m \end{pmatrix}$$

为线性方程组的**增广矩阵**.

定义 3.5.2 称方程组

$$\begin{cases} a_{11}x_1 + a_{12}x_2 + \cdots + a_{1n}x_n = 0, \\ a_{21}x_1 + a_{22}x_2 + \cdots + a_{2n}x_n = 0, \\ \quad\cdots\cdots \\ a_{m1}x_1 + a_{m2}x_2 + \cdots + a_{mn}x_n = 0 \end{cases}$$

为 n **元齐次线性方程组**,它是非齐次线性方程组的导出组. 其矩阵形式为 $\boldsymbol{Ax} = \boldsymbol{0}$,向量形式为 $x_1\boldsymbol{\alpha}_1 + x_2\boldsymbol{\alpha}_2 + \cdots + x_n\boldsymbol{\alpha}_n = \boldsymbol{0}$.

3.5.1 基础解系的概念

定义 3.5.3 设 $\boldsymbol{\eta}_1,\boldsymbol{\eta}_2,\cdots,\boldsymbol{\eta}_s$ 是齐次线性方程组 $\boldsymbol{Ax} = \boldsymbol{0}$ 的一组线性无关解,如果方程组 $\boldsymbol{Ax} = \boldsymbol{0}$ 的任意一个解均可由 $\boldsymbol{\eta}_1,\boldsymbol{\eta}_2,\cdots,\boldsymbol{\eta}_s$ 线性表出,则称 $\boldsymbol{\eta}_1,\boldsymbol{\eta}_2,\cdots,\boldsymbol{\eta}_s$ 是齐次线性方程组 $\boldsymbol{Ax} = \boldsymbol{0}$ 的一个**基础解系**.

设 $\boldsymbol{A}$ 为 $m \times n$ 矩阵,若 $r(\boldsymbol{A}) = r < n$,则齐次线性方程组 $\boldsymbol{Ax} = \boldsymbol{0}$ 存在基础解系,且基础解系包含 $n-r$ 个线性无关的解向量,此时方程组的同解可表示为

$$x = k_1\boldsymbol{\eta}_1 + k_2\boldsymbol{\eta}_2 + \cdots + k_{n-r}\boldsymbol{\eta}_{n-r}\ ,$$

其中，$k_1, k_2, \cdots, k_{n-r}$ 为任意常数，$\boldsymbol{\eta}_1, \boldsymbol{\eta}_2, \cdots, \boldsymbol{\eta}_{n-r}$ 为齐次方程组的一个基础解系.

3.5.2 线性方程组的性质

齐次线性方程组 $\boldsymbol{Ax} = \boldsymbol{0}$ 的解具有如下性质.

性质 3.5.1 齐次线性方程组 $\boldsymbol{Ax} = \boldsymbol{0}$ 的两个解向量的和仍为它的解向量.

性质 3.5.2 齐次线性方程组 $\boldsymbol{Ax} = \boldsymbol{0}$ 的一个解向量乘以常数 k 仍为它的解向量.

非齐次线性方程组 $\boldsymbol{Ax} = \boldsymbol{b}$ 的解具有如下性质.

性质 3.5.3 设 $\boldsymbol{\eta}_1, \boldsymbol{\eta}_2$ 是 $\boldsymbol{Ax} = \boldsymbol{b}$ 的解，则 $\boldsymbol{x} = \boldsymbol{\eta}_1 - \boldsymbol{\eta}_2$ 是对应的齐次方程组（称为 $\boldsymbol{Ax} = \boldsymbol{b}$ 的导出组）$\boldsymbol{Ax} = \boldsymbol{0}$ 的解.

性质 3.5.4 若 $\boldsymbol{\eta}$ 是 $\boldsymbol{Ax} = \boldsymbol{b}$ 的解，$\boldsymbol{\xi}$ 是 $\boldsymbol{Ax} = \boldsymbol{0}$ 的解，则 $\boldsymbol{x} = \boldsymbol{\eta} + \boldsymbol{\xi}$ 是 $\boldsymbol{Ax} = \boldsymbol{b}$ 的解.

例 3.5.1 设 $\boldsymbol{A} = \begin{pmatrix} 1 & 0 & 3 & 1 & 2 \\ 2 & 1 & 7 & 4 & 3 \\ -1 & 2 & -1 & 3 & 0 \end{pmatrix}$，则 $\boldsymbol{Ax} = \boldsymbol{0}$ 的基础解系中所含解向量的个数是______.

分析：由于 $\boldsymbol{Ax} = \boldsymbol{0}$ 的基础解系由 $n - r(\boldsymbol{A})$ 个解向量构成，因此应计算秩 $r(\boldsymbol{A})$.

解：由于

$$\boldsymbol{A} = \begin{pmatrix} 1 & 0 & 3 & 1 & 2 \\ 2 & 1 & 7 & 4 & 3 \\ -1 & 2 & -1 & 3 & 0 \end{pmatrix} \to \begin{pmatrix} 1 & 0 & 3 & 1 & 2 \\ 0 & 1 & 1 & 2 & -1 \\ 0 & 2 & 2 & 4 & 2 \end{pmatrix} \to \begin{pmatrix} 1 & 0 & 3 & 1 & 2 \\ 0 & 1 & 1 & 2 & -1 \\ 0 & 0 & 0 & 0 & 4 \end{pmatrix},$$

又 $r(\boldsymbol{A}) = 3$，因此

$$n-r(\boldsymbol{A})=5-3=2,$$

所以基础解系中所含解向量个数为 2.

例 3.5.2 齐次方程组

$$\begin{cases}x_1+x_2+3x_4-x_5=0,\\2x_2+x_3+2x_4+x_5=0,\\x_4+3x_5=0\end{cases}$$

的基础解系是______.

解：系数矩阵 $\boldsymbol{A}=\begin{pmatrix}1&1&0&3&-1\\0&2&1&2&1\\0&0&0&1&3\end{pmatrix}$ 已是阶梯形，于是由秩 $r(\boldsymbol{A})=3$ 可知

$$n-r(\boldsymbol{A})=5-3=2\ .$$

令 $x_3=1,x_5=0$，解得 $x_4=0,x_2=-\dfrac{1}{2},x_1=\dfrac{1}{2}$；令 $x_3=0,x_5=1$，解得 $x_4=-3$, $x_2=\dfrac{5}{2},x_1=\dfrac{15}{2}$.

因此，基础解系为

$$\boldsymbol{\eta}_1=(\frac{1}{2},-\frac{1}{2},1,0,0)^{\mathrm{T}},\quad \boldsymbol{\eta}_2=(\frac{15}{2},\frac{5}{2},0,-3,1)^{\mathrm{T}}.$$

自由变量的确定与赋值一般通过以下步骤来实现：

（1）对系数矩阵做初等行变换化为阶梯形.

（2）由秩 $r(\boldsymbol{A})$ 确定自由变量的个数 $n-r(\boldsymbol{A})$.

（3）找出一个秩为 $r(\boldsymbol{A})$ 的矩阵，则其余的 $n-r(\boldsymbol{A})$ 列对应的就是自由变量.

（4）每次给一个自由变量赋值为 1，其余的自由变量赋值为 0（共需赋值 $n-r(\boldsymbol{A})$ 次）.

例 3.5.3 已知齐次线性方程组

$$\begin{cases}(1+a)x_1+x_2+\cdots+x_n=0,\\ 2x_1+(2+a)x_2+\cdots+2x_n=0,\\ \qquad\qquad\cdots\cdots\\ nx_1+nx_2+\cdots+(n+a)x_n=0,\end{cases}$$

在这里 $n\geqslant 2$,试确定 a 的值,使该方程有非零解,并求其通解.

解: 显然,原方程组是一个 n 元 n 式齐次线性方程组,其系数矩阵

$$\boldsymbol{A}=\begin{pmatrix}1+a & 1 & 1 & \cdots & 1\\ 2 & 2+a & 2 & \cdots & 2\\ \vdots & \vdots & \vdots & & \vdots\\ n & n & n & \cdots & n+a\end{pmatrix}$$

对应的行列式

$$|\boldsymbol{A}|=\begin{vmatrix}1+a & 1 & 1 & \cdots & 1\\ 2 & 2+a & 2 & \cdots & 2\\ \vdots & \vdots & \vdots & & \vdots\\ n & n & n & \cdots & n+a\end{vmatrix}=(a+\frac{n(n+1)}{2})a^{n-1},$$

令 $|\boldsymbol{A}|=0$,则有

$$(a+\frac{n(n+1)}{2})a^{n-1}=0,$$

解得

$$a=0\text{或}a=-\frac{n(n+1)}{2}\ .$$

所以,当 $a=0\text{或}a=-\frac{n(n+1)}{2}$ 时,方程组有非零解.

当 $a=0$ 时,对系数矩阵 $\boldsymbol{A}$ 进行初等变换可得

$$A=\begin{pmatrix}1&1&1&\cdots&1\\2&2&2&\cdots&2\\\vdots&\vdots&\vdots&&\vdots\\n&n&n&\cdots&n\end{pmatrix}\to\begin{pmatrix}1&1&1&\cdots&1\\0&0&0&\cdots&0\\\vdots&\vdots&\vdots&&\vdots\\0&0&0&\cdots&0\end{pmatrix},$$

原方程组的同解方程组为

$$x_1+x_2+\cdots+x_n=0\ ,$$

其基础解系为

$$\boldsymbol{\eta}_1=\begin{pmatrix}-1\\1\\0\\\vdots\\0\end{pmatrix},\ \boldsymbol{\eta}_2=\begin{pmatrix}-1\\0\\1\\\vdots\\0\end{pmatrix},\ \cdots,\boldsymbol{\eta}_{n-1}=\begin{pmatrix}-1\\0\\0\\\vdots\\1\end{pmatrix},$$

方程组的通解可以表示为

$$\boldsymbol{\eta}=d_1\boldsymbol{\eta}_1+d_2\boldsymbol{\eta}_2+\cdots+d_{n-1}\boldsymbol{\eta}_{n-1}\ .$$

其中，$d_1,d_2,\cdots,d_{n-1}$ 为任意常数.

当 $a=-\dfrac{n(n+1)}{2}$ 时，对系数矩阵 $\boldsymbol{A}$ 做初等变换

$$A=\begin{pmatrix}1+a&1&1&\cdots&1\\2&2+a&2&\cdots&2\\\vdots&\vdots&\vdots&&\vdots\\n&n&n&\cdots&n+a\end{pmatrix}\to\begin{pmatrix}1+a&1&1&\cdots&1\\-2&a&0&\cdots&0\\\vdots&\vdots&\vdots&&\vdots\\-na&0&0&\cdots&1\end{pmatrix}$$

$$\to\begin{pmatrix}1+a&1&1&\cdots&1\\-2&1&0&\cdots&0\\\vdots&\vdots&\vdots&&\vdots\\-n&0&0&\cdots&1\end{pmatrix}\to\begin{pmatrix}0&0&0&\cdots&0\\-2&1&0&\cdots&0\\\vdots&\vdots&\vdots&&\vdots\\-n&0&0&\cdots&1\end{pmatrix},$$

可得原方程组的同解方程组为

$$\begin{cases}-2x_1+x_2=0,\\-3x_1+x_3=0,\\ \qquad\cdots\cdots\\-nx_1+x_n=0.\end{cases}$$

因此,基础解系为 $\boldsymbol{\eta}_1=\begin{pmatrix}1\\2\\\vdots\\n\end{pmatrix}$,方程组的通解为 $\boldsymbol{X}=d\boldsymbol{\eta}_1=d\begin{pmatrix}1\\2\\\vdots\\n\end{pmatrix}$,其中,$d$ 为任意常数.

例 3.5.4 设有线性方程组

$$\begin{cases}x_1+a_1x_2+a_1^2x_3=a_1^3,\\x_1+a_2x_2+a_2^2x_3=a_2^3,\\x_1+a_3x_2+a_3^2x_3=a_3^3,\\x_1+a_4x_2+a_4^2x_3=a_4^3.\end{cases}$$

(1)证明:若 a_1,a_2,a_3,a_4 两两不相等,则此线性方程组无解.

(2)设 $a_1=a_3=k,a_2=a_4=-k(k\neq 0)$,且已知 $\boldsymbol{\beta}_1,\boldsymbol{\beta}_2$ 是该方程组的两个解,其中,$\boldsymbol{\beta}_1=\begin{pmatrix}-1\\1\\1\end{pmatrix}$,$\boldsymbol{\beta}_2=\begin{pmatrix}1\\1\\-1\end{pmatrix}$,写出此方程组的通解.

解:(1)原方程组的增广矩阵为

$$\overline{\boldsymbol{A}}=\begin{pmatrix}1&a_1&a_1^2&a_1^3\\1&a_2&a_2^2&a_2^3\\1&a_3&a_3^2&a_3^3\\1&a_4&a_4^2&a_4^3\end{pmatrix},$$

对应的行列式为 Vandermonde 行列式,即

$$\left|\overline{A}\right|=\begin{vmatrix}1 & a_1 & a_1^2 & a_1^3\\ 1 & a_2 & a_2^2 & a_2^3\\ 1 & a_3 & a_3^2 & a_3^3\\ 1 & a_4 & a_4^2 & a_4^3\end{vmatrix}=(a_4-a_3)(a_4-a_2)(a_4-a_1)(a_3-a_2)(a_3-a_1)(a_2-a_1),$$

由于 a_1,a_2,a_3,a_4 两两不相等，所以 $\left|\overline{A}\right|\neq 0$ ，$r\left(\overline{A}\right)=4,r(A)<r\left(\overline{A}\right)$ ，因此，原方程组无解.

（2）当 $a_1=a_3=k,a_2=a_4=-k\,(k\neq 0)$ 时，方程组为

$$\begin{cases}x_1+kx_2+k^2x_3=k^3,\\ x_1-kx_2-k^2x_3=-k^3,\\ x_1+kx_2+k^2x_3=k^3,\\ x_1-kx_2-k^2x_3=-k^3,\end{cases}$$

即

$$\begin{cases}x_1+kx_2+k^2x_3=k^3,\\ x_1-kx_2-k^2x_3=-k^3.\end{cases}$$

显然，有 $r\left(\overline{A}\right)=r(A)=2$ ，从而，原方程组的导出组的基础解系中只含有一个解向量.

由于 $\boldsymbol{\beta}_1,\boldsymbol{\beta}_2$ 是原方程组的两个解，故而 $\boldsymbol{\eta}=\boldsymbol{\beta}_1-\boldsymbol{\beta}_2=\begin{pmatrix}-1\\1\\1\end{pmatrix}-\begin{pmatrix}1\\1\\-1\end{pmatrix}=\begin{pmatrix}-2\\0\\2\end{pmatrix}$ 是原方程组的导出组的解，又因为 $\boldsymbol{\eta}=\begin{pmatrix}-2\\0\\2\end{pmatrix}\neq 0$ ，所以 $\boldsymbol{\eta}=\begin{pmatrix}-2\\0\\2\end{pmatrix}$ 是原方程组的导出组的一个基础解系，故而非齐次线性原方程组的通解可以表示为

$\boldsymbol{\beta}=\boldsymbol{\beta}_1+k\boldsymbol{\eta}=\begin{pmatrix}-1\\1\\1\end{pmatrix}+k\begin{pmatrix}-2\\0\\2\end{pmatrix}$ ，其中，k 为任意常数.

3.6　线性方程组的应用实例

3.6.1　线性方程组在平面几何问题中的应用

3.6.1.1　利用线性方程组判定平面与平面之间的关系

设有两平面

$$\pi_1\text{：}\ A_1x+B_1y+C_1z+D_1=0$$

与

$$\pi_2\text{：}\ A_2x+B_2y+C_2z+D_2=0\ ,$$

则 π_1 与 π_2 之间的关系有下面三种情形：

（1）当

$$r\begin{pmatrix} A_1 & B_1 & C_1 & D_1 \\ A_2 & B_2 & C_2 & D_2 \end{pmatrix} \neq r\begin{pmatrix} A_1 & B_1 & C_1 \\ A_2 & B_2 & C_2 \end{pmatrix},$$

即线性方程组

$$\begin{cases} A_1x+B_1y+C_1z+D_1=0, \\ A_2x+B_2y+C_2z+D_2=0 \end{cases} \qquad (3\text{-}6\text{-}1)$$

的系数矩阵的秩不等于增广矩阵的秩时，线性方程组（3-6-1）无解，平面 π_1 与 π_2 无公共点，即平面 π_1 与 π_2 平行且不重合.

（2）当

$$r\begin{pmatrix} A_1 & B_1 & C_1 & D_1 \\ A_2 & B_2 & C_2 & D_2 \end{pmatrix} = r\begin{pmatrix} A_1 & B_1 & C_1 \\ A_2 & B_2 & C_2 \end{pmatrix}=1$$

时，方程

$$A_1x+B_1y+C_1z+D_1=0$$

与

$$A_2x+B_2y+C_2z+D_2=0$$

同解，平面 π_1 与 π_2 重合.

（3）当

$$r\begin{pmatrix} A_1 & B_1 & C_1 & D_1 \\ A_2 & B_2 & C_2 & D_2 \end{pmatrix}=r\begin{pmatrix} A_1 & B_1 & C_1 \\ A_2 & B_2 & C_2 \end{pmatrix}=2$$

时，方程组（3–6–1）有无穷多组解，但平面 π_1 与 π_2 不重合，因此，平面 π_1 与 π_2 相交于一条直线.

如图 3–1 所示，平面 π_1 与 π_2 的法向量之间的夹角 φ 称作这两平面间的夹角，平面 π_1 与 π_2 的夹角可以由公式

$$\cos\varphi=\frac{|A_1A_2+B_1B_2+C_1C_2|}{\sqrt{A_1^2+B_1^2+C_1^2}\sqrt{A_2^2+B_2^2+C_2^2}}$$

来确定.

由两向量垂直、平行的条件可得

$$\begin{cases} \pi_1 /\!/ \pi_2 \Leftrightarrow \boldsymbol{n}_1 /\!/ \boldsymbol{n}_2 \Leftrightarrow \boldsymbol{n}_1\times\boldsymbol{n}_2=0 \Leftrightarrow \dfrac{A_1}{A_2}=\dfrac{B_1}{B_2}=\dfrac{C_1}{C_2}, \\ \pi_1 \perp \pi_2 \Leftrightarrow \boldsymbol{n}_1 \perp \boldsymbol{n}_2 \Leftrightarrow \boldsymbol{n}_1\cdot\boldsymbol{n}_2=0 \Leftrightarrow A_1A_2+B_1B_2+C_1C_2=0. \end{cases}$$

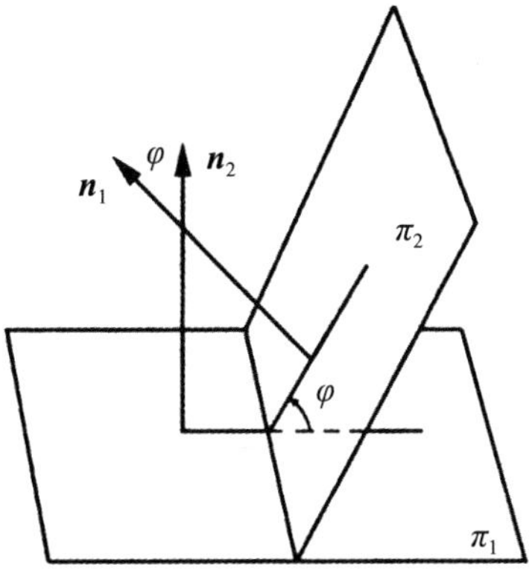

图3–1

3.6.1.2　利用线性方程组判定直线与直线之间的关系

设有两直线

$$L_1:\frac{x_1-x_2}{m_1}=\frac{y_1-y_2}{n_1}=\frac{z_1-z_2}{p_1},$$
$$L_2:\frac{x_1-x_2}{m_2}=\frac{y_1-y_2}{n_2}=\frac{z_1-z_2}{p_2}.$$

我们称 L_1,L_2 的方向向量 $\boldsymbol{s}_1=(m_1,n_1,p_1),\boldsymbol{s}_2=(m_2,n_2,p_2)$ 的夹角 φ（锐角）为直线 L_1,L_2 的夹角，直线 L_1,L_2 的夹角 φ 可以由公式

$$\cos\varphi=\frac{|m_1m_2+n_1n_2+p_1p_2|}{\sqrt{m_1^2+n_1^2+p_1^2}\sqrt{m_2^2+n_2^2+p_2^2}}$$

确定.

与平面平行相类似，有

$$\begin{cases} L_1 /\!/ L_2 \Leftrightarrow \boldsymbol{s}_1 /\!/ \boldsymbol{s}_2 \Leftrightarrow \boldsymbol{s}_1 \times \boldsymbol{s}_2 = 0 \Leftrightarrow \dfrac{m_1}{m_2} = \dfrac{n_1}{n_2} = \dfrac{p_1}{p_2}, \\ L_1 \perp L_2 \Leftrightarrow \boldsymbol{s}_1 \perp \boldsymbol{s}_2 \Leftrightarrow \boldsymbol{s}_1 \cdot \boldsymbol{s}_2 = 0 \Leftrightarrow m_1 m_2 + n_1 n_2 + p_1 p_2 = 0. \end{cases}$$

3.6.1.3 利用线性方程组判定直线与平面之间的关系

设直线 L 的方向向量为 $\boldsymbol{s} = (m, n, p)$，平面 π 的法向量为 $\boldsymbol{n} = (A, B, C)$，显然有

$$\begin{cases} L /\!/ \pi \Leftrightarrow \boldsymbol{s} \perp \boldsymbol{n} \Leftrightarrow \boldsymbol{s} \cdot \boldsymbol{n} = 0 \Leftrightarrow mA + nB + pC = 0, \\ L \perp \pi \Leftrightarrow \boldsymbol{s} /\!/ \boldsymbol{n} \Leftrightarrow \boldsymbol{s} \times \boldsymbol{n} = 0 \Leftrightarrow \dfrac{A}{m} = \dfrac{B}{n} = \dfrac{C}{p}. \end{cases}$$

如图 3–2 所示，直线 L 与其在平面 π 上的投影 L_1 的夹角 φ 称作直线 L 与平面 π 的夹角，直线 L 与平面 π 的夹角 φ 可以由公式

$$\sin\varphi = \frac{|mA + nB + pC|}{\sqrt{A^2 + B^2 + C^2}\sqrt{m^2 + n^2 + p^2}}$$

确定.

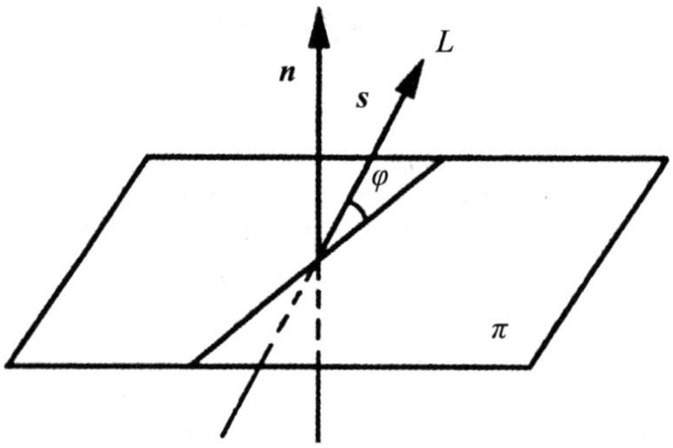

图3–2

例 3.6.1　假设某一空间有三个平面

$$\pi_1\text{：}3x+2y+z=1-a,$$
$$\pi_2\text{：}x+4y-3z=1+a,$$
$$\pi_3\text{：}3x-3y+(b-1)z=-9,$$

试根据所学知识分析这三个平面的位置关系.

解：对线性方程组

$$\begin{cases}3x+2y+z=1-a,\\ x+4y-3z=1+a,\\ 3x-3y+(b-1)z=-9\end{cases}$$

的增广矩阵进行初等行变换

$$\overline{A}=\begin{pmatrix}3&2&1&1-a\\1&4&-3&1+a\\3&-3&b-1&-9\end{pmatrix}\sim\begin{pmatrix}1&-1&2&-a\\0&5&-5&1+2a\\0&0&b-7&3a-9\end{pmatrix}.$$

通过分析可知，当 a 取任意实数，$b\neq 7$ 时，方程组的解是唯一的，三个平面交于一点，该点的坐标为

$$\left(\frac{1-3a}{5}-\frac{3(a-3)}{b-7},\frac{1+2a}{5}+\frac{3(a-3)}{b-7},\frac{3(a-3)}{b-7}\right).$$

当 $a=3,b=7$ 时，方程有无数组解，其通解可以表示为

$$\begin{pmatrix}x\\y\\z\end{pmatrix}=\begin{pmatrix}-\frac{8}{5}\\ \frac{7}{5}\\ 0\end{pmatrix}+d\begin{pmatrix}-1\\1\\1\end{pmatrix},$$

其中，d 为任意常数．所以空间三平面交于直线

$$\begin{cases} x=-\dfrac{8}{5}-d, \\ y=\dfrac{7}{5}+d, \\ z=d. \end{cases}$$

当 $a\neq 3, b=7$ 时，方程组无解，再结合空间平面的相关知识，我们可以判定，空间三平面两两相交于三条互不重合但是彼此平行的直线.

例 3.6.2 试证明平面上三点 $(x_1,y_1),(x_2,y_2),(x_3,y_3)$ 共线的等价条件是

$$\begin{vmatrix} x_1 & x_2 & 1 \\ y_1 & y_2 & 1 \\ z_1 & z_2 & 1 \end{vmatrix}=0.$$

证明：设共线的方程为 $y=kx+b$，则关于 k,b 的线性方程组

$$\begin{cases} y_1=kx_1+b, \\ y_2=kx_2+b, \\ y_3=kx_3+b \end{cases}$$

有解．故而矩阵 $\begin{pmatrix} x_1 & 1 \\ x_2 & 1 \\ x_3 & 1 \end{pmatrix}$ 与 $\begin{pmatrix} x_1 & 1 & y_1 \\ x_2 & 1 & y_2 \\ x_3 & 1 & y_3 \end{pmatrix}$ 的秩相等，即

$$\begin{vmatrix} x_1 & 1 & y_1 \\ x_2 & 1 & y_2 \\ x_3 & 1 & y_3 \end{vmatrix}=\begin{vmatrix} x_1 & y_1 & 1 \\ x_2 & y_2 & 1 \\ x_3 & y_3 & 1 \end{vmatrix}=0.$$

反之，若 $x_1=x_2=x_3$，三点合一，显然共线.

否则有

$$r\begin{pmatrix} x_1 & 1 \\ x_2 & 1 \\ x_3 & 1 \end{pmatrix} = 2,$$

但

$$\begin{vmatrix} x_1 & y_1 & 1 \\ x_2 & y_2 & 1 \\ x_3 & y_3 & 1 \end{vmatrix} = 0,$$

故而

$$r\begin{pmatrix} x_1 & 1 & y_1 \\ x_2 & 1 & y_2 \\ x_3 & 1 & y_3 \end{pmatrix} = r\begin{pmatrix} x_1 & y_1 & 1 \\ x_2 & y_2 & 1 \\ x_3 & y_3 & 1 \end{pmatrix} = 2,$$

关于 k,b 的线性方程组

$$\begin{cases} y_1 = kx_1 + b, \\ y_2 = kx_2 + b, \\ y_3 = kx_3 + b \end{cases}$$

有解，$(x_1, y_1),(x_2, y_2),(x_3, y_3)$ 共线.

3.6.2　线性方程组在实际生活中的应用

例 3.6.3　图 3-3 为某一地区的公路交通网络图，所有道路都是单行道，且道路上不能停车，通行方向用箭头标明，标示的数字为高峰期每小时进出网络的车辆. 进入网络的车共有 800 辆，等于离开网络的车辆总数. 另外，进入每个交叉点的车辆数等于离开该交叉点的车辆数. 这两个交通流量平衡的条件都需要满足.

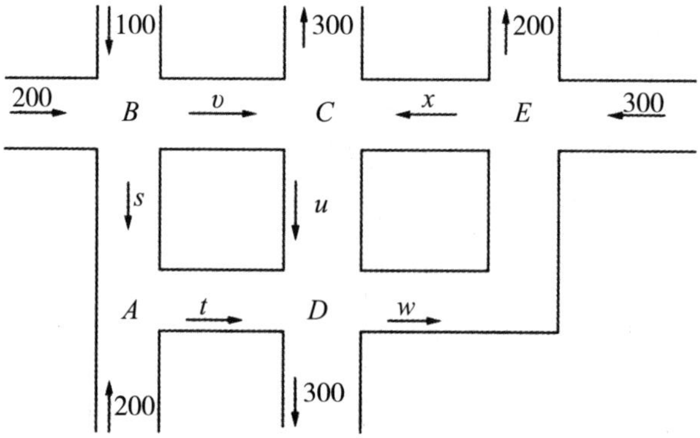

图3–3

若每小时通过图示各交通干道的车辆数为 s,t,u,v,w,x（例如，s 是每小时通过干道 BA 的车辆数），则利用根据交通流量平衡条件建立起的线性代数方程组可得到网络交通流量的一些结论.

解：对每一个道路交叉点都可以写出一个流量平衡方程，例如对 A 点，从图上看，进入车辆数为 $200+s$，而离开车辆数为 t，于是有

对 A 点：$200+s=t$，

对 B 点：$200+100=s+v$，

对 C 点：$v+x=300+u$，

对 D 点：$u+t=300+w$，

对 E 点：$300+w=200+x$.

这样得到一个描述网络交通流量的线性代数方程组

$$\begin{cases} s-t=-200, \\ s+v=300, \\ v+x-u=300, \\ u+t-w=300, \\ -w+x=100, \end{cases}$$

由此可得

$$\begin{cases} s = 300 - v, \\ t = 500 - v, \\ u = -300 + v + x, \\ w = -100 + x. \end{cases}$$

其中，v,x 是可取任意值的．事实上，这就是方程组的解，当然也可将解写成

$$\begin{pmatrix} 300 - k_1 \\ 500 - k_1 \\ -300 + k_1 + k_2 \\ k_1 \\ -100 + k_2 \\ k_2 \end{pmatrix},$$

其中，k_1,k_2 可取任意实数，方程组有无限多个解．

在这里，必须注意的是，方程组的解并非原问题的解．对于原问题，必须考虑到各变量的实际意义为行驶经过某路段的车辆数，故必须为非负整数，从而由

$$\begin{cases} s = 300 - k_1 \geqslant 0, \\ u = -300 + k_1 + k_2 \geqslant 0, \\ v = k_1 \geqslant 0, \\ w = -100 + k_2 \geqslant 0, \\ x = k_2 \geqslant 0 \end{cases}$$

可知，k_1 是不超过 300 的非负整数，k_2 是不小于 100 的正整数，而且 $k_1 + k_2$ 不小于 300．所以方程组的无限多个解中只有一部分是问题的解．

从上述讨论可知，若每小时通过 EC 段的车辆太少，不超过 100 辆，或者每小时通过 BC 及 EC 的车辆总数不到 300 辆，则交通平衡将被破坏，在一些路段可能会出现塞车等现象．

第4章　线性空间与线性变换

线性空间的概念是 n 维向量空间概念的抽象和提高，是线性代数中基本概念之一，其本质特征是非空集合具有元素的加法和数乘运算，并满足一些运算律．本章讨论线性空间及其性质，维数、基与坐标，线性子空间的理论．这些理论和方法已渗透到自然科学、工程技术的各个领域，有许多重要应用．

4.1　线性空间的概念及性质

4.1.1　线性空间的概念

定义 4.1.1　设 V 是一个非空集合，F 为一数域，对 V 中的任意两个元素 $\boldsymbol{\alpha}, \boldsymbol{\beta}$ 规定一种叫"加法"的运算，记为 $\boldsymbol{\alpha}+\boldsymbol{\beta}$；对 V 中的任意元素 $\boldsymbol{\alpha}$ 与 F 中的

任意数 k，规定一种叫作"数乘"的运算，记为 $k\boldsymbol{\alpha}$. 若 V 对以上两种运算封闭，并且满足以下八条运算规律($\boldsymbol{\alpha},\boldsymbol{\beta},\boldsymbol{\gamma}\in V;k,l\in F$)：

（1）$\boldsymbol{\alpha}+\boldsymbol{\beta}=\boldsymbol{\beta}+\boldsymbol{\alpha}$，

（2）$(\boldsymbol{\alpha}+\boldsymbol{\beta})+\boldsymbol{\gamma}=\boldsymbol{\alpha}+(\boldsymbol{\beta}+\boldsymbol{\gamma})$，

（3）V 中有一个元素 $\mathbf{0}$, $\forall\boldsymbol{\alpha}\in V$，都有 $\boldsymbol{\alpha}+\mathbf{0}=\boldsymbol{\alpha}$，

（4）$\forall\boldsymbol{\alpha}\in V,\exists\boldsymbol{\beta}\in V,s.t.\boldsymbol{\alpha}+\boldsymbol{\beta}=0$，

（5）$1\boldsymbol{\alpha}=\boldsymbol{\alpha}$，

（6）$k(l\boldsymbol{\alpha})=(kl)\boldsymbol{\alpha}$，

（7）$k(\boldsymbol{\alpha}+\boldsymbol{\beta})=k\boldsymbol{\alpha}+k\boldsymbol{\beta}$，

（8）$(k+l)\boldsymbol{\alpha}=k\boldsymbol{\alpha}+l\boldsymbol{\alpha}$，

那么，称 V 为数域 F 上的**线性空间**.

我们常见的线性空间有：

（1）$V=\mathbf{C}$（复数域），$P=\mathbf{C}$（复数域），定义加法和数乘分别是数的加法与乘法，则 V 构成 P 上的线性空间.

（2）设 V 是实数域 $\mathbf{R}$ 上所有 $m\times n$ 矩阵的集合，对于矩阵的加法和数乘运算，这是 $\mathbf{R}$ 上的一个线性空间.

（3）次数小于 n 的全体实系数多项式及零多项式构成的集合 $R[x]_n$，对于多项式的加法及实数与多项式的乘法构成实线性空间.

注意，次数等于 n 的实系数多项式的全体对于多项式的加法及实数与多项式的乘法不构成线性空间. 它们对加法运算不封闭.

（4）齐次线性方程组 $\boldsymbol{Ax}=\mathbf{0}$ 的全体解向量，关于向量加法和数乘运算构成线性空间，称为解空间；而非齐次线性方程组 $\boldsymbol{Ax}=\boldsymbol{b}$ 的全体解向量关于向量的加法与数乘不构成线性空间.

定义 4.1.2 设集合 V 是一个定义在数域 P 上的线性空间，集合 W 是集合 V 的一个非空子集，如果集合 W 对于集合 V 中定义的加法和数乘两种运算也构成一个线性空间，则称集合 W 是集合 V 的一个**线性子空间**，简称**子空间**.

显然，由于线性空间的八条运算规律中除（3）和（4）外，其余运算规律对 V 中任一子集的元素均成立，所以若 V 中的一个子集 W 对于 V 中两个运算能构成其子空间，就要求 W 对运算封闭且满足八条运算规律的（3）和（4），而只

要W对运算封闭,则必有零元素和负元素,即满足运算律(3)和(4).

任何一个非零线性空间V都一定包含两个子空间,一个是它自身,另一个是只含有零元的集合$\{0\}$.$\{0\}$称为零空间.同时这两个子空间称作线性空间V的平凡子空间,其余子空间称作线性空间V的非平凡子空间.

4.1.2　线性空间的基本性质

性质 4.1.1　零元素$\mathbf{0}_1$是唯一的.

证明: 如果$\mathbf{0}_1$和$\mathbf{0}_2$是线性空间V的两个零元素,那么

$$\mathbf{0}_1=\mathbf{0}_1+\mathbf{0}_2=\mathbf{0}_2,$$

上述便证明了零元素是唯一的.

性质 4.1.2　负元素是唯一的.

证明: 设　是线性空间V中的任一向量.如果$\boldsymbol{\alpha}$有两个负向量$\boldsymbol{\beta}_1$,$\boldsymbol{\beta}_2$,那么有

$$\boldsymbol{\alpha}+\boldsymbol{\beta}_1=\mathbf{0},\ \ \boldsymbol{\alpha}+\boldsymbol{\beta}_2=\mathbf{0},$$

则

$$\begin{aligned}\boldsymbol{\beta}_1&=\boldsymbol{\beta}_1+\mathbf{0}=\boldsymbol{\beta}_1+(\boldsymbol{\alpha}+\boldsymbol{\beta}_2)=(\boldsymbol{\beta}_1+\boldsymbol{\alpha})+\boldsymbol{\beta}_2\\&=(\boldsymbol{\alpha}+\boldsymbol{\beta}_1)+\boldsymbol{\beta}_2=\mathbf{0}+\boldsymbol{\beta}_2=\boldsymbol{\beta}_2,\end{aligned}$$

上述便证明了负元素是唯一的.

性质 4.1.3　设$\boldsymbol{\alpha}$,$\boldsymbol{\beta}$,$\boldsymbol{\gamma}$是线性空间V中任意的向量,k是数域P中的任意数,则

(1)加法满足消去律,即由$\boldsymbol{\alpha}+\boldsymbol{\beta}=\boldsymbol{\alpha}+\boldsymbol{\gamma}$可以推出$\boldsymbol{\beta}=\boldsymbol{\gamma}$.

(2)$0\boldsymbol{\alpha}=\mathbf{0}$,这里左边的0是数字零,右边的$\mathbf{0}$是零向量.

(3)$k\mathbf{0}=\mathbf{0}$.

(4)$(-1)\boldsymbol{\alpha}=-\boldsymbol{\alpha}$.

(5)$k\boldsymbol{\alpha}=\mathbf{0}$,则$\boldsymbol{\alpha}=\mathbf{0}$或$k=0$.

证明：

（1）由于

$$\boldsymbol{\alpha}+\boldsymbol{\beta}=\boldsymbol{\alpha}+\boldsymbol{\gamma}\ ,$$

则

$$(-\boldsymbol{\alpha})+(\boldsymbol{\alpha}+\boldsymbol{\beta})=(-\boldsymbol{\alpha})+(\boldsymbol{\alpha}+\boldsymbol{\gamma})\ ,$$

再由结合律有

$$\left[(-\boldsymbol{\alpha})+\boldsymbol{\alpha}\right]+\boldsymbol{\beta}=\left[(-\boldsymbol{\alpha})+\boldsymbol{\alpha}\right]+\boldsymbol{\gamma}\ ,$$

即

$$\mathbf{0}+\boldsymbol{\beta}=\mathbf{0}+\boldsymbol{\gamma},$$

因此

$$\boldsymbol{\beta}=\boldsymbol{\gamma}\ .$$

（2）由于

$$\boldsymbol{\alpha}+0\boldsymbol{\alpha}=1\boldsymbol{\alpha}+0\boldsymbol{\alpha}=(1+0)\boldsymbol{\alpha}=1\boldsymbol{\alpha}=\boldsymbol{\alpha}\ ,$$

两边都加上 $-\boldsymbol{\alpha}$,即有 $0\boldsymbol{\alpha}=\mathbf{0}$.

（3）$k\boldsymbol{\alpha}+k\mathbf{0}=k(\boldsymbol{\alpha}+\mathbf{0})=k\boldsymbol{\alpha}=k\boldsymbol{\alpha}+\mathbf{0}$,两边消除 $k\boldsymbol{\alpha}$,便可得 $k\mathbf{0}=\mathbf{0}$.

（4）由于

$$\boldsymbol{\alpha}+(-1)\boldsymbol{\alpha}=1\boldsymbol{\alpha}+(-1)\boldsymbol{\alpha}=[1+(-1)]\boldsymbol{\alpha}=0\boldsymbol{\alpha}=\mathbf{0}\ ,$$

也就是说 $(-1)\boldsymbol{\alpha}$ 是 $\boldsymbol{\alpha}$ 的负元素，即

$$(-1)\boldsymbol{\alpha}\ =\ \boldsymbol{\alpha}\ .$$

（5）假设 $k\neq 0$,于是一方面，

$$k^{-1}(k\boldsymbol{\alpha})=k^{-1}\mathbf{0}=\mathbf{0}\ ,$$

另一方面,

$$k^{-1}(k\boldsymbol{\alpha})=(k^{-1}k)\boldsymbol{\alpha}=\boldsymbol{\alpha}\ ,$$

由此,便有$\boldsymbol{\alpha}=\mathbf{0}$． 证毕.

说明:(1)在线性空间 V 中,定义减法为

$$\boldsymbol{\alpha}-\boldsymbol{\beta}=\boldsymbol{\alpha}+(-\boldsymbol{\beta})\ .$$

由于加法消去律成立,那么 V 中的等式可以进行移项,即

$$\boldsymbol{\alpha}+\boldsymbol{\beta}=\boldsymbol{\gamma}\Leftrightarrow\boldsymbol{\alpha}=\boldsymbol{\gamma}-\boldsymbol{\beta}\Leftrightarrow\boldsymbol{\alpha}+\boldsymbol{\beta}-\boldsymbol{\gamma}=\mathbf{0}\ ,$$

在形式上与数的加减法运算是一样的.

(2)V 的元素满足加法结合律,即$(\boldsymbol{\alpha}+\boldsymbol{\beta})+\boldsymbol{\gamma}=\Leftrightarrow\boldsymbol{\alpha}+(\boldsymbol{\beta}+\boldsymbol{\gamma})$. 我们可以不用括号,直接把上述元素和写成$\boldsymbol{\alpha}+\boldsymbol{\beta}+\boldsymbol{\gamma}$.

4.2　线性空间的基与坐标

4.2.1　基与维数

定义 4.2.1　设 V 是数域 F 上的有限生成的线性空间,$\boldsymbol{\alpha}_1,\boldsymbol{\alpha}_2,\cdots,\boldsymbol{\alpha}_n\in V$. 如果

(1)$\boldsymbol{\alpha}_1,\boldsymbol{\alpha}_2,\cdots,\boldsymbol{\alpha}_n$ 线性无关,

（2） 中任意的向量 $\boldsymbol{\alpha}$ 可由 $\boldsymbol{\alpha}_1, \boldsymbol{\alpha}_2, \cdots, \boldsymbol{\alpha}_n$ 线性表出，则称向量组 $\boldsymbol{\alpha}_1, \boldsymbol{\alpha}_2, \cdots, \boldsymbol{\alpha}_n$ 是 V 的一个基．非负整数 n 称为 V 的维数，记作 $\dim V = n$．并称 V 为 n **维**（或有限维）**线性空间**，有时记为 V_n．

当一个线性空间 V 中存在任意多个线性无关的向量时，就称 V 是无限维的．

4.2.2 坐标

定义 4.2.2 若向量组 $\boldsymbol{\alpha}_1, \boldsymbol{\alpha}_2, \cdots, \boldsymbol{\alpha}_n$ 为定义在数域 Q 上的 n 维线性空间 V_n 的一个基，那么对于任意向量 $\boldsymbol{\gamma} \in V_n$，总有且仅有一组有序数 $x_1, x_2, \cdots, x_n \in Q$ 使得

$$\boldsymbol{\gamma} = x_1\boldsymbol{\alpha}_1 + x_2\boldsymbol{\alpha}_2 + \cdots + x_n\boldsymbol{\alpha}_n,$$

我们称 $x_1, x_2, \cdots, x_n$ 为向量 $\boldsymbol{\gamma}$ 关于基 $\boldsymbol{\alpha}_1, \boldsymbol{\alpha}_2, \cdots, \boldsymbol{\alpha}_n$ 的**坐标**，记作 $(x_1, x_2, \cdots, x_n)$．

由于线性空间 V_n 的基不唯一，因此，对于 V_n 中元素 $\boldsymbol{\alpha}$，在不同的基下，其坐标一般是不同的．即 $\boldsymbol{\alpha}$ 的坐标是相对于 V_n 的基而言的．

例如，多项式函数 $f(x) = a_0 + a_1x + \cdots + a_nx^n$ 在 $P[x]_n$ 的基 $1, \boldsymbol{x}, \boldsymbol{x}^2, \boldsymbol{x}^3, \cdots, \boldsymbol{x}^n$ 下的坐标为 $a_0, a_1, a_2, a_3, \cdots, a_n$，此时，可记作 $f(x) = (a_0, a_1, a_2, a_3, \cdots, a_n)$．

利用泰勒公式，我们还可得到 $f(x)$ 在 $P[x]_n$ 的另一组基 $1, (x-1), (x-1)^2, \cdots, (x-1)^n$ 下的坐标．

在线性空间 V_n 中，引入元素的坐标概念后，就可把 V_n 中抽象向量 $\boldsymbol{\alpha}$ 与具体的数组向量 $(x_1, x_2, \cdots, x_n)$ 联系起来了，并且可把 V_n 中抽象的线性运算与数组向量的线性运算联系起来．

设 $\boldsymbol{\alpha}, \boldsymbol{\beta} \in V_n, \boldsymbol{\alpha} = x_1\boldsymbol{\alpha}_1 + x_2\boldsymbol{\alpha}_2 + \cdots + x_n\boldsymbol{\alpha}_n, \boldsymbol{\beta} = y_1\boldsymbol{\alpha}_1 + y_2\boldsymbol{\alpha}_2 + \cdots + y_n\boldsymbol{\alpha}_n$，于是

$$\boldsymbol{\alpha} + \boldsymbol{\beta} = (x_1 + y_1)\boldsymbol{\alpha}_1 + (x_2 + y_2)\boldsymbol{\alpha}_2 + \cdots + (x_n + y_n)\boldsymbol{\alpha}_n,$$
$$\lambda\boldsymbol{\alpha} = (\lambda x_1)\boldsymbol{\alpha}_1 + (\lambda x_2)\boldsymbol{\alpha}_2 + \cdots + (\lambda x_n)\boldsymbol{\alpha}_n,$$

即$\boldsymbol{\alpha}+\boldsymbol{\beta}$的坐标是$(x_1+y_1,x_2+y_2,\cdots,x_n+y_n)=(x_1,x_2,\cdots,x_n)+(y_1,y_2,\cdots,y_n)$，$\lambda\boldsymbol{\alpha}$的坐标是$(\lambda x_1,\lambda x_2,\cdots,\lambda x_n)=\lambda(x_1,x_2,\cdots,x_n)$.

总之，在n维线性空间V_n中取定一个基$\boldsymbol{\alpha}_1,\boldsymbol{\alpha}_2,\cdots,\boldsymbol{\alpha}_n$，则$V_n$中的向量$\boldsymbol{\alpha}$与$n$维数组向量空间$\mathbf{R}^n$中的向量$(x_1,x_2,\cdots,x_n)$之间就有一个一一对应的关系，且这个对应关系具有下述性质：

若$\boldsymbol{\alpha}\leftrightarrow(x_1,x_2,\cdots,x_n)$，$\boldsymbol{\beta}\leftrightarrow(y_1,y_2,\cdots,y_n)$，则

$$\boldsymbol{\alpha}+\boldsymbol{\beta}\leftrightarrow(x_1,x_2,\cdots,x_n)+(y_1,y_2,\cdots,y_n);\lambda\boldsymbol{\alpha}\leftrightarrow\lambda(x_1,x_2,\cdots,x_n),$$

即这个对应关系保持线性运算的对应．因此，我们可以说V_n与$\mathbf{R}^n$具有相同的结构，称V_n与$\mathbf{R}^n$同构.

定义 4.2.3　设V和U是两个线性空间．如果在它们的元素之间存在一一对应关系，且这种对应关系保持元素之间线性运算的对应，则称线性空间V与U同构.

可以验证，线性空间的同构关系具有自反性、对称性、传递性．任何n维线性空间都与$\mathbf{R}^n$同构．因此，维数相等的线性空间都是同构的，或者说，有限维线性空间同构的充分必要条件是它们具有相同的维数．从而可知，线性空间的结构完全取决于它的维数.

同构的概念除元素一一对应外，主要是保持线性运算的对应关系．因此，V_n中的抽象的线性运算就可转化为$\mathbf{R}^n$中的线性运算，并且$\mathbf{R}^n$中凡是只涉及线性运算的性质就都适用于V_n，但$\mathbf{R}^n$中超出线性运算的性质，在V_n中就不一定具备．例如$\mathbf{R}^n$中的内积概念在V_n中就不一定有意义.

例 4.2.1　在n维向量空间$\mathbf{R}^n$中，显然$\begin{cases}\boldsymbol{\alpha}_1=(1,0,0,\cdots,0)^{\mathrm{T}}\\\boldsymbol{\alpha}_2=(0,1,0,\cdots,0)^{\mathrm{T}}\\\vdots\\\boldsymbol{\alpha}_n=(0,0,0,\cdots,1)^{\mathrm{T}}\end{cases}$是一个基，每一个向量$\boldsymbol{\alpha}=\begin{pmatrix}\alpha_1\\\alpha_2\\\vdots\\\alpha_n\end{pmatrix}$在这组基下的坐标就是其本身，如果在向量空间$\mathbf{R}^n$中另取一组基

$\begin{cases}\boldsymbol{\alpha}_1' = (1,1,1,\cdots,1)^{\mathrm{T}} \\ \boldsymbol{\alpha}_2' = (0,1,1,\cdots,1)^{\mathrm{T}} \\ \vdots \\ \boldsymbol{\alpha}_n' = (0,0,0,\cdots,1)^{\mathrm{T}}\end{cases}$，因为 $\boldsymbol{\alpha} = \alpha_1\boldsymbol{\alpha}_1' + (\alpha_2 - \alpha_1)\boldsymbol{\alpha}_2' + \cdots + (\alpha_n - \alpha_{n-1})\boldsymbol{\alpha}_n'$，所以，$\boldsymbol{\alpha}$ 在这个基下的坐标为 $(\alpha_1, \alpha_2 - \alpha_1, \cdots, \alpha_n - \alpha_{n-1})^{\mathrm{T}}$．

4.3　线性空间的同构

给定数域 F 上线性空间 V 的一组基 $\boldsymbol{\alpha}_1, \boldsymbol{\alpha}_2, \cdots, \boldsymbol{\alpha}_n$ 后，V 中每个元素都在这组基下有唯一确定的坐标 $(x_1, x_2, \cdots, x_n)$．坐标就是由数域 F 中 n 个数给出的 n 元数组，即坐标可看成是线性空间 F^n 中的元素．因此，V 的元素与它的坐标之间的对应实质上是 V 到 F^n 的一个映射．换句话说，V 的元素与 F^n 的向量之间有了一个一一对应（双射）．不仅如此，这个对应还具有保持线性空间加法和数乘两种运算的性质．确切地说，设

$$\boldsymbol{\alpha} = a_1\boldsymbol{\alpha}_1 + a_2\boldsymbol{\alpha}_2 + \cdots + a_n\boldsymbol{\alpha}_n ,$$

$$\boldsymbol{\beta} = b_1\boldsymbol{\alpha}_1 + b_2\boldsymbol{\alpha}_2 + \cdots + b_n\boldsymbol{\alpha}_n ,$$

则

$$\boldsymbol{\alpha} + \boldsymbol{\beta} = (a_1 + b_1)\boldsymbol{\alpha}_1 + (a_2 + b_2)\boldsymbol{\alpha}_2 + \cdots + (a_n + b_n)\boldsymbol{\alpha}_n ,$$

$$k\boldsymbol{\alpha} = ka_1\boldsymbol{\alpha}_1 + ka_2\boldsymbol{\alpha}_2 + \cdots + ka_n\boldsymbol{\alpha}_n .$$

如果把 $\boldsymbol{\alpha}, \boldsymbol{\beta}$ 的坐标按 F^n 中加法和数乘进行运算，有

$$(a_1,a_2,\cdots,a_n)+(b_1,b_2,\cdots,b_n)=(a_1+b_1,a_2+b_2,\cdots,a_n+b_n),$$

$$k(a_1,a_2,\cdots,a_n)=(ka_1,ka_2,\cdots,ka_n),$$

即$\boldsymbol{\alpha}$和$\boldsymbol{\beta}$的坐标相加的结果恰好是$\boldsymbol{\alpha}+\boldsymbol{\beta}$的坐标,而$k$数乘$\boldsymbol{\alpha}$的坐标结果恰好是$k\boldsymbol{\alpha}$的坐标. 换句话说,在$V$的元素与它的坐标的对应下,加法关系和数乘关系也完全对应地保持下来了.

定义 4.3.1　设V和W是数域F上的两个线性空间,如果存在V到W的一一对应映射σ,使

$$\sigma(\boldsymbol{\alpha}+\boldsymbol{\beta})=\sigma(\boldsymbol{\alpha})+\sigma(\boldsymbol{\beta}),$$

$$\sigma(k\boldsymbol{\alpha})=k\sigma(\boldsymbol{\alpha}),$$

对任意$\boldsymbol{\alpha},\boldsymbol{\beta}\in V,k\in F$成立,则称$V$和$W$是同构的**线性空间**,$\sigma$称为**同构映射**.

定理 4.3.1　设σ为线性空间V到W的同构映射,则

(1) $\sigma(\mathbf{0})=\mathbf{0}$, $\sigma(-\boldsymbol{\alpha})=-\sigma(\boldsymbol{\alpha})$.

(2) $\sigma(k_1\boldsymbol{\alpha}_1+k_2\boldsymbol{\alpha}_2+\cdots+k_r\boldsymbol{\alpha}_r)=k_1\sigma(\boldsymbol{\alpha}_1)+k_2\sigma(\boldsymbol{\alpha}_2)+\cdots+k_r\sigma(\boldsymbol{\alpha}_r)$.

(3) V中元素组$\boldsymbol{\alpha}_1,\boldsymbol{\alpha}_2,\cdots,\boldsymbol{\alpha}_r$线性相关的充分必要条件是$\sigma(\boldsymbol{\alpha}_1),\sigma(\boldsymbol{\alpha}_2),\cdots,\sigma(\boldsymbol{\alpha}_r)$线性相关.

(4)数域F上的两个有限维线性空间同构的充分必要条件是它们的维数相同.

(5)数域F上任一个n维线性空间都同构于F上的n维向量空间F^n.

证明:(1)根据同构映射的定义有

$$\sigma(k\boldsymbol{\alpha})=k\sigma(\boldsymbol{\alpha}),$$

对任意$\boldsymbol{\alpha}\in V,k\in F$成立,从而

$$\sigma(\mathbf{0})=\sigma(0\boldsymbol{\alpha})=0\cdot\sigma(\boldsymbol{\alpha})=\mathbf{0},$$

$$\sigma(-\boldsymbol{\alpha})=\sigma((-1)\boldsymbol{\alpha})=(-1)\sigma(\boldsymbol{\alpha})=-\sigma(\boldsymbol{\alpha}) .$$

（2）

$$\begin{aligned}\sigma(k_1\boldsymbol{\alpha}_1+k_2\boldsymbol{\alpha}_2+\cdots+k_r\boldsymbol{\alpha}_r)&=\sigma(k_1\boldsymbol{\alpha}_1)+\sigma(k_2\boldsymbol{\alpha}_2)+\cdots+\sigma(k_r\boldsymbol{\alpha}_r)\\&=k_1\sigma(\boldsymbol{\alpha}_1)+k_2\sigma(\boldsymbol{\alpha}_2)+\cdots+k_r\sigma(\boldsymbol{\alpha}_r).\end{aligned}$$

（3）如果$\boldsymbol{\alpha}_1, \boldsymbol{\alpha}_2, \cdots, \boldsymbol{\alpha}_r$线性相关，则有不全为零的$k_1,k_2,\cdots,k_r\in F$，使

$$k_1\boldsymbol{\alpha}_1+k_2\boldsymbol{\alpha}_2+\cdots+k_r\boldsymbol{\alpha}_r=0 ,$$

两边做σ映射，即得

$$k_1\sigma(\boldsymbol{\alpha}_1)+k_2\sigma(\boldsymbol{\alpha}_2)+\cdots+k_r\sigma(\boldsymbol{\alpha}_r)=0 .$$

这说明如果$\boldsymbol{\alpha}_1, \boldsymbol{\alpha}_2, \cdots, \boldsymbol{\alpha}_r$线性相关，则$\sigma(\boldsymbol{\alpha}_1),\sigma(\boldsymbol{\alpha}_2),\cdots,\sigma(\boldsymbol{\alpha}_r)$也线性相关；反之，如果有不全为零的$k_1,k_2,\cdots,k_r$，使

$$k_1\sigma(\boldsymbol{\alpha}_1)+k_2\sigma(\boldsymbol{\alpha}_2)+\cdots+k_r\sigma(\boldsymbol{\alpha}_r)=0 ,$$

则有

$$\sigma(k_1\boldsymbol{\alpha}_1+k_2\boldsymbol{\alpha}_2+\cdots+k_r\boldsymbol{\alpha}_r)=0.$$

由σ为线性空间V到W的同构映射，得

$$k_1\boldsymbol{\alpha}_1+k_2\boldsymbol{\alpha}_2+\cdots+k_r\boldsymbol{\alpha}_r=0 ,$$

即如果$\sigma(\boldsymbol{\alpha}_1),\sigma(\boldsymbol{\alpha}_2),\cdots,\sigma(\boldsymbol{\alpha}_r)$线性相关，也必有$\boldsymbol{\alpha}_1,\boldsymbol{\alpha}_2,\cdots,\boldsymbol{\alpha}_r$线性相关.

（4）因为维数就是线性空间中线性无关元素的最大个数，设V和W同构，则如果V中最大的线性无关元素组为$\boldsymbol{\alpha}_1,\boldsymbol{\alpha}_2,\cdots,\boldsymbol{\alpha}_m$，那么$\sigma(\boldsymbol{\alpha}_1),\sigma(\boldsymbol{\alpha}_2),\cdots,\sigma(\boldsymbol{\alpha}_r)$也是$W$中线性无关的，且任何多于$m$个的元素必线性相关. 这样，$W$的维数必等于$V$的维数.

（5）取定 V 的一组基 $\boldsymbol{\varepsilon}_1,\boldsymbol{\varepsilon}_2,\cdots,\boldsymbol{\varepsilon}_n$ 后，V 中元素 $\boldsymbol{\alpha}$ 和它的坐标的对应 $\sigma:\boldsymbol{\alpha}\to(a_1,a_2,\cdots,a_n)$ 就是一个 V 到 F^n 的同构映射．所以任一个 F 上的 n 维线性空间都与 F^n 同构．证毕．

由此可见，线性空间 V 的讨论可归结为对数域 F 上向量空间 F^n 的讨论．这正是关于向量空间的许多结论在一般的线性空间中也成立的原因．向量组关于秩的概念，也可以平移到一般的线性空间中．

4.4　线性子空间

在几何空间 $\mathbf{R}^3$ 中，考虑过原点的一条直线或一个平面，可以验证这一直线或这一平面对于几何向量的加法与数乘运算封闭，分别形成了一个一维和二维的线性空间，由此引出下面的定义．

定义 4.4.1　设 W 是数域 P 上的 n 维线性空间 V 的一个非空子集，若 W 中元素满足：

（1）若 $\boldsymbol{\alpha},\boldsymbol{\beta}\in W$，则 $\boldsymbol{\alpha}+\boldsymbol{\beta}\in W$，

（2）若 $\boldsymbol{\alpha}\in W,k\in F$，则 $k\boldsymbol{\alpha}\in W$，

则称 W 是线性空间 V 的一个**线性子空间**，简称**子空间**．

显然，线性子空间也是线性空间，因为它除了对 V 所具备的线性运算封闭外，并且满足相应的八条运算规则．线性子空间也有基、维数等概念，这里不再一一赘述．

由于子空间 W 中不可能有比 V 更多的线性无关的向量，所以子空间 W 的维数不会超过 V 的维数，即 $\dim W\leqslant\dim V$．

对于每一个非零的线性空间 V 至少有两个子空间，一个是 V 自身，另一个仅由零向量所构成的子空间称为零空间，这两个子空间称为 V 的平凡子空间，一般讨论的都是非平凡子空间即真子空间的情况．

例 4.4.1 在数域 F 上的线性空间 V 中取定 s 个向量 $\boldsymbol{\alpha}_1,\boldsymbol{\alpha}_2,\cdots,\boldsymbol{\alpha}_s$. 令 $W=L(\boldsymbol{\alpha}_1,\boldsymbol{\alpha}_2,\cdots,\boldsymbol{\alpha}_s)=\{\lambda_1\boldsymbol{\alpha}_1+\lambda_2\boldsymbol{\alpha}_2+\cdots+\lambda_s\boldsymbol{\alpha}_s \mid \lambda_i\in F,i=1,2,\cdots,s\}$，证明 W 是 V 的子空间.

证明： 显然

$$\mathbf{0}\in W\neq\varnothing,$$

$$\forall\boldsymbol{\alpha},\boldsymbol{\beta}\in W,k\in F,\boldsymbol{\alpha}=\lambda_1\boldsymbol{\alpha}_1+\lambda_2\boldsymbol{\alpha}_2+\cdots+\lambda_s\boldsymbol{\alpha}_s,\boldsymbol{\beta}=l_1\boldsymbol{\alpha}_1+l_2\boldsymbol{\alpha}_2+\cdots+l_s\boldsymbol{\alpha}_s,$$

则

$$\boldsymbol{\alpha}+\boldsymbol{\beta}=(\lambda_1+l_1)\boldsymbol{\alpha}_1+(\lambda_2+l_2)\boldsymbol{\alpha}_2+\cdots+(\lambda_s+l_s)\boldsymbol{\alpha}_s,$$

那么

$$\boldsymbol{\alpha}+\boldsymbol{\beta}\in W.$$

同理可证，$k\boldsymbol{\alpha}\in W$. 所以，$W$ 是 V 的子空间.

4.5 子空间的交、和与直和

4.5.1 子空间的交与和

定义 4.5.1 设 V_1,V_2 是线性空间 V 的两个子空间，称 $V_1\cap V_2=\{\boldsymbol{\alpha}\mid\boldsymbol{\alpha}\in V_1$ 且 $\boldsymbol{\alpha}\in V_2\}$ 为 V_1 与 V_2 的**交空间**.

设 V_1,V_2 是线性空间 V 的两个子空间，称 $V_1+V_2=\{\boldsymbol{\alpha}=\boldsymbol{\alpha}_1+\boldsymbol{\alpha}_2=\mid\boldsymbol{\alpha}_1\in V_1$ 且 $\boldsymbol{\alpha}_2\in V_2\}$ 为 V_1 与 V_2 的**和空间**.

子空间的交与和的基本性质：

性质 4.5.1　设 V_1,V_2 是线性空间 V 的两个子空间，则它们的交 $V_1\cap V_2$ 也是 V 的子空间.

性质 4.5.2　设 V_1,V_2 是线性空间 V 的两个子空间，则它们的和 V_1+V_2 也是 V 的子空间，且是包含 V_1 和 V_2 的最小子空间.

性质 4.5.3　设 V_1,V_2 是线性空间 V 的两个子空间，则

$$\dim V_1+\dim V_2=\dim\left(V_1+V_2\right)+\dim\left(V_1\cap V_2\right).$$

性质 4.5.4　如果 n 维线性空间 V 中两个子空间 V_1、V_2 的维数之和大于 n，那么 V_1、V_2 必含有非零的公共向量.

性质 4.5.5　设 V_1、V_2 是线性空间 V 的子空间，则下列条件等价：

①(V_1+V_2) 是直和.

②$\boldsymbol{\alpha}_1+\boldsymbol{\alpha}_2=0,\boldsymbol{\alpha}_i\in V_i(i=1,2)$ 只有在 $\boldsymbol{\alpha}_i$ 全为零时才成立.

③$(V_1\cap V_2)=\{0\}$.

④$\dim V=\dim V_1+\dim V_2$.

例 4.5.1　设

$$\boldsymbol{\alpha}_1=\left(1,0,2,0\right)^{\mathrm{T}},\boldsymbol{\alpha}_2=\left(0,1,-1,1\right)^{\mathrm{T}},\boldsymbol{\beta}_1=\left(1,2,0,0\right)^{\mathrm{T}},$$

$$\boldsymbol{\beta}_2=\left(0,3,-3,1\right)^{\mathrm{T}},V_1=\operatorname{span}\left\{\boldsymbol{\alpha}_1,\boldsymbol{\alpha}_2\right\},V_2=\operatorname{span}\left\{\boldsymbol{\beta}_1,\boldsymbol{\beta}_2\right\}.$$

（1）求 $V_1\cap V_2$ 的基与维数；

（2）求 V_1+V_2 的基与维数.

解：（1）由题可知，$\boldsymbol{\alpha}_1,\boldsymbol{\alpha}_2$ 是齐次线性方程组

$$\begin{cases}x_3=2x_1-x_2,\\x_4=x_2\end{cases}\tag{4-5-1}$$

的基础解系，方程组（4-5-1）的解空间为 V_1；而 $\boldsymbol{\beta}_1,\boldsymbol{\beta}_2$ 是齐次线性方程组

$$\begin{cases} x_2 = 2x_1 + 3x_4, \\ x_3 = -3x_4 \end{cases} \tag{4-5-2}$$

的基础解系，方程组（4–5–2）的解空间为 V_2 .

事实上，交空间 $V_1 \cap V_2$ 即为（4–5–1）与（4–5–2）公共解的解空间，即方程组

$$\begin{cases} x_3 = 2x_1 - x_2, \\ x_4 = x_2, \\ x_2 = 2x_1 + 3x_4, \\ x_3 = -3x_4 \end{cases} \tag{4-5-3}$$

的解空间. 从而求得方程组（4–5–3）的基础解系为 $(-1,1,-3,1)^{\mathrm{T}}$，即 $V_1 \cap V_2$ 的基，则维数为 1.

（2）由于

$$V_1 + V_2 = \operatorname{span}\{\boldsymbol{\alpha}_1, \boldsymbol{\alpha}_2, \boldsymbol{\beta}_1, \boldsymbol{\beta}_2\} = \operatorname{span}\{\boldsymbol{\alpha}_1, \boldsymbol{\alpha}_2, \boldsymbol{\beta}_1\}$$

$$= \operatorname{span}\{\boldsymbol{\alpha}_1, \boldsymbol{\alpha}_2, \boldsymbol{\beta}_2\} = \operatorname{span}\{\boldsymbol{\alpha}_2, \boldsymbol{\beta}_1, \boldsymbol{\beta}_2\},$$

因此 $\dim(V_1 \cap V_2) = 3$，基为 $\boldsymbol{\alpha}_2, \boldsymbol{\beta}_1, \boldsymbol{\beta}_2$.

定理 4.5.1 （子空间的维数定理）设 V_1, V_2 是线性空间 V 的两个子空间，则

$$\dim V_1 + \dim V_2 = \dim(V_1 + V_2) + \dim(V_1 \cap V_2) .$$

证明：设 $\dim V_1 = r, \dim V_2 = s, \dim(V_1 \cap V_2) = m$，只需证明 $\dim(V_1 + V_2) = r + s - m$.

若 $m = r$，由 $V_1 \cap V_2 \subset V_1$ 可知，$V_1 \cap V_2 = V_1$，又因为 $V_1 \cap V_2 \subset V_2$，所以 $V_1 \subset V_2$，因此 $V_1 + V_2 = V_2$，于是有

$$\dim(V_1 + V_2) = \dim V_2 = s = r + s - r = r + s - m .$$

同理若 $m=s$, $\dim\left(V_1+V_2\right)=r+s-m$ 仍然成立.

现设 $m<r$ ，且 $m<s$ ， $\boldsymbol{\alpha}_1,\boldsymbol{\alpha}_2,\cdots,\boldsymbol{\alpha}_m$ 为 $V_1\cap V_2$ 的基. 因为 $V_1\cap V_2$ 分别为 V_1,V_2 的子空间,于是由基的扩充定理可将 $\boldsymbol{\alpha}_1,\boldsymbol{\alpha}_2,\cdots,\boldsymbol{\alpha}_m$ 扩充为 V_1 的基 $\boldsymbol{\alpha}_1,\boldsymbol{\alpha}_2,\cdots,\boldsymbol{\alpha}_m,\boldsymbol{\xi}_{m+1},\cdots,\boldsymbol{\xi}_r$ ； $\boldsymbol{\alpha}_1,\boldsymbol{\alpha}_2,\cdots,\boldsymbol{\alpha}_m$ 扩充为 V_2 的基 $\boldsymbol{\alpha}_1,\boldsymbol{\alpha}_2,\cdots,\boldsymbol{\alpha}_m,\boldsymbol{\eta}_{m+1},\cdots,\boldsymbol{\eta}_s$.

容易证明

$$V_1+V_2=\operatorname{span}\left(\boldsymbol{\alpha}_1,\boldsymbol{\alpha}_2,\cdots,\boldsymbol{\alpha}_m,\boldsymbol{\xi}_{m+1},\cdots,\boldsymbol{\xi}_r,\boldsymbol{\eta}_{m+1},\cdots,\boldsymbol{\eta}_s\right),$$

因此现在只需证明 $\left(\boldsymbol{\alpha}_1,\boldsymbol{\alpha}_2,\cdots,\boldsymbol{\alpha}_m,\boldsymbol{\xi}_{m+1},\cdots,\boldsymbol{\xi}_r,\boldsymbol{\eta}_{m+1},\cdots,\boldsymbol{\eta}_s\right)$ 线性无关即可. 考虑线性式

$$k_1\boldsymbol{\alpha}_1+\cdots+k_m\boldsymbol{\alpha}_m+l_{m+1}\boldsymbol{\xi}_{m+1}+\cdots+l_r\boldsymbol{\xi}_r+c_{m+1}\boldsymbol{\eta}_{m+1}+\cdots+c_s\boldsymbol{\eta}_s=0 . \qquad (4\text{–}5\text{–}4)$$

令

$$\boldsymbol{\beta}=k_1\boldsymbol{\alpha}_1+\cdots+k_m\boldsymbol{\alpha}_m+l_{m+1}\boldsymbol{\xi}_{m+1}+\cdots+l_r\boldsymbol{\xi}_r=-c_{m+1}\boldsymbol{\eta}_{m+1}-\cdots-c_s\boldsymbol{\eta}_s , \qquad (4\text{–}5\text{–}5)$$

则 $\boldsymbol{\beta}\in V_1$ ，且 $\boldsymbol{\beta}\in V_2$ ，因此 $\boldsymbol{\beta}\in V_1\cap V_2$ ，于是存在 $t_1,t_2,\cdots,t_m\in P$ ，使得

$$\boldsymbol{\beta}=t_1\boldsymbol{\alpha}_1+t_2\boldsymbol{\alpha}_2+\cdots+t_m\boldsymbol{\alpha}_m .$$

将上式代入式(4–5–5)第二式,移项有

$$t_1\boldsymbol{\alpha}_1+t_2\boldsymbol{\alpha}_2+\cdots+t_m\boldsymbol{\alpha}_m+c_{m+1}\boldsymbol{\eta}_{m+1}+\cdots+c_s\boldsymbol{\eta}_s=0 .$$

由于 $\boldsymbol{\alpha}_1,\boldsymbol{\alpha}_2,\cdots,\boldsymbol{\alpha}_m,\boldsymbol{\eta}_{m+1},\cdots,\boldsymbol{\eta}_s$ 为 V_2 的基,因此线性无关,于是

$$t_1=t_2=\cdots=t_m=c_{m+1}=\cdots=c_s=0 .$$

将上式代回式(4–5–4)得

$$t_1\boldsymbol{\alpha}_1+\cdots+k_m\boldsymbol{\alpha}_m+l_{m+1}\boldsymbol{\xi}_{m+1}+\cdots+l_r\boldsymbol{\xi}_r=0\ .$$

同理,由于$\boldsymbol{\alpha}_1,\boldsymbol{\alpha}_2,\cdots,\boldsymbol{\alpha}_m,\boldsymbol{\xi}_{m+1},\cdots,\boldsymbol{\xi}_r$为$V_1$的基,因此线性无关,于是

$$k_1=k_2=\cdots=k_m=l_{m+1}=\cdots=l_r=0\ .$$

可知$\boldsymbol{\alpha}_1,\boldsymbol{\alpha}_2,\cdots,\boldsymbol{\alpha}_m,\boldsymbol{\xi}_{m+1},\cdots,\boldsymbol{\xi}_r,\boldsymbol{\eta}_{m+1},\cdots,\boldsymbol{\eta}_s$线性无关,即

$$\dim(V_1+V_2)=r+s-m\ .$$

4.5.2 子空间的直和

定义 4.5.2 设V_1,V_2是线性空间V的两个子空间,若$V_1\cap V_2=\{0\}$,则称V_1与V_2的和空间V_1+V_2是直和,记为$V_1\oplus V_2$.

定理 4.5.2 设V_1,V_2是线性空间V的两个子空间,则下列命题等价:

(1) V_1+V_2是直和.

(2) $\dim(V_1+V_2)=\dim V_1+\dim V_2$.

(3) 设 $\boldsymbol{\alpha}_1,\boldsymbol{\alpha}_2,\cdots,\boldsymbol{\alpha}_r$ 是 V_1 的一组基, $\boldsymbol{\beta}_1,\boldsymbol{\beta}_2,\cdots,\boldsymbol{\beta}_s$ 是 V_2 的一组基,则$\boldsymbol{\alpha}_1,\cdots,\boldsymbol{\alpha}_r$, $\boldsymbol{\beta}_1,\cdots,\boldsymbol{\beta}_s$是$V_1+V_2$的一组基.

证明: $(1)\Leftrightarrow(2)$. 显然.

$(2)\Rightarrow(3)$. 设$\dim(V_1+V_2)=\dim V_1+\dim V_2=n_1+n_2$,可知

$$V_1+V_2=\mathrm{span}(\boldsymbol{\alpha}_1,\cdots,\boldsymbol{\alpha}_r,\boldsymbol{\beta}_1,\cdots,\boldsymbol{\beta}_s)\ ,$$

可知

$$r\{\boldsymbol{\alpha}_1,\cdots,\boldsymbol{\alpha}_r,\boldsymbol{\beta}_1,\cdots,\boldsymbol{\beta}_s\}=\dim(V_1+V_2)=n_1+n_2\ .$$

因此$\boldsymbol{\alpha}_1,\cdots,\boldsymbol{\alpha}_r,\boldsymbol{\beta}_1,\cdots,\boldsymbol{\beta}_s$线性无关,所以它构成$V_1+V_2$的一组基.

$(3)\Rightarrow(2)$. 因为$\boldsymbol{\alpha}_1,\cdots,\boldsymbol{\alpha}_r,\boldsymbol{\beta}_1,\cdots,\boldsymbol{\beta}_s$,构成$V_1+V_2$的一组基,因此

$$r\left\{\boldsymbol{\alpha}_1,\cdots,\boldsymbol{\alpha}_r,\boldsymbol{\beta}_1,\cdots,\boldsymbol{\beta}_s\right\}=n_1+n_2\ ,$$

于是

$$\dim\left(V_1+V_2\right)=\dim\operatorname{span}\left\{\boldsymbol{\alpha}_1,\cdots,\boldsymbol{\alpha}_r,\boldsymbol{\beta}_1,\cdots,\boldsymbol{\beta}_s\right\}=n_1+n_2\ ,$$

则根据子空间的维数定理得

$$\dim\left(V_1\cap V_2\right)=0\ ,$$

因此V_1+V_2是直和.

4.6　线性变换的概念及运算

4.6.1　线性变换的定义

先通过些熟悉的例子,引出线性变换的一般概念.

例 4.6.1　设 $\mathbf{R}$ 为实数域,$\mathbf{R}$ 上最基本的函数是线性函数

$$y=f\left(x\right)=ax\left(a\in\mathbf{R}\right),$$

$f\left(x\right)$的定义域和值域都是 $\mathbf{R}$,换言之,对集合 $\mathbf{R}$ 中的每一个元素 x,在映射f之下都有唯一的一个 $\mathbf{R}$ 中元素y与之对应,这种 $\mathbf{R}$ 到 $\mathbf{R}$ 自身的映射称为变换,而且,这一映射还具有保持加法和数乘运算的性质,即

$$f(x_1+x_2)=a(x_1+x_2)=ax_1+ax_2=f(x_1)+f(x_2),$$

$$f(kx)=a(kx)=k(ax)=kf(x),$$

具有这种性质的变换称为**线性变换**. 所以, $f(x)$ 是 $\mathbf{R}$ 到 $\mathbf{R}$ 的一个线性变换.

例 4.6.2 考虑实二维向量空间 $\mathbf{R}^2$,令

$$\boldsymbol{\sigma}:\boldsymbol{\alpha}=(x,y)\to(x\cos\theta-y\sin\theta,x\sin\theta+y\cos\theta),$$

其中, θ 是取定的一个角度,则 $\boldsymbol{\sigma}$ 是 $\mathbf{R}^2$ 到 $\mathbf{R}^2$ 自身的映射,即是 $\mathbf{R}^2$ 上的一个变换. $\boldsymbol{\sigma}$ 也具有保持 $\mathbf{R}^2$ 的加法和数乘运算的性质.

设 $\boldsymbol{\alpha}=(x_1,y_1)$, $\boldsymbol{\beta}=(x_2,y_2)$,有

$$\begin{aligned}\boldsymbol{\sigma}(\boldsymbol{\alpha}+\boldsymbol{\beta})&=\boldsymbol{\sigma}((x_1,y_1)+(x_2,y_2))=\boldsymbol{\sigma}(x_1+x_2,y_1+y_2)\\&=((x_1+x_2)\cos\theta-(y_1+y_2)\sin\theta,(x_1+x_2)\sin\theta+(y_1+y_2)\cos\theta)\\&=((x_1\cos\theta-y_1\sin\theta,x_1\sin\theta+y_1\cos\theta))+\\&\quad((x_2\cos\theta-y_2\sin\theta,x_2\sin\theta+y_2\cos\theta)),\end{aligned}$$

$$\begin{aligned}\boldsymbol{\sigma}(x_1,y_1)+\boldsymbol{\sigma}(x_2,y_2)&=\boldsymbol{\sigma}(\boldsymbol{\alpha})+\boldsymbol{\sigma}(\boldsymbol{\beta})\\&=\boldsymbol{\sigma}(k\boldsymbol{\alpha})=\boldsymbol{\sigma}(k(x_1,y_1))=\boldsymbol{\sigma}(kx_1,ky_1)\\&=(kx_1\cos\theta-ky_1\sin\theta,kx_1\sin\theta+ky_1\cos\theta)\\&=k(x_1\cos\theta-y_1\sin\theta,x_1\sin\theta+y_1\cos\theta)\\&=k\boldsymbol{\sigma}(x_1,y_1)=k\boldsymbol{\sigma}(\boldsymbol{\alpha}),\end{aligned}$$

所以, $\boldsymbol{\sigma}$ 是 $\mathbf{R}^2$ 上保持加法和数乘运算的变换.

下面给出线性变换的正式定义.

定义 4.6.1　设 V 是数域 P 上的线性空间，$\boldsymbol{\sigma}$ 是 V 到 V 自身的一个映射，即对任意 $\boldsymbol{\alpha}\in V$，在 $\boldsymbol{\sigma}$ 之下都有 V 中唯一的一个元素 $\boldsymbol{\sigma}(\boldsymbol{\alpha})\in V$ 与之对应，则称 $\boldsymbol{\sigma}$ 为 V 上的一个变换. 若变换 $\boldsymbol{\sigma}$ 还满足

（1）$\boldsymbol{\sigma}(\boldsymbol{\alpha}+\boldsymbol{\beta})=\boldsymbol{\sigma}(\boldsymbol{\alpha})+\boldsymbol{\sigma}(\boldsymbol{\beta})$，

（2）$\boldsymbol{\sigma}(k\boldsymbol{\alpha})=k\boldsymbol{\sigma}(\boldsymbol{\alpha}),\forall\boldsymbol{\alpha},\boldsymbol{\beta}\in V,k\in P$，

则称 $\boldsymbol{\sigma}$ 为 V 上的一个线性变换.

例 4.6.3　设 V 是区间 $[a, b]$ 上定义的次数小于 $\boldsymbol{\sigma}$ 的全体实多项式所组成的线性空间，令

$$\boldsymbol{\sigma}: f(x)\to f'(x),\forall f(x)\in V，$$

由于 $f'(x)$ 是多项式且次数比 $f(x)$ 小，故 $f'(x)\in V$，从而 $\boldsymbol{\sigma}$ 是 V 上的变换. 又由导数性质可知，

$$\boldsymbol{\sigma}(f(x)+g(x))=(f(x)+g(x))'=f'(x)+g'(x)=\boldsymbol{\sigma}(f(x))+\boldsymbol{\sigma}(g(x))，$$

$$\boldsymbol{\sigma}(kf(x))=(kf(x))'=kf'(x)=k\boldsymbol{\sigma}(f(x))，$$

故 $\boldsymbol{\sigma}$ 是 V 上的线性变换.

例 4.6.4　设 V 是 $\mathbf{R}$ 上的 n 维向量空间 $\mathbf{R}^n$，$\boldsymbol{A}$ 是任意一个 n 阶实矩阵，令

$$\boldsymbol{\sigma}:\boldsymbol{\alpha}\to\boldsymbol{\alpha}\boldsymbol{A},\forall\boldsymbol{\alpha}\in\mathbf{R}^n,$$

此处 $\boldsymbol{A}\boldsymbol{\alpha}$ 是把 $\boldsymbol{\alpha}$ 看作列向量矩阵，$\boldsymbol{A}$ 与 $\boldsymbol{\alpha}$ 做矩阵乘法所得列向量. 故 $\boldsymbol{A}\boldsymbol{\alpha}\in\mathbf{R}^n$，从而 $\boldsymbol{\sigma}$ 是 V 上的一个变换，且满足

$$\boldsymbol{\sigma}(\boldsymbol{\alpha}+\boldsymbol{\beta})=\boldsymbol{A}(\boldsymbol{\alpha}+\boldsymbol{\beta})=\boldsymbol{A}\boldsymbol{\alpha}+\boldsymbol{A}\boldsymbol{\beta}=\boldsymbol{\sigma}(\boldsymbol{\alpha})+\boldsymbol{\sigma}(\boldsymbol{\beta})，$$

$$\boldsymbol{\sigma}(k\boldsymbol{\alpha})=\boldsymbol{A}(k\boldsymbol{\alpha})=k(\boldsymbol{A}\boldsymbol{\alpha})=k\boldsymbol{\sigma}(\boldsymbol{\alpha})，$$

所以 $\boldsymbol{\sigma}$ 是一个线性变换.

上例说明,任一个行阶矩阵都可以定义一个 $\mathbf{R}^n$ 上的线性变换. 后面将会看到,任意一个 $\mathbf{R}^n$ 上的线性变换也一定可以用一个 n 阶矩阵来定义. 这就是线性变换和矩阵的联系所在.

并非任何变换都是线性变换.

例 4.6.5 设 V 是实二维向量空间 $\mathbf{R}^n$,令

$$\boldsymbol{\sigma}:\boldsymbol{\alpha}=(x,y)\to(x^2,y^3),$$

显见这是 $\mathbf{R}^2$ 上的一个变换(自身到自身的映射).

现设 $\boldsymbol{\alpha}=(x_1,y_1)$, $\boldsymbol{\beta}=(x_2,y_2)$,则

$$\boldsymbol{\sigma}(\boldsymbol{\alpha}+\boldsymbol{\beta})=\boldsymbol{\sigma}((x_1+x_2,y_1+y_2))=((x_1+x_2)^2,(y_1+y_2)^3)$$

$$=(x_1^2+x_2^2+2x_1x_2,y_1^3+3y_1^2y_2+3y_1y_2^2+y_2^3),$$

$$\boldsymbol{\sigma}(\boldsymbol{\alpha})+\boldsymbol{\sigma}(\boldsymbol{\beta})=(x_1^2,y_1^3)+(x_2^2,y_2^3)=(x_1^2+x_2^2,y_1^3+y_2^3),$$

所以 $\boldsymbol{\sigma}(\boldsymbol{\alpha}+\boldsymbol{\beta})\neq\boldsymbol{\sigma}(\boldsymbol{\alpha})+\boldsymbol{\sigma}(\boldsymbol{\beta})$,即 $\boldsymbol{\sigma}$ 不是线性变换.

在 V 上的线性变换中,有两个变换具有特别的地位,即把 V 中每个元素 $\boldsymbol{\alpha}$ 对应到零元素 $\mathbf{0}$ 的变换

$$\boldsymbol{\sigma}:\boldsymbol{\alpha}\to\mathbf{0},$$

它是一个线性变换,称为**零变换**,记为

$$0:0(\boldsymbol{\alpha})=\mathbf{0},$$

另一个是把 V 中每个元素 $\boldsymbol{\alpha}$ 映射到自身的变换

$$\boldsymbol{\sigma}:\boldsymbol{\alpha}\to\boldsymbol{\alpha},$$

显见是一个线性变换，称为**单位变换**，记为

$$I: I(\boldsymbol{\alpha}) = \boldsymbol{\alpha}$$

4.6.2　线性变换的运算

设 V 是一个线性空间．在 V 上有各种不同的线性变换，任一个 n 阶矩阵都可给出一个 $\mathbf{R}^n$ 上的线性变换．在 V 上所有线性变换中可以定义一些运算关系，就像函数可以进行运算一样．

定义 4.6.2　设 $\boldsymbol{\sigma},\boldsymbol{\tau}$ 是线性空间 V 的两个线性变换，令

$$(\boldsymbol{\sigma}+\boldsymbol{\tau})(\boldsymbol{\alpha}) = \boldsymbol{\sigma}(\boldsymbol{\alpha}) + \boldsymbol{\tau}(\boldsymbol{\alpha}),$$

$$(k\boldsymbol{\sigma})(\boldsymbol{\alpha}) = k\boldsymbol{\sigma}(\boldsymbol{\alpha}),$$

$$(\boldsymbol{\sigma}\boldsymbol{\tau})(\boldsymbol{\alpha}) = \boldsymbol{\sigma}(\boldsymbol{\tau}(\boldsymbol{\alpha})),$$

$$\forall \boldsymbol{\alpha} \in V, k \in P,$$

它们分别称为 $\boldsymbol{\sigma}$ 与 $\boldsymbol{\tau}$ 的和，$\boldsymbol{\sigma}$ 与数 k 的数乘，$\boldsymbol{\sigma}$ 与 $\boldsymbol{\tau}$ 的乘积．

$\boldsymbol{\sigma}+\boldsymbol{\tau}$，$k\boldsymbol{\sigma}$，$\boldsymbol{\sigma}\boldsymbol{\tau}$ 仍是 V 上的变换．下一定理将证明它们还是线性变换．

定理 4.6.1　设 $\boldsymbol{\sigma},\boldsymbol{\tau}$ 是线性空间 V 的两个线性变换，则 $\boldsymbol{\sigma}+\boldsymbol{\tau}$，$k\boldsymbol{\sigma}$，$\boldsymbol{\sigma}\boldsymbol{\tau}$ 都是 V 的线性变换．

证明：由于

$$\begin{aligned}(\boldsymbol{\sigma}+\boldsymbol{\tau})(k_1\boldsymbol{\alpha}+k_2\boldsymbol{\beta}) &= \boldsymbol{\sigma}(k_1\boldsymbol{\alpha}+k_2\boldsymbol{\beta}) + \boldsymbol{\tau}(k_1\boldsymbol{\alpha}+k_2\boldsymbol{\beta}) \\ &= k_1\boldsymbol{\sigma}(\boldsymbol{\alpha}) + k_2\boldsymbol{\sigma}(\boldsymbol{\beta}) + k_1\boldsymbol{\tau}(\boldsymbol{\alpha}) + k_2\boldsymbol{\tau}(\boldsymbol{\beta})\end{aligned}$$

$$=k_1\left[\boldsymbol{\sigma}(\boldsymbol{\alpha})+\boldsymbol{\tau}(\boldsymbol{\alpha})\right]+k_2\left[\boldsymbol{\sigma}(\boldsymbol{\beta})+\boldsymbol{\tau}(\boldsymbol{\beta})\right]$$

$$=k_1(\boldsymbol{\sigma}+\boldsymbol{\tau})(\boldsymbol{\alpha})+k_2(\boldsymbol{\sigma}+\boldsymbol{\tau})(\boldsymbol{\beta}),$$

因此，$\boldsymbol{\sigma}+\boldsymbol{\tau}$ 是线性变换.

由于

$$\begin{aligned}(k\boldsymbol{\sigma})(k_1\boldsymbol{\alpha}+k_2\boldsymbol{\beta})&=k\boldsymbol{\sigma}(k_1\boldsymbol{\alpha}+k_2\boldsymbol{\beta})\\&=kk_1\boldsymbol{\sigma}(\boldsymbol{\alpha})+kk_2\boldsymbol{\sigma}(\boldsymbol{\beta})\\&=k_1\left[k\boldsymbol{\sigma}(\boldsymbol{\alpha})\right]+k_2\left[k\boldsymbol{\sigma}(\boldsymbol{\beta})\right]\\&=k_1(k\boldsymbol{\sigma})(\boldsymbol{\alpha})+k_2(k\boldsymbol{\sigma})(\boldsymbol{\beta})\end{aligned}$$

及

$$\begin{aligned}\boldsymbol{\sigma\tau}(k_1\boldsymbol{\alpha}+k_2\boldsymbol{\beta})&=\boldsymbol{\sigma}(\boldsymbol{\tau}(k_1\boldsymbol{\alpha}+k_2\boldsymbol{\beta}))\\&=\boldsymbol{\sigma}(k_1\boldsymbol{\tau}(\boldsymbol{\alpha})+k_2\boldsymbol{\tau}(\boldsymbol{\beta}))\\&=k_1\boldsymbol{\sigma}(\boldsymbol{\tau}(\boldsymbol{\alpha}))+k_2\boldsymbol{\sigma}(\boldsymbol{\tau}(\boldsymbol{\beta}))\\&=k_1(\boldsymbol{\sigma\tau})(\boldsymbol{\alpha})+k_2(\boldsymbol{\sigma\tau})(\boldsymbol{\beta})\end{aligned}$$

可知，$k\boldsymbol{\sigma}$ ，$\boldsymbol{\sigma\tau}$ 也是线性变换．证明完毕.

例 4.6.6 设 $V=\mathbf{R}^2$ 是实二维平面空间．令 $\boldsymbol{\sigma}$ 是把 V 的每个向量逆时针旋转的变换，$\boldsymbol{\tau}$ 是把 V 的每个向量向 x 轴做反射的变换，即

$$\boldsymbol{\sigma}((a,b))=((-b,a)),$$

$$\tau((a,b))=((-b,a)),$$

容易直接按定义验证，σ,τ 都是 V 的线性变换．乘积 $\sigma\tau$ 表示先做 τ 变换，再接着做 σ 变换，得

$$(\sigma\tau)((a,b))=\tau(\sigma((a,b)))=\sigma((a,-b))=(b,a),$$

而 $\sigma\tau$ 表示先做 σ 变换，再做 τ 变换，得

$$(\sigma\tau)((a,b))=\tau(\sigma((a,b)))=\tau((-b,a))=(-b,-a),$$

可知，$(\sigma\tau)((a,b))\neq(\sigma\tau)((a,b))$ ．

4.7　线性变换的值域与核

定义 4.7.1　设 σ 是定义在数域 F 上的 n 维线性空间 V_n 中的线性变换，若 V_n 中存在另一个变换 ξ，使得 $\xi\sigma=\sigma\xi=1_v$，则称 ξ 是 σ 的逆变换，记作 $\xi=\sigma^{-1}$．

显然，线性变换的逆变换也是线性变换．

定义 4.7.2　设 σ 是定义在数域 F 上的 n 维线性空间 V_n 中的线性变换，则 $\sigma(V_n(F))=\{\sigma(\alpha)|\alpha\in V_n\}$ 与 $\sigma^{-1}(0)=\{\alpha\in V_n|\sigma(\alpha)=0\}$ 分别称作 σ 的值域与核．

定义 4.7.3　线性变换 σ 的相空间（值域）的维数称为线性变换 σ 的秩，并且称线性变换 σ 的核的维数为线性变换 σ 的零度．

定理 4.7.1　设 σ 是定义在数域 F 上的 n 维线性空间 V_n 中的线性变换，则 σ 的秩 + σ 的零度 = n ．

证明略.

例 4.7.1 设线性空间 $\mathbf{R}^3$, $\mathbf{R}^2$,若有线性变换 $\boldsymbol{\sigma}$: $\mathbf{R}^3 \to \mathbf{R}^2$,且 $\forall (x,y,z) \overset{\sigma}{\to} (x+y, y-z)$. 试求 $\operatorname{Im}\boldsymbol{\sigma}$ 以及 $\ker\boldsymbol{\sigma}$.

解: 由条件知, $\forall (x,y,z)$,有

$$\begin{aligned}(\mu,\upsilon) &= \boldsymbol{\sigma}(x,y,z) = (x+y, y-z)\\ &= (x,0)+(y,y)+(0,-z)\\ &= x(1,0)+y(1,1)-z(0,1),\end{aligned}$$

令 $\boldsymbol{\alpha}_1=(1,0), \boldsymbol{\alpha}_2=(1,1), \boldsymbol{\alpha}_3=(0,1)$, 则 $\boldsymbol{\alpha}_2=\boldsymbol{\alpha}_1+\boldsymbol{\alpha}_3$, 所以

$$\begin{aligned}(\mu,\upsilon) &= x\boldsymbol{\alpha}_1 + y(\boldsymbol{\alpha}_1+\boldsymbol{\alpha}_3) - 2\boldsymbol{\alpha}_3\\ &= (x+y)\boldsymbol{\alpha}_1 + (y-z)\boldsymbol{\alpha}_3\\ &= (x+y)\boldsymbol{\varepsilon}_1 + (y-z)\boldsymbol{\varepsilon}_2,\end{aligned}$$

其中, $\boldsymbol{\varepsilon}_1=\boldsymbol{\alpha}_1, \boldsymbol{\varepsilon}_2=\boldsymbol{\alpha}_3$. 而 $\{\boldsymbol{\varepsilon}_1,\boldsymbol{\varepsilon}_2\}$ 为线性空间 $\mathbf{R}^2$ 的基,且 $\forall x+y, y-z \in \mathbf{R}$,所以, $\operatorname{Im}\sigma$ 为线性空间 $\mathbf{R}^2$.

由于 $\forall (x,y,z) \in \ker\sigma$, 因此, $\boldsymbol{\sigma}(x,y,z)=(x+y,y-z)=(0,0)$. 故而有线性方程组 $\begin{cases}x+y=0\\ y-z=0\end{cases}$, 解得 $\begin{cases}x=-y\\ y=y\\ z=y\end{cases}$,$\forall y \in \mathbf{R}$. 即 $(x,y,z)=y(-1,1,1)\overset{\Delta}{=}y\boldsymbol{\alpha}, \boldsymbol{\alpha}\in\mathbf{R}^3$, $\forall y\in\mathbf{R}$. 则 $\ker\boldsymbol{\sigma}=\{(x,y,z)=k\boldsymbol{\alpha} \mid \forall k\in\mathbf{R}\}$.

例 4.7.2 在 $\mathbf{R}^2$ 中定义三个线性变换

$$\boldsymbol{\sigma}_1(\boldsymbol{X})=\begin{pmatrix}1&0\\0&0\end{pmatrix}\boldsymbol{X},$$

$$\boldsymbol{\sigma}_2(\boldsymbol{X})=\begin{pmatrix}1&1\\0&0\end{pmatrix}\boldsymbol{X},$$

$$\boldsymbol{\sigma}_3(\boldsymbol{X})=\begin{pmatrix}0&1\\0&0\end{pmatrix}\boldsymbol{X},$$

其中, $\boldsymbol{X}\in\mathbf{R}^2$. 试证明

$$\boldsymbol{\sigma}_1\boldsymbol{\sigma}_2=\boldsymbol{\sigma}_2,\boldsymbol{\sigma}_2\boldsymbol{\sigma}_1=\boldsymbol{\sigma}_1,\boldsymbol{\sigma}_1\boldsymbol{\sigma}_3=\boldsymbol{\sigma}_3,$$
$$\boldsymbol{\sigma}_3\boldsymbol{\sigma}_1=\tau_0,\boldsymbol{\sigma}_2\boldsymbol{\sigma}_3=\boldsymbol{\sigma}_3,\boldsymbol{\sigma}_3\boldsymbol{\sigma}_2=\boldsymbol{\tau}_0.$$

证明：由条件知

$$(\boldsymbol{\sigma}_1\boldsymbol{\sigma}_2)\boldsymbol{X}=\boldsymbol{\sigma}_1(\boldsymbol{\sigma}_2\boldsymbol{X})=\begin{pmatrix}1&0\\0&0\end{pmatrix}\begin{pmatrix}1&1\\0&0\end{pmatrix}\boldsymbol{X}=\begin{pmatrix}1&1\\0&0\end{pmatrix}\boldsymbol{X}=\boldsymbol{\sigma}_2(\boldsymbol{X}),$$

$$(\boldsymbol{\sigma}_2\boldsymbol{\sigma}_1)\boldsymbol{X}=\boldsymbol{\sigma}_2(\boldsymbol{\sigma}_1)\boldsymbol{X}=\begin{pmatrix}1&1\\0&0\end{pmatrix}\begin{pmatrix}1&0\\0&0\end{pmatrix}\boldsymbol{X}=\begin{pmatrix}1&0\\0&0\end{pmatrix}\boldsymbol{X}=\boldsymbol{\sigma}_1(\boldsymbol{X}),$$

$$(\boldsymbol{\sigma}_1\boldsymbol{\sigma}_3)\boldsymbol{X}=\begin{pmatrix}1&0\\0&0\end{pmatrix}\begin{pmatrix}0&1\\0&0\end{pmatrix}\boldsymbol{X}=\begin{pmatrix}0&1\\0&0\end{pmatrix}\boldsymbol{X}=\boldsymbol{\sigma}_3(\boldsymbol{X}),$$

$$(\boldsymbol{\sigma}_3\boldsymbol{\sigma}_1)\boldsymbol{X}=\begin{pmatrix}0&1\\0&0\end{pmatrix}\begin{pmatrix}1&0\\0&0\end{pmatrix}\boldsymbol{X}=\begin{pmatrix}0&0\\0&0\end{pmatrix}\boldsymbol{X}=\boldsymbol{\tau}_0(\boldsymbol{X}),$$

$$(\boldsymbol{\sigma}_2\boldsymbol{\sigma}_3)\boldsymbol{X}=\begin{pmatrix}1&1\\0&0\end{pmatrix}\begin{pmatrix}0&1\\0&0\end{pmatrix}\boldsymbol{X}=\begin{pmatrix}0&1\\0&0\end{pmatrix}\boldsymbol{X}=\boldsymbol{\sigma}_3(\boldsymbol{X}),$$

$$(\boldsymbol{\sigma}_3\boldsymbol{\sigma}_2)\boldsymbol{X}=\begin{pmatrix}0&1\\0&0\end{pmatrix}\begin{pmatrix}1&1\\0&0\end{pmatrix}\boldsymbol{X}=\begin{pmatrix}0&0\\0&0\end{pmatrix}\boldsymbol{X}=\boldsymbol{\tau}_0(\boldsymbol{X}).$$

例 4.7.3　在 $\mathbf{R}^3$ 中定义线性变换 $\boldsymbol{\sigma}(x_1,x_2,x_3)=(x_1,x_1+x_2,x_2+x_3)$，试求出该线性变换的值域和核，并且确定它的秩与零度.

解：令 $\boldsymbol{\alpha}=(x_1,x_2,x_3)\in\boldsymbol{\sigma}^{-1}(0)$，则 $\boldsymbol{\sigma}(\boldsymbol{\alpha})=(x_1,x_1+x_2,x_2+x_3)=(0,0,0)$，则 $x_1=x_2=x_3=0$，即 $\boldsymbol{\alpha}=0$. 故 $\boldsymbol{\sigma}^{-1}(0)=0$，所以，该线性变换的零度为 0，该线性变换的值为 3–0=0. 又因为 $\boldsymbol{\sigma}(\mathbf{R}^3)\subseteq\mathbf{R}^3$，所以 $\boldsymbol{\sigma}(\mathbf{R}^3)=\mathbf{R}^3$.

例 4.7.4　在 $M_3(F)$ 中定义线性变换 $\boldsymbol{\sigma}$ 为 $\boldsymbol{\sigma}(\boldsymbol{A})=\begin{pmatrix}0&0&1\\0&1&0\\0&0&0\end{pmatrix}\boldsymbol{A},\forall\boldsymbol{A}\in M_3(F)$，试求出该线性变换的值域和核，并且确定它的秩与零度.

解：由条件知 $\dim M_3(F)=9$. 令 $\boldsymbol{A}\in\boldsymbol{\sigma}^{-1}(0)$，则有

$$\boldsymbol{\sigma}(\boldsymbol{A})=\begin{pmatrix}0&0&1\\0&1&0\\0&0&0\end{pmatrix}\begin{pmatrix}a_{11}&a_{12}&a_{13}\\a_{21}&a_{22}&a_{23}\\a_{31}&a_{32}&a_{33}\end{pmatrix}$$

$$=\begin{pmatrix}a_{31}&a_{32}&a_{33}\\a_{21}&a_{22}&a_{23}\\0&0&0\end{pmatrix}=\begin{pmatrix}0&0&0\\0&0&0\\0&0&0\end{pmatrix},$$

则 $a_{21}=a_{22}=a_{23}=a_{31}=a_{32}=a_{33}=0$,则

$$\boldsymbol{A}=\begin{pmatrix}a_{11}&a_{12}&a_{13}\\0&0&0\\0&0&0\end{pmatrix},$$

其中, a_{11},a_{12},a_{13} 为 F 中的任意元素. 若令

$$\boldsymbol{E}_{11}=\begin{pmatrix}1&0&0\\0&0&0\\0&0&0\end{pmatrix},\ \boldsymbol{E}_{12}=\begin{pmatrix}0&1&0\\0&0&0\\0&0&0\end{pmatrix},\ \boldsymbol{E}_{13}=\begin{pmatrix}0&0&1\\0&0&0\\0&0&0\end{pmatrix},$$

则矩阵 $\boldsymbol{A}$ 可以写成 $\boldsymbol{A}=a_{11}\boldsymbol{E}_{11}+a_{12}\boldsymbol{E}_{12}+a_{13}\boldsymbol{E}_{13}$. 所以, $\boldsymbol{\sigma}^{-1}(0)$ 是由 $\boldsymbol{E}_{11},\boldsymbol{E}_{12},\boldsymbol{E}_{13}$ 生成的子空间,且 $\dim\boldsymbol{\sigma}^{-1}(0)=3$.若再令

$$\boldsymbol{E}_{21}=\begin{pmatrix}0&0&0\\1&0&0\\0&0&0\end{pmatrix},\ \boldsymbol{E}_{22}=\begin{pmatrix}0&0&0\\0&1&0\\0&0&0\end{pmatrix},\ \boldsymbol{E}_{23}=\begin{pmatrix}0&0&0\\0&0&1\\0&0&0\end{pmatrix},$$

由

$$\boldsymbol{\sigma}(\boldsymbol{A})=\begin{pmatrix}0&0&1\\0&1&0\\0&0&0\end{pmatrix}\begin{pmatrix}a_{11}&a_{12}&a_{13}\\a_{21}&a_{22}&a_{23}\\a_{31}&a_{32}&a_{33}\end{pmatrix}$$

$$=\begin{pmatrix} a_{31} & a_{32} & a_{33} \\ a_{21} & a_{22} & a_{23} \\ 0 & 0 & 0 \end{pmatrix}=\begin{pmatrix} 0 & 0 & 0 \\ 0 & 0 & 0 \\ 0 & 0 & 0 \end{pmatrix}$$

可以看出，$\sigma(M_3(F))$是由$\boldsymbol{E}_{11},\boldsymbol{E}_{12},\boldsymbol{E}_{13},\boldsymbol{E}_{21},\boldsymbol{E}_{22},\boldsymbol{E}_{23}$生成，且$\dim\sigma(M_3(F))=6$.

4.8　线性变换的应用实例

例 4.8.1　设有线性变换 $\boldsymbol{y}=\boldsymbol{A}\boldsymbol{x}$，其中，$\boldsymbol{A}=\begin{pmatrix} 1 & 2 \\ 0 & 1 \end{pmatrix}$，$\boldsymbol{x}=\begin{pmatrix} 1 \\ 1 \end{pmatrix}$，试求出向量 $\boldsymbol{y}$，并指出该变换的几何意义.

解：

$$\boldsymbol{y}=\boldsymbol{A}\boldsymbol{x}=\begin{pmatrix} 1 & 2 \\ 0 & 1 \end{pmatrix}\begin{pmatrix} 1 \\ 1 \end{pmatrix}=\begin{pmatrix} 3 \\ 1 \end{pmatrix}.$$

其几何意义是：线性变换 $\boldsymbol{y}=\boldsymbol{A}\boldsymbol{x}$ 将平面 x_1Ox_2 上的向量 $\boldsymbol{x}=\begin{pmatrix} 1 \\ 1 \end{pmatrix}$ 变换为该平面上的另一向量 $\boldsymbol{y}=\begin{pmatrix} 3 \\ 1 \end{pmatrix}$，如图 4-1 所示.

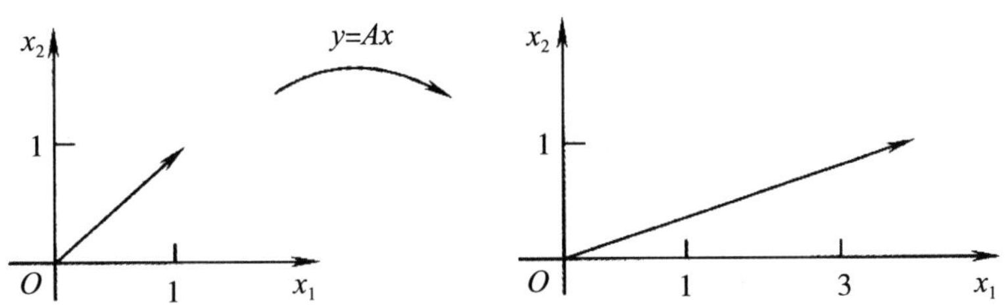

图4-1

例 4.8.2 设 $\boldsymbol{A}=\begin{pmatrix}1&0&0\\0&1&0\\0&0&0\end{pmatrix}$为三维空间一向量,试讨论矩阵变换 $\boldsymbol{x}\to\boldsymbol{A}\boldsymbol{x}$ 的几何意义.

解: 如图 4-2 所示,设 $\boldsymbol{x}=\overrightarrow{OP}=\begin{pmatrix}x_1\\x_2\\x_3\end{pmatrix}$,则

$$\begin{pmatrix}x_1\\x_2\\x_3\end{pmatrix}\to\begin{pmatrix}1&0&0\\0&1&0\\0&0&0\end{pmatrix}\begin{pmatrix}x_1\\x_2\\x_3\end{pmatrix}=\begin{pmatrix}x_1\\x_2\\x_3\end{pmatrix}.$$

从几何上看,在变换 $\boldsymbol{x}\to\boldsymbol{A}\boldsymbol{x}$ 下,空间中的点 $P(x_1,x_2,x_3)$ 被投影到了平面 x_1Ox_2 上.

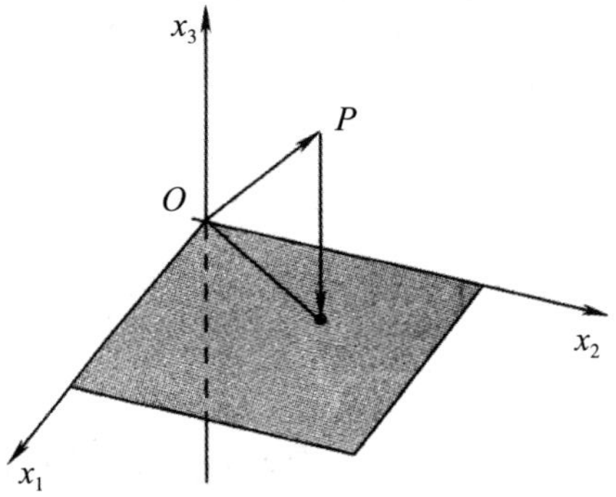

图4–2

例 4.8.3 由关系式

$$\boldsymbol{\sigma}\begin{pmatrix}x\\y\end{pmatrix}=\begin{pmatrix}\cos\varphi&-\sin\varphi\\\sin\varphi&\cos\varphi\end{pmatrix}\begin{pmatrix}x\\y\end{pmatrix}$$

确定 xOy 面上的一个线性变换,说明线性变换 $\boldsymbol{\sigma}$ 的几何意义.

解: 令

$$x=r\cos\theta, y=r\sin\theta,$$

于是

$$\sigma\begin{pmatrix}x\\y\end{pmatrix}=\begin{pmatrix}\cos\varphi & -\sin\varphi\\ \sin\varphi & \cos\varphi\end{pmatrix}\begin{pmatrix}x\\y\end{pmatrix}=\begin{pmatrix}x\cos\varphi-y\sin\varphi\\ x\sin\varphi+y\cos\varphi\end{pmatrix}$$
$$=\begin{pmatrix}r\cos\theta\cos\varphi-r\sin\theta\sin\varphi\\ r\cos\theta\sin\varphi+r\sin\theta\cos\varphi\end{pmatrix}$$
$$=\begin{pmatrix}r\cos(\theta+\varphi)\\ r\sin(\theta+\varphi)\end{pmatrix}.$$

由此可知,该变换 $\boldsymbol{\sigma}$ 把任意向量按逆时针方向旋转了 φ 角.

例 4.8.4　画一朵十二瓣花.

解: 先用绘图工具画出其中一片花瓣的一半,再由图 4–3(a)画出关于直线 l 的对称变换,复制原图,得图 4–3(b). 将图 4–3(b)绕点 O 旋转 $\frac{2\pi}{12}=\frac{\pi}{6}$,复制原图,得到图 4–3(c),这里进行的是旋转变换,继续进行旋转变换,最后画出整个图案.

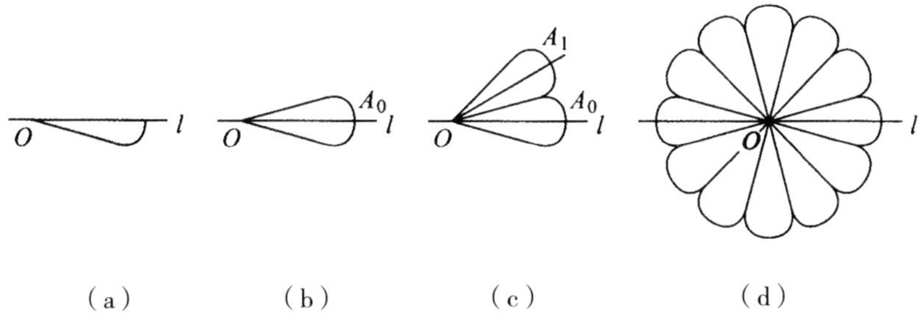

图4–3

第5章　方阵的特征值与相似对角化

对一个线性变换而言，空间中有一个基使得它对应的矩阵是对角形的，这就是线性变换的对角化问题。线性变换的对角化问题反映到矩阵中就是矩阵的相似对角化问题（即满足什么条件的方阵能与对角矩阵相似），因为同一个线性变换在不同的基下对应的矩阵之间是相似的，这就是我们研究矩阵相似对角化问题的重要意义之一。此外，矩阵的相似对角化问题对简化计算方阵的高次幂也有重要意义。

5.1　特征值与特征向量

5.1.1　特征值与特征向量的概念

定义 5.1.1　设 $\boldsymbol{A}$ 是 n 阶矩阵，若存在常数 λ 及非零的 n 维向量 $\boldsymbol{\alpha}$，使得

$$A\alpha = \lambda\alpha$$

成立,则称 λ 是矩阵 A 的**特征值**,称非零向量 α 是矩阵 A 属于特征值 λ 的**特征向量**.

设 $A=(a_{ij})$ 为一个 n 阶矩阵,则称行列式

$$|\lambda E - A| = \begin{vmatrix} \lambda - a_{11} & -a_{11} & \cdots & -a_{11} \\ -a_{21} & \lambda - a_{22} & \cdots & -a_{2n} \\ \vdots & \vdots & & \vdots \\ -a_{n1} & -a_{n2} & \cdots & \lambda - a_{nn} \end{vmatrix}$$

为矩阵 A 的**特征多项式**,称 $|\lambda E - A| = 0$ 为 A 的**特征方程**.

特征方程 $|\lambda E - A| = 0$ 是 λ 的 n 次方程,它的 n 个根就是矩阵 A 的 n 个特征值. 例如, $A=(a_{ij})$ 是 3 阶矩阵,则矩阵 A 的特征多项式为

$$|\lambda E - A| = \lambda^3 - \sum_{i=1}^{3} a_{ii}\lambda^2 + \left(\begin{vmatrix} a_{11} & a_{12} \\ a_{21} & a_{22} \end{vmatrix} + \begin{vmatrix} a_{22} & a_{23} \\ a_{32} & a_{33} \end{vmatrix} + \begin{vmatrix} a_{11} & a_{31} \\ a_{31} & a_{33} \end{vmatrix} \right)\lambda - |A|.$$

注意:

(1)若 $|A| = 0$,则 $\lambda = 0$ 一定是矩阵 A 的特征值.

(2)特征向量一定为非零向量.

(3)若 $\lambda_1\lambda_2\cdots\cdots\lambda_n \neq 0$,则 A 可逆或 $r(A) = n$. 矩阵满秩的充分必要条件是其特征值都不是零.

(4)矩阵 A 为降秩矩阵时,其非零特征值的个数不一定与其秩相等,如 $A = \begin{pmatrix} 0 & 1 \\ 0 & 0 \end{pmatrix}$, $r(A) = 1$,由 $|\lambda E - A| = 0$ 得 A 得特征值为 $\lambda_1 = \lambda_2 = 0$.

(5)矩阵的特征值不一定是实数. 如 $A = \begin{pmatrix} 0 & -1 \\ 1 & 0 \end{pmatrix}$, $|\lambda E - A| = \begin{pmatrix} \lambda & 1 \\ -1 & \lambda \end{pmatrix} = \lambda^2 + 1$, $|\lambda E - A| = 0$,得到的 $\lambda_1 = i$, $\lambda_2 = -i$ 为两个虚数特征值.

5.1.2　特征值与特征向量的性质

性质 5.1.1　设 $\boldsymbol{A}$ 为 n 阶矩阵,则 $\boldsymbol{A}$ 是可逆阵的充分必要条件是 $\boldsymbol{A}$ 的特征值都不为零.

性质 5.1.2　对应于不同特征值的特征向量必线性无关.

性质 5.1.3　对应于方阵 $\boldsymbol{A}$ 的特征值 λ 的特征向量 $\xi_1,\xi_2,\cdots,\xi_t$ 的任意非零线性组合仍是 $\boldsymbol{A}$ 对应于 λ 的特征向量.

性质 5.1.4　设 λ_0 是方阵 $\boldsymbol{A}$ 的 k 重特征值,则 $\boldsymbol{A}$ 的对应于 λ_0 的线性无关的特征向量个数不超过 k 个.

性质 5.1.5　设 λ_1,λ_2 是方阵 $\boldsymbol{A}$ 的两个不同特征值,ξ_1,ξ_2 是 $\boldsymbol{A}$ 的分别对应于 λ_1,λ_2 的特征向量,则 $\xi_1+\xi_2$ 一定不是 $\boldsymbol{A}$ 的特征向量.

性质 5.1.6　设 $h(\boldsymbol{A})$ 是方阵 $\boldsymbol{A}$ 的矩阵多项式,若 λ 是 $\boldsymbol{A}$ 的特征值,对应于 λ 的特征向量 ξ,则 $h(\lambda)$ 是 $h(\boldsymbol{A})$ 的特征值,而 ξ 是 $h(\boldsymbol{A})$ 的对应于 $h(\lambda)$ 的特征向量,若 $h(\boldsymbol{A})=0$,则 $\boldsymbol{A}$ 的特征值 λ 满足 $h(\lambda)=0$,但要注意,反过来 $h(\lambda)=0$ 的未必都是 $\boldsymbol{A}$ 的特征值.

性质 5.1.7　若 λ 是可逆方阵 $\boldsymbol{A}$ 的特征值,ξ 是 $\boldsymbol{A}$ 的对应于 λ 的特征向量,则 λ^{-1} 是 $\boldsymbol{A}^{-1}$ 的特征值,ξ 是 $\boldsymbol{A}^{-1}$ 的对应于 λ^{-1} 的特征向量,$|\boldsymbol{A}|\lambda^{-1}$ 是 $\boldsymbol{A}^*$ 的特征值,ξ 是 $\boldsymbol{A}^*$ 的对应于 $|\boldsymbol{A}|\lambda^{-1}$ 的特征向量.

性质 5.1.8　$\boldsymbol{A}$ 与 $\boldsymbol{A}^{\mathrm{T}}$ 有相同的特征值(但未必有相同的特征向量),若 $\boldsymbol{A},\boldsymbol{B}$ 为同阶方阵,则 $\boldsymbol{AB}$ 与 $\boldsymbol{BA}$ 有相同的特征值.

性质 5.1.9　若 $\boldsymbol{A}$ 为正交矩阵,则 $|\boldsymbol{A}|=\pm1$. 当 $|\boldsymbol{A}|=-1$ 时,$\boldsymbol{A}$ 必有特征值 -1; 当 $|\boldsymbol{A}|=1$,且 $\boldsymbol{A}$ 为奇数阶时,则 $\boldsymbol{A}$ 必有特征值 1.

性质 5.1.10　特征值的和等于矩阵主对角线上元素之和,特征值的乘积等于矩阵 $\boldsymbol{A}$ 行列式的值,即

$$\sum_{i=1}^{n}\lambda_i=\sum_{i=1}^{n}a_{ii}\,,\ \prod_{i=1}^{n}\lambda_i=|\boldsymbol{A}|\,.$$

例 5.1.1 已知矩阵 $\boldsymbol{A}=\begin{pmatrix} a & 1 & b \\ 2 & 3 & 4 \\ -1 & 1 & -1 \end{pmatrix}$ 的特征值之和为 3,特征值之积为 -24 ,则 $b=$ ______ .

解:由性质 5.1.10 可知, $a+3+(-1)=3$,则 $a=1$,又因为

$$\prod \lambda_i=\begin{vmatrix} a & 1 & b \\ 2 & 3 & 4 \\ -1 & 1 & -1 \end{vmatrix}=\begin{vmatrix} 1 & 1 & b \\ 2 & 3 & 4 \\ -1 & 1 & -1 \end{vmatrix}=\begin{vmatrix} 1 & 1 & b \\ 0 & 1 & 4-2b \\ 0 & 2 & b-1 \end{vmatrix}=5b-9=-24,$$

可得 $b=-3$.

5.2 相似矩阵与矩阵可对角化的条件

5.2.1 相似矩阵及其性质

定义 5.2.1 设 $\boldsymbol{A}, \boldsymbol{B}$ 都是 n 阶矩阵,若存在 n 阶可逆矩阵 $\boldsymbol{P}$,使

$$\boldsymbol{P}^{-1}\boldsymbol{A}\boldsymbol{P}=\boldsymbol{B} ,$$

则称 $\boldsymbol{B}$ 是 $\boldsymbol{A}$ 的**相似矩阵**,或称 $\boldsymbol{A}$ 与 $\boldsymbol{B}$ 相似,记作 $\boldsymbol{A}\sim\boldsymbol{B}$.

同阶矩阵的相似关系是一种重要的等价关系,具有以下三条性质:

(1)**反身性**:$\boldsymbol{A}\sim\boldsymbol{A}$.

(2)**对称性**:$\boldsymbol{A}\sim\boldsymbol{B}\Rightarrow\boldsymbol{B}\sim\boldsymbol{A}$.

(3)**传递性**:若 $\boldsymbol{A}\sim\boldsymbol{B}$, $\boldsymbol{B}\sim\boldsymbol{C}$,则 $\boldsymbol{A}\sim\boldsymbol{C}$.

由相似矩阵的定义及矩阵的性质可容易证明,这里略. 下面给出相似矩阵另外一些比较重要的性质.

定理 5.2.1 相似矩阵具有相同的特征多项式,从而具有相同的特征值.

证明:由于 $\boldsymbol{A} \sim \boldsymbol{B}$,则存在可逆矩阵 $\boldsymbol{P}$,使 $\boldsymbol{P}^{-1}\boldsymbol{A}\boldsymbol{P}=\boldsymbol{B}$,因此

$$\begin{aligned}\left|\lambda\boldsymbol{E}-\boldsymbol{B}\right| &= \left|\boldsymbol{P}^{-1}\lambda\boldsymbol{E}\boldsymbol{P}-\boldsymbol{P}^{-1}\boldsymbol{A}\boldsymbol{P}\right| = \left|\boldsymbol{P}^{-1}\left(\lambda\boldsymbol{E}-\boldsymbol{A}\right)\boldsymbol{P}\right| \\ &= \left|\boldsymbol{P}^{-1}\right|\left|\lambda\boldsymbol{E}-\boldsymbol{A}\right|\left|\boldsymbol{P}\right| = \left|\lambda\boldsymbol{E}-\boldsymbol{A}\right|.\end{aligned}$$

定理 5.2.2 相似矩阵的行列式的值相等.

证明:设 $\boldsymbol{B}=\boldsymbol{P}^{-1}\boldsymbol{A}\boldsymbol{P}$,则

$$\left|\boldsymbol{B}\right| = \left|\boldsymbol{P}^{-1}\boldsymbol{A}\boldsymbol{P}\right| = \left|\boldsymbol{P}^{-1}\right|\left|\boldsymbol{A}\right|\left|\boldsymbol{P}\right| = \left|\boldsymbol{A}\right|,$$

因此,$\boldsymbol{A}$ 与 $\boldsymbol{B}$ 的行列式的值相等.

定理 5.2.3 设 $f(x)=a_m x^m + a_{m-1}x^{m-1}+\cdots+a_1 x+a_0$ 是一个一元 m 次多项式,对任意的 n 阶矩阵 $\boldsymbol{A}$ 与 $\boldsymbol{B}$,有矩阵多项式 $f(\boldsymbol{A})$ 和 $f(\boldsymbol{B})$. 则当 $\boldsymbol{A}$ 与 $\boldsymbol{B}$ 相似时,$f(\boldsymbol{A})$ 和 $f(\boldsymbol{B})$ 也相似.

证明:由于 $\boldsymbol{A} \sim \boldsymbol{B}$,则 $\boldsymbol{P}^{-1}\boldsymbol{A}\boldsymbol{P}=\boldsymbol{B}$,从而

$$\begin{aligned}\boldsymbol{P}^{-1}f(\boldsymbol{A})\boldsymbol{P} &= \boldsymbol{P}^{-1}\left(a_m\boldsymbol{A}^m + a_{m-1}\boldsymbol{A}^{m-1}+\cdots+a_1\boldsymbol{A}+a_0\boldsymbol{E}\right)\boldsymbol{P} \\ &= \boldsymbol{P}^{-1}a_m\boldsymbol{A}^m\boldsymbol{P}+\boldsymbol{P}^{-1}a_{m-1}\boldsymbol{A}^{m-1}\boldsymbol{P}+\cdots+\boldsymbol{P}^{-1}a_1\boldsymbol{A}\boldsymbol{P}+a_0\boldsymbol{E} \\ &= a_m\left(\boldsymbol{P}^{-1}\boldsymbol{A}^m\boldsymbol{P}\right)+a_{m-1}\left(\boldsymbol{P}^{-1}\boldsymbol{A}^{m-1}\boldsymbol{P}\right)+\cdots+a_1\left(\boldsymbol{P}^{-1}\boldsymbol{A}\boldsymbol{P}\right)+a_0\boldsymbol{E} \\ &= a_m\boldsymbol{B}^m + a_{m-1}\boldsymbol{B}^{m-1}+\cdots+a_1\boldsymbol{B}+a_0\boldsymbol{E}=f(\boldsymbol{B}) ,\end{aligned}$$

即 $f(\boldsymbol{A}) \sim f(\boldsymbol{B})$.

例 5.2.1 (1)已知 $\boldsymbol{A}=\begin{pmatrix}4 & a\\ 2 & b\end{pmatrix}$, $\boldsymbol{B}=\begin{pmatrix}2 & 0\\ 0 & -1\end{pmatrix}$,若 $\boldsymbol{A} \sim \boldsymbol{B}$,则有 $4+b=2+(-1)$,于是 $b=-3$. 有 $-12-2a=-2$,于是 $a=-5$.

由于 $\boldsymbol{B}$ 是对角矩阵,2 与 -1 就是 $\boldsymbol{B}$ 的特征值,可知 2 与 -1 就是 $\boldsymbol{B}$ 的特征向量.

（2）设 $\boldsymbol{A}=\begin{pmatrix}1&1\\1&1\end{pmatrix}$，$\boldsymbol{B}=\begin{pmatrix}2&3\\0&0\end{pmatrix}$，则 $\boldsymbol{A}$ 的特征值是 2 和 0，由 $\boldsymbol{A}\sim\begin{pmatrix}2&0\\0&0\end{pmatrix}$，又因为 $\boldsymbol{B}$ 有 2 个不同的特征值 2 和 0，因此 $\boldsymbol{B}\sim\begin{pmatrix}2&0\\0&0\end{pmatrix}$，从而得 $\begin{pmatrix}1&1\\1&1\end{pmatrix}\sim\begin{pmatrix}2&3\\0&0\end{pmatrix}$.

5.2.2 矩阵可对角化（与对角阵相似）的充分必要条件

根据相似矩阵的上述性质可简化矩阵的运算. 那么，给定一个矩阵 $\boldsymbol{A}$，如何去找可逆矩阵 $\boldsymbol{P}$，使 $\boldsymbol{P}^{-1}\boldsymbol{AP}$ 最简单呢？对角阵是最简单的矩阵，那么，是不是任何一个矩阵都可以与某个对角阵相似呢？下面就来讨论矩阵可对角化（与对角阵相似）的充分必要条件.

设 $\boldsymbol{A}$ 是一个 n 阶矩阵 $\boldsymbol{A}=(a_{ij})$，如果它与对角阵相似，则存在可逆矩阵 $\boldsymbol{P}$，使

$$\boldsymbol{P}^{-1}\boldsymbol{AP}=\begin{pmatrix}\lambda_1 & & & \boldsymbol{O}\\ & \lambda_2 & & \\ & & \ddots & \\ \boldsymbol{O} & & & \lambda_n\end{pmatrix}=\boldsymbol{\Lambda},$$

即

$$\boldsymbol{AP}=\begin{pmatrix}\lambda_1 & & & \boldsymbol{O}\\ & \lambda_2 & & \\ & & \ddots & \\ \boldsymbol{O} & & & \lambda_n\end{pmatrix}=\boldsymbol{P\Lambda},$$

把 $\boldsymbol{P}$ 的 n 个向量依次记为 $\boldsymbol{X}_1,\boldsymbol{X}_2,\cdots,\boldsymbol{X}_n$，即 $\boldsymbol{P}=(\boldsymbol{X}_1,\boldsymbol{X}_2,\cdots,\boldsymbol{X}_n)$，则有

$$\boldsymbol{AP}=(\boldsymbol{AX}_1,\boldsymbol{AX}_2,\cdots,\boldsymbol{AX}_n),$$

$$\boldsymbol{P}\begin{pmatrix}\lambda_1 & & & \boldsymbol{O}\\ & \lambda_2 & & \\ & & \ddots & \\ \boldsymbol{O} & & & \lambda_n\end{pmatrix}=\boldsymbol{P\Lambda}=\left(\lambda_1\boldsymbol{X}_1,\lambda_2\boldsymbol{X}_2,\cdots,\lambda_n\boldsymbol{X}_n\right),$$

于是

$$\left(\boldsymbol{AX}_1,\boldsymbol{AX}_2,\cdots,\boldsymbol{AX}_n\right)=\boldsymbol{AP}=\boldsymbol{P\Lambda}=\left(\lambda_1\boldsymbol{X}_1,\lambda_2\boldsymbol{X}_2,\cdots,\lambda_n\boldsymbol{X}_n\right),$$

即

$$\boldsymbol{AX}_i=\lambda_i\boldsymbol{X}_i \quad \text{或} \quad \left(\lambda_i\boldsymbol{E}-\boldsymbol{A}\right)\boldsymbol{X}_i=0\left(i=1,2,\cdots,n\right),$$

这表明 $\boldsymbol{P}$ 的列向量都是 $\boldsymbol{A}$ 的特征向量. 又因为 $\boldsymbol{P}$ 是可逆矩阵,所以 $\boldsymbol{X}_1,\boldsymbol{X}_2,\cdots,\boldsymbol{X}_n$ 是线性无关的. 也就是说,若 $\boldsymbol{A}$ 与对角阵相似,则它有 n 个线性无关的特征向量. 反之,若 $\boldsymbol{A}$ 有 n 个线性无关的特征向量 $\boldsymbol{X}_1,\boldsymbol{X}_2,\cdots,\boldsymbol{X}_n$,则

$$\boldsymbol{AX}_i=\lambda_i\boldsymbol{X}_i\ \left(i=1,2,\cdots,n\right),$$

现以 $\boldsymbol{X}_1,\boldsymbol{X}_2,\cdots,\boldsymbol{X}_n$ 为列向量做一个矩阵

$$\boldsymbol{P}=\left(\boldsymbol{X}_1,\boldsymbol{X}_2,\cdots,\boldsymbol{X}_n\right),$$

显然,该矩阵是可逆的,并且

$$\begin{aligned}\boldsymbol{AP}&=\left(\boldsymbol{AX}_1,\boldsymbol{AX}_2,\cdots,\boldsymbol{AX}_n\right)=\left(\lambda_1\boldsymbol{X}_1,\lambda_2\boldsymbol{X}_2,\cdots,\lambda_n\boldsymbol{X}_n\right)\\&=\left(\boldsymbol{X}_1,\boldsymbol{X}_2,\cdots,\boldsymbol{X}_n\right)\begin{pmatrix}\lambda_1 & & & \boldsymbol{O}\\ & \lambda_2 & & \\ & & \ddots & \\ \boldsymbol{O} & & & \lambda_n\end{pmatrix}=\boldsymbol{P}\begin{pmatrix}\lambda_1 & & & \boldsymbol{O}\\ & \lambda_2 & & \\ & & \ddots & \\ \boldsymbol{O} & & & \lambda_n\end{pmatrix},\end{aligned}$$

因此,

$$\boldsymbol{P}^{-1}\boldsymbol{AP}=\begin{pmatrix}\lambda_1 & & & \boldsymbol{O}\\ & \lambda_2 & & \\ & & \ddots & \\ \boldsymbol{O} & & & \lambda_n\end{pmatrix}.$$

由此得到下面的定理.

定理 5.2.4 n 阶矩阵 $\boldsymbol{A}$ 与对角阵相似的充分必要条件是 $\boldsymbol{A}$ 有 n 个线性无关的特征向量.

推论 5.2.1 若 n 阶矩阵 $\boldsymbol{A}$ 有 n 个互不相同的特征值 $\lambda_1,\lambda_2,\cdots,\lambda_n$，从而 $(\lambda\boldsymbol{E}-\boldsymbol{A})\boldsymbol{X}=\boldsymbol{0}$ 均有非零解,即 $\boldsymbol{A}$ 有 n 个线性无关特征向量,则 $\boldsymbol{A}$ 与以 λ_i 为主对角元素的对角阵 $\boldsymbol{\Lambda}$ 相似.

值得注意的是,由 n 阶矩阵可对角化并不能推出 $\boldsymbol{A}$ 有 n 个互不相同的特征值.

对 n 阶矩阵 $\boldsymbol{A}$，当 $\boldsymbol{A}$ 的特征值有重根时, $\boldsymbol{A}$ 是否仍有 n 个线性无关的特征向量? $\boldsymbol{A}$ 是否还能相似于对角阵? 我们有下面的定理.

定理 5.2.5 若 $\boldsymbol{A}$ 是 阶矩阵, λ_1 是 $\boldsymbol{A}$ 的 r_1 重特征值,则属于 λ_1 的线性无关的特征向量个数小于等于 r_1 .

证明略. 由定理 5.2.2 可知,若想要 $\boldsymbol{A}$ 有 n 个线性无关特征向量,则要求 $\boldsymbol{A}$ 的每个重特征值对应的线性无关特征向量个数都等于其特征值重数. 这时总的特征向量为 n，且它们线性无关.

定理 5.2.6 n 阶矩阵 $\boldsymbol{A}$ 与对角阵相似的充分必要条件是: $\boldsymbol{A}$ 的每个特征值所对应的线性无关特征向量最大个数等于该特征值的重数.

证明略.

例 5.2.2 证明 $\boldsymbol{A}=\begin{pmatrix}3&2&-1\\-2&-2&2\\3&6&-1\end{pmatrix}$ 与对角阵相似.

证明: $\boldsymbol{A}$ 的特征多项式为

$$|\lambda\boldsymbol{E}-\boldsymbol{A}|=\begin{vmatrix}\lambda-3&-2&1\\2&\lambda+2&-2\\-3&-6&\lambda+1\end{vmatrix}=(\lambda-2)^2(\lambda+4),$$

则 A 的特征值为 $\lambda_1=\lambda_2=2$, $\lambda_3=-4$.

对于特征值 $\lambda_1=\lambda_2=2$，由 $(\lambda_1\boldsymbol{E}-\boldsymbol{A})\boldsymbol{X}=\boldsymbol{0}$，即

$$\begin{pmatrix} -1 & -2 & 1 \\ 2 & 4 & -2 \\ -3 & -6 & 3 \end{pmatrix}\begin{pmatrix} x_1 \\ x_2 \\ x_3 \end{pmatrix}=\begin{pmatrix} 0 \\ 0 \\ 0 \end{pmatrix},$$

解得特征向量

$$\boldsymbol{\alpha}_1=(-2,1,0)^{\mathrm{T}}, \boldsymbol{\alpha}_2=(1,0,1)^{\mathrm{T}} .$$

对于特征值 $\lambda_3=-4$ ，由 $(\lambda_3\boldsymbol{E}-\boldsymbol{A})\boldsymbol{X}=\mathbf{0}$ ，即

$$\begin{pmatrix} -7 & -2 & 1 \\ 2 & -2 & -2 \\ -3 & -6 & -3 \end{pmatrix}\begin{pmatrix} x_1 \\ x_2 \\ x_3 \end{pmatrix}=\begin{pmatrix} 0 \\ 0 \\ 0 \end{pmatrix},$$

解得特征向量

$$\boldsymbol{\alpha}_3=(1,-2,3)^{\mathrm{T}} .$$

容易验证，$\boldsymbol{\alpha}_1,\boldsymbol{\alpha}_2,\boldsymbol{\alpha}_3$ 线性无关．根据定理 5.2.1 可知，$\boldsymbol{A}$ 与对角阵相似．

把这 3 个特征向量作为列向量，即

$$\boldsymbol{P}=\begin{pmatrix} -2 & 1 & 1 \\ 1 & 0 & -2 \\ 0 & 1 & 3 \end{pmatrix},$$

得到

$$\boldsymbol{P}^{-1}\boldsymbol{A}\boldsymbol{P}=\begin{pmatrix} 2 & & \\ & 2 & \\ & & -4 \end{pmatrix},$$

即

$$\boldsymbol{A}\sim\begin{pmatrix} 2 & & \\ & 2 & \\ & & -4 \end{pmatrix}.$$

若 n 阶矩阵 $\boldsymbol{A}$ 与对角矩阵 $\boldsymbol{\Lambda}$ 可以相似对角化，记为 $\boldsymbol{A}\sim\boldsymbol{\Lambda}$，并称 $\boldsymbol{\Lambda}$ 是 $\boldsymbol{A}$ 的相似标准形.

5.2.3 相似矩阵的判定及其反问题

这种题型的解答需要利用相似矩阵的性质，主要的题型有：

（1）如果 $\boldsymbol{A}\sim\boldsymbol{\Lambda}$，$\boldsymbol{B}\sim\boldsymbol{\Lambda}$，则有 $\boldsymbol{A}\sim\boldsymbol{B}$；

（2）如果 $\boldsymbol{A}\sim\boldsymbol{B}$，则 $|\boldsymbol{A}|=|\boldsymbol{B}|$，$\sum_{i=1}^{n}a_{ij}=\sum_{i=1}^{n}b_{ij}$，且对 $\forall\lambda$，有 $|\lambda\boldsymbol{E}-\boldsymbol{A}|=|\lambda\boldsymbol{E}-\boldsymbol{B}|$.

例 5.2.3 若 3 阶矩阵 $\boldsymbol{A}$ 相似于 $\boldsymbol{B}$，矩阵 $\boldsymbol{A}$ 的特征值是 1,2,3，则行列式 $|2\boldsymbol{B}-\boldsymbol{E}|=$ ______ .

解：因为 $\boldsymbol{A}\sim\boldsymbol{B}$，所以 $\boldsymbol{A}$ 与 $\boldsymbol{B}$ 有相同的特征值，那么 $2\boldsymbol{B}$ 的特征值为 2,4,6，$2\boldsymbol{B}-\boldsymbol{E}$ 的特征值为 1,3,5，所以 $|2\boldsymbol{B}-\boldsymbol{E}|=1\times3\times5=15$.

5.3 实对称矩阵与相似对角化

5.3.1 实对称矩阵及其性质

性质 5.3.1 设 $\boldsymbol{A}$ 是实对称矩阵 $(\boldsymbol{A}^{\mathrm{T}}=\boldsymbol{A})$，则

（1）$\boldsymbol{A}$ 的特征值为实数，且 $\boldsymbol{A}$ 的特征值为实向量.

（2）$\boldsymbol{A}$ 的不同特征值对应的特征向量必定正交.

（3）$\boldsymbol{A}$ 一定有 n 个线性无关的特征向量，从而 $\boldsymbol{A}$ 相似于对角矩阵，且存在正交矩阵 $\boldsymbol{P}$，使 $\boldsymbol{P}^{-1}\boldsymbol{A}\boldsymbol{P}=\boldsymbol{P}^{\mathrm{T}}\boldsymbol{A}\boldsymbol{P}=\mathrm{diag}(\lambda_1,\lambda_2,\cdots,\lambda_n)$，其中，$\lambda_1,\lambda_2,\cdots,\lambda_n$ 为 $\boldsymbol{A}$ 的

特征值.

（4）当 $\boldsymbol{A}$ 的特征值有重根 λ_i 时，则需要先将重根对应特征向量正交化，再次将所得正交向量组单位化，并以此作为矩阵 $\boldsymbol{Q}$ 的列向量，则 $\boldsymbol{Q}$ 即为所求正交矩阵.

（5）当 $\boldsymbol{A}$ 有 n 个不同特征值 $\lambda_1,\lambda_2,\cdots,\lambda_n$ 时，只需将对应特征向量 $\boldsymbol{\alpha}_1,\boldsymbol{\alpha}_2,\cdots,\boldsymbol{\alpha}_n$ 单位化得 $\boldsymbol{\beta}_1=\frac{\boldsymbol{\alpha}_1}{\boldsymbol{\alpha}_1},\boldsymbol{\beta}_2=\frac{\boldsymbol{\alpha}_2}{|\boldsymbol{\alpha}_2|},\cdots,\boldsymbol{\beta}_n=\frac{\boldsymbol{\alpha}_n}{|\boldsymbol{\alpha}_n|}$，令 $\boldsymbol{Q}=(\boldsymbol{\beta}_1,\boldsymbol{\beta}_2,\cdots,\boldsymbol{\beta}_n)$，即为所求正交矩阵.

例 5.3.1 设3阶实对称矩阵 $\boldsymbol{A}$ 的各行元素之和均为3，向量 $\boldsymbol{\alpha}_1=(-1,2,-1)^{\mathrm{T}},\boldsymbol{\alpha}_2=(0,-1,1)^{\mathrm{T}}$ 是线性方程组 $\boldsymbol{Ax}=\mathbf{0}$ 的两个解，求

（1）$\boldsymbol{A}$ 的特征值与特征向量；

（2）正交矩阵 $\boldsymbol{Q}$ 的对角阵 $\boldsymbol{\Lambda}$，使 $\boldsymbol{Q}^{\mathrm{T}}\boldsymbol{AQ}=\boldsymbol{\Lambda}$；

（3）$\boldsymbol{A}$ 及 $(\boldsymbol{A}-\frac{3}{2}\boldsymbol{E})^6$.

解：（1）由题可知，$\boldsymbol{A\alpha}_i=0=0\cdot\boldsymbol{\alpha}_i(i=1,2)$，即 $\boldsymbol{A}$ 有特征值 $\lambda_1=\lambda_2=0$，而 $\boldsymbol{\alpha}_1,\boldsymbol{\alpha}_2$ 是属于该特征值的两个线性无关特征向量，又因为若设 $\boldsymbol{\alpha}_3=(1,1,1)^{\mathrm{T}}$，则 $\boldsymbol{A\alpha}_3=(3,3,3)^{\mathrm{T}}=3\boldsymbol{\alpha}_3$，因此 $\lambda_3=3$ 是 $\boldsymbol{A}$ 的特征值，而 $\boldsymbol{\alpha}_3$ 是属于 λ_3 的特征向量.

（2）先将 $\boldsymbol{\alpha}_1,\boldsymbol{\alpha}_2$ 正交化，即令

$$\boldsymbol{\beta}_1=\boldsymbol{\alpha}_1,\boldsymbol{\beta}_2=\boldsymbol{\alpha}_2-\frac{<\boldsymbol{\alpha}_2,\boldsymbol{\beta}_1>}{<\boldsymbol{\beta}_1,\boldsymbol{\beta}_1>}\boldsymbol{\beta}_1,$$

即

$$\boldsymbol{\beta}_1=(-1,2,-1)^{\mathrm{T}},\boldsymbol{\beta}_2=(-\frac{1}{2},0,\frac{1}{2})^{\mathrm{T}}.$$

再令

$$\boldsymbol{q}_1=\frac{1}{\|\boldsymbol{\beta}_1\|}\boldsymbol{\beta}_1,\boldsymbol{q}_2=\frac{1}{\|\boldsymbol{\beta}_2\|}\boldsymbol{\beta}_2,\boldsymbol{q}_3=\frac{1}{\|\boldsymbol{\alpha}_3\|}\boldsymbol{\alpha}_3,$$

从而可知 $\boldsymbol{\beta}_1,\boldsymbol{q}_1$ 仍是 $\boldsymbol{A}$ 的属于特征值0的特征向量，而 $\boldsymbol{\beta}_2$，$\boldsymbol{q}_2$，$\boldsymbol{q}_3$ 情况类似，

则 $Q^{\mathrm{T}}AQ=\Lambda$，其中，$Q=(q_1,q_2,q_3)=\begin{pmatrix}-\frac{1}{\sqrt{6}} & -\frac{\sqrt{2}}{2} & \frac{1}{\sqrt{3}}\\ \frac{2}{\sqrt{6}} & 0 & \frac{1}{\sqrt{3}}\\ -\frac{1}{\sqrt{6}} & \frac{\sqrt{2}}{2} & \frac{1}{\sqrt{3}}\end{pmatrix}$，$Q$ 为正交矩阵. 并且对角阵

$$\Lambda=\begin{pmatrix}\lambda_1 & & \\ & \lambda_2 & \\ & & \lambda_3\end{pmatrix}=\begin{pmatrix}0 & & \\ & 0 & \\ & & 3\end{pmatrix}.$$

（3）由（2）可知，$\Lambda=Q^{\mathrm{T}}AQ$，从而

$$A=(q_1,q_2,q_3)\Lambda(q_1,q_2,q_3)\begin{pmatrix}q_1^{\mathrm{T}}\\ q_2^{\mathrm{T}}\\ q_3^{\mathrm{T}}\end{pmatrix}=\sum_{i=1}^{3}\lambda_i q_i q_i^{\mathrm{T}}=3q_3q_3^{\mathrm{T}},$$

于是

$$A=3\cdot\frac{1}{\sqrt{3}}\alpha_3\cdot\frac{1}{\sqrt{3}}\alpha_3^{\mathrm{T}}=\alpha_3\alpha_3^{\mathrm{T}}=\begin{pmatrix}1 & 1 & 1\\ 1 & 1 & 1\\ 1 & 1 & 1\end{pmatrix},$$

$$(A-\frac{3}{2}E)^6=(Q^{\mathrm{T}}AQ-\frac{3}{2}QQ^{\mathrm{T}})^6=Q(\Lambda-\frac{3}{2}E)^6Q^{\mathrm{T}}=(\frac{3}{2})^6QEQ^{\mathrm{T}}=(\frac{3}{2})^6E.$$

根据一部分特征向量求另一部分特征向量，用到了实对称矩阵的不同特征值所对应的特征向量必正交这一性质.

求正交矩阵 Q，则利用实对称矩阵一定可对角化，且存在正交矩阵 Q，使 $Q^{\mathrm{T}}AQ=Q^{-1}AQ$ 为对角矩阵这一性质，一般是先求出 A 的 n 个线性无关特征向量，然后将相同特征值的特征向量正交化，再将所有的特征向量单位化，以此为列构成的矩阵即所求的正交矩阵.

例 5.3.2 已知 A 是 3 阶实对称矩阵，其特征值为 3，−6，0，且特征值为 3 对应的特征向量是 $\eta_1=(1,a,1)^{\mathrm{T}}$，$\eta_2=(a,a+1,1)^{\mathrm{T}}$，求矩阵 A.

解：由于 A 是 3 阶实对称矩阵，不同特征值的特征向量相互正交，所以

$$\boldsymbol{\eta}_1^{\mathrm{T}}\boldsymbol{\eta}_2 = a + a(a+1) + 1 = 0\ ,$$

解得 $a=-1$.

设矩阵 $\boldsymbol{A}$ 的对应于特征值 0 的特征向量为 $\boldsymbol{\eta}_3=(x_1,x_2,x_3)^{\mathrm{T}}$，则

$$\begin{cases}\eta_3^{\mathrm{T}}\eta_1 = x_1 - 2x_2 + x_3 = 0,\\ \eta_3^{\mathrm{T}}\eta_2 = -x_1 + x_3 = 0,\end{cases}$$

解得 $\boldsymbol{\eta}_3=(1,2,1)^{\mathrm{T}}$. 由 $\boldsymbol{A}(\boldsymbol{\eta}_1,\boldsymbol{\eta}_2,\boldsymbol{\eta}_3)=(3\boldsymbol{\eta}_1,-6\boldsymbol{\eta}_2,0)$ 可得

$$\boldsymbol{A}=(3\boldsymbol{\eta}_1,-6\boldsymbol{\eta}_2,0)(\boldsymbol{\eta}_1,\boldsymbol{\eta}_2,\boldsymbol{\eta}_3)^{-1}=\begin{pmatrix}3&6&0\\-3&0&0\\3&-6&0\end{pmatrix}\begin{pmatrix}1&-1&1\\-1&0&2\\1&1&1\end{pmatrix}^{-1}=\begin{pmatrix}-2&-1&4\\-1&1&-1\\4&-1&-2\end{pmatrix}.$$

5.3.2　实对称矩阵的对角化

5.3.2.1　实对称矩阵的特征值与特征向量

实对称矩阵的特征值与特征向量有许多特殊性质，这些性质可保证实对称矩阵一定可对角化.

定理 5.3.1　实对称矩阵的特征值都是实数.

证明：设对称矩阵 $\boldsymbol{A}=\left(a_{ij}\right)_{n\times n}$，它的共轭矩阵为 $\overline{\boldsymbol{A}}=\left(\overline{a}_{ij}\right)_{n\times n}$，其中，$\overline{a}_{ij}$ 表示 a_{ij} 的共轭复数. 设 λ_0 是 A 的特征值，$\boldsymbol{\alpha}=\left(a_1,a_2,\cdots,a_n\right)^{\mathrm{T}}$ 为 λ_0 的特征向量，现在证明 $\lambda_0=\overline{\lambda}_0$.

对 $\boldsymbol{A\alpha}=\lambda_0\boldsymbol{\alpha}$ 两边取共轭复数，得 $\overline{\boldsymbol{A\alpha}}=\overline{\lambda_0\boldsymbol{\alpha}}$. 由于 $\boldsymbol{A}$ 是实对称的，因此 $\boldsymbol{A}^{\mathrm{T}}=\boldsymbol{A},\overline{\boldsymbol{A}}=\boldsymbol{A}$. 于是

$$\overline{\alpha}^{\mathrm{T}}\left(\boldsymbol{A}\alpha\right)=\overline{\alpha}^{\mathrm{T}}\boldsymbol{A}^{\mathrm{T}}\alpha=\left(\boldsymbol{A}\overline{\alpha}\right)^{\mathrm{T}}\alpha=\left(\overline{\boldsymbol{A}\alpha}\right)^{\mathrm{T}}\alpha\ ,$$

$$\overline{\boldsymbol{\alpha}}^{\mathrm{T}}(\boldsymbol{A\alpha})=\overline{\boldsymbol{\alpha}}^{\mathrm{T}}(\lambda_0\boldsymbol{\alpha})=\lambda_0(\overline{\boldsymbol{\alpha}}^{\mathrm{T}}\boldsymbol{\alpha}).$$

又因为

$$\left(\overline{\boldsymbol{A\alpha}}\right)^{\mathrm{T}}\boldsymbol{\alpha}=\left(\overline{\lambda_0\boldsymbol{\alpha}}\right)^{\mathrm{T}}\boldsymbol{\alpha}=\left(\overline{\lambda}_0\overline{\boldsymbol{\alpha}}^{\mathrm{T}}\right)\boldsymbol{\alpha}=\overline{\lambda}_0\left(\overline{\boldsymbol{\alpha}}^{\mathrm{T}}\boldsymbol{\alpha}\right),$$

从而

$$\lambda_0\left(\overline{\boldsymbol{\alpha}}^{\mathrm{T}}\boldsymbol{\alpha}\right)=\overline{\lambda}_0\left(\boldsymbol{\alpha}^{\mathrm{T}}\boldsymbol{\alpha}\right).$$

由于

$$\overline{\boldsymbol{\alpha}}^{\mathrm{T}}\boldsymbol{\alpha}=(\overline{a}_1,\overline{a}_2,\cdots,\overline{a}_n)\begin{pmatrix}a_1\\a_2\\\vdots\\a_n\end{pmatrix}=\overline{a}_1a_1+\overline{a}_2a_2+\cdots+\overline{a}_na_n=|a_1|^2+|a_2|^2+\cdots+|a_n|^2>0,$$

因此 $\lambda_0=\overline{\lambda}_0$，故 λ_0 是实数．证毕．

这个定理也说明了是对称矩阵 $\boldsymbol{A}$ 的特征值 λ 的特征向量 $\boldsymbol{\alpha}$ 可以取作实向量．这是因为 $\boldsymbol{\alpha}$ 是实齐次线性方程组 $(\lambda\boldsymbol{E}-\boldsymbol{A})\boldsymbol{X}=\boldsymbol{0}$ 的非零解，而实齐次线性方程组总可以把它的基础解系的解向量取为实向量．

定理 5.3.2 设 $\boldsymbol{A}$ 是实对称矩阵，则属于 $\boldsymbol{A}$ 的不同特征值的特征向量必然正交．

证明：设 λ,μ 是 $\boldsymbol{A}$ 的两个不同特征值，$\boldsymbol{\alpha},\boldsymbol{\beta}$ 是 λ,μ 对应的特征向量，则

$$\boldsymbol{A\alpha}=\lambda\boldsymbol{\alpha},\ \boldsymbol{A\beta}=\mu\boldsymbol{\beta},$$

把上面等式两边转置并右乘 $\boldsymbol{\beta}$，得

$$\boldsymbol{\alpha}^{\mathrm{T}}\boldsymbol{A}^{\mathrm{T}}\boldsymbol{\beta}=\lambda\boldsymbol{\alpha}^{\mathrm{T}}\boldsymbol{\beta},$$

由于 $\boldsymbol{A}=\boldsymbol{A}^{\mathrm{T}}, \boldsymbol{A}\boldsymbol{\beta}=\mu\boldsymbol{\beta}$，代入上式得

$$(\lambda-\mu)\boldsymbol{\alpha}^{\mathrm{T}}\boldsymbol{\beta}=0.$$

又因为 $\lambda \neq \mu$，所以 $\boldsymbol{\alpha}^{\mathrm{T}}\boldsymbol{\beta}=0$，因此 $\boldsymbol{\alpha}$ 与 $\boldsymbol{\beta}$ 正交. 证毕.

5.3.2.2　实对称矩阵的相似对角化

现在来讨论,实对称矩阵是否可以相似于一个对角型矩阵. 与此等价的问题是, n 阶实对称矩阵是否有 n 个线性无关的特征向量? 对此我们给出下面的定理.

定理 5.3.3　实对称矩阵 $\boldsymbol{A}$ 必正交相似于实对角矩阵 $\boldsymbol{\Lambda}$，即存在正交矩阵 $\boldsymbol{Q}$，使 $\boldsymbol{Q}^{-1}\boldsymbol{A}\boldsymbol{Q}=\boldsymbol{\Lambda}$ 为实对角矩阵.

证明: 对实对称矩阵 $\boldsymbol{A}$ 的阶数 n 做归纳.

当 $n=1$ 时, $\boldsymbol{A}$ 本身就是对角形矩阵,取正交矩阵 $\boldsymbol{Q}$ 为一阶单位矩阵 $\boldsymbol{E}$，有 $\boldsymbol{E}^{-1}\boldsymbol{A}\boldsymbol{E}=\boldsymbol{\Lambda}=\boldsymbol{A}$. 定理显然成立.

现设对 $n-1$ 阶实对称矩阵定理成立. 考虑 n 阶实对称矩阵 $\boldsymbol{A}$，设 λ 是 $\boldsymbol{A}$ 的一个实特征值,单位向量 $\boldsymbol{\alpha}$ 是 $\boldsymbol{A}$ 的属于特征值 λ 的实特征向量,即 $\boldsymbol{A}\boldsymbol{\alpha}=\lambda\boldsymbol{\alpha}$，且 $\|\boldsymbol{\alpha}\|=1$.

取规范正交基 $\boldsymbol{\alpha}=\boldsymbol{\alpha}_1,\boldsymbol{\alpha}_2,\cdots,\boldsymbol{\alpha}_n$，则 $\boldsymbol{Q}_1=(\boldsymbol{\alpha}_1,\boldsymbol{\alpha}_2,\cdots,\boldsymbol{\alpha}_n)$ 是正交矩阵,且 $2\leqslant i\leqslant n$, $\boldsymbol{A}\boldsymbol{\alpha}_i$ 仍是 n 维实向量,而 $n+1$ 个 n 维实向量 $\boldsymbol{A}\boldsymbol{\alpha}_i,\boldsymbol{\alpha}_1,\boldsymbol{\alpha}_2,\cdots,\boldsymbol{\alpha}_n$ 一定线性相关,因此 $\boldsymbol{A}\boldsymbol{\alpha}_i$ 是 $\boldsymbol{\alpha}_1,\boldsymbol{\alpha}_2,\cdots,\boldsymbol{\alpha}_n$ 的线性组合,即存在实数 $b_{1i},b_{2i},\cdots,b_{ni}$ 使 $\boldsymbol{A}\boldsymbol{\alpha}_i=b_{1i}\boldsymbol{\alpha}_1+b_{2i}\boldsymbol{\alpha}_2+\cdots+b_{ni}\boldsymbol{\alpha}_n$. 即

$$\boldsymbol{A}(\alpha_1,\alpha_2,\cdots,\alpha_n)=(\alpha_1,\alpha_2,\cdots,\alpha_n)\begin{pmatrix}\lambda & b_{12} & \cdots & b_{1n}\\ 0 & b_{22} & \cdots & b_{2n}\\ \vdots & \vdots & & \vdots\\ 0 & b_{n2} & \cdots & b_{nn}\end{pmatrix}.$$

于是

$$Q_1^{-1}AQ_1=\begin{pmatrix}\lambda & C\\ 0 & B\end{pmatrix} \tag{5-3-1}$$

其中，$C=(b_{12}b_{13}\cdots b_{1n})$ 是 $1\times(n-1)$ 实矩阵，$B=\begin{pmatrix}b_{22} & b_{23} & \cdots & b_{2n}\\ b_{32} & b_{33} & \cdots & b_{3n}\\ \vdots & \vdots & & \vdots\\ b_{n2} & b_{n3} & \cdots & b_{nn}\end{pmatrix}$ 是 $n-1$ 阶实矩阵．对式(5-3-1)两边取转置，有

$$\left(Q_1^{-1}AQ_1\right)^{\mathrm{T}}=\begin{pmatrix}\lambda & 0\\ C^{\mathrm{T}} & B^{\mathrm{T}}\end{pmatrix}.$$

由于 Q_1 是正交阵，于是 $Q_1^{-1}=Q_1^{\mathrm{T}}$，因此 $\left(Q_1^{-1}AQ_1\right)^{\mathrm{T}}=Q_1^{-1}AQ_1$．从而有

$$\begin{pmatrix}\lambda & 0\\ C^{\mathrm{T}} & B^{\mathrm{T}}\end{pmatrix}=\begin{pmatrix}\lambda & C\\ 0 & B\end{pmatrix},$$

由此可知，$C=0$，$B^{\mathrm{T}}=B$，即 B 是 $n-1$ 阶实对称矩阵．由归纳假设可知，存在 $n-1$ 阶正交阵 P，使 $P^{-1}BP=\mathrm{diag}(\lambda_2,\lambda_3,\cdots,\lambda_n)$ 为对角阵．令

$$Q_2=\begin{pmatrix}1 & 0\\ 0 & P\end{pmatrix},$$

则 Q_2 是 n 阶正交阵．再令 $Q=Q_1Q_2$，Q 仍是 n 阶正交矩阵，并且

$$\begin{aligned}\left(Q_1^{-1}AQ_1\right)^{\mathrm{T}}=Q^{-1}AQ&=Q_2^{-1}Q_1^{-1}AQ_1Q_2\\ &=\begin{pmatrix}1 & 0\\ 0 & P^{-1}\end{pmatrix}\begin{pmatrix}\lambda & 0\\ 0 & B\end{pmatrix}\begin{pmatrix}1 & 0\\ 0 & P\end{pmatrix}\\ &=\begin{pmatrix}\lambda & 0\\ 0 & P^{-1}BP\end{pmatrix}=\begin{pmatrix}\lambda & 0 & \cdots & 0\\ 0 & \lambda_2 & \cdots & 0\\ \vdots & \vdots & & \vdots\\ 0 & 0 & \cdots & \lambda_n\end{pmatrix}\end{aligned}$$

为 n 阶是对角阵. 证毕.

定理的证明采用了数学归纳法,它保证了实对称矩阵必与实对角阵正交相似. 但是,我们不知道具体的求出正交阵的方法. 事实上,实对称矩阵的对角化问题就是求正交矩阵 $\boldsymbol{Q}$ 的问题,而 $\boldsymbol{Q}$ 的计算通常有以下步骤:

(1)求出 $\boldsymbol{A}$ 的全部互不相同的特征值 $\lambda_1,\lambda_2,\cdots,\lambda_s$,它们的重数依次为 $r_1,r_2,\cdots,r_s(r_1+r_2+\cdots+r_s=n)$.

(2)对每个 r_i 重特征值 λ_i,求齐次线性方程组 $(\lambda_i\boldsymbol{E}-\boldsymbol{A})\boldsymbol{X}=0$ 的基础解系,得 r_i 个线性无关的特征向量,再把它们正交化、单位化(即标准正交化)的 r_i 个两两正交的单位特征向量,由于 $r_1+r_2+\cdots+r_s=n$,因此总共可得 n 个两两正交的单位特征向量.

(3)把这 n 个两两正交的单位特征向量构成正交矩阵 $\boldsymbol{Q}$,于是 $\boldsymbol{Q}^{-1}\boldsymbol{A}\boldsymbol{Q}=\boldsymbol{\Lambda}$. 注意,$\boldsymbol{\Lambda}$ 中对角元素的排列次序应与 $\boldsymbol{Q}$ 中列向量的排列次序相对应.

5.3.3　可对角化的判定及其反问题

n 阶矩阵 $\boldsymbol{A}$ 可对角化的充分必要条件是存在 n 个线性无关的特征向量,但在具体判定一个矩阵是否可对角化时不一定非要将所有的特征向量都求出来再做判断. 上述结论也可等价表述为:n 阶矩阵 $\boldsymbol{A}$ 可对角化的充分必要条件是对 $\boldsymbol{A}$ 的任一特征值 λ_i, $i=1,2,\cdots,n$(假设为 k_i 重根),都有属于 λ_i 的线性无关特征向量的个数等于其重数,即 $n-r(\lambda_i\boldsymbol{E}-\boldsymbol{A})=k_i$,或 $r(\lambda_i\boldsymbol{E}-\boldsymbol{A})=n-k_i$,从而将是否可对角化的问题完全转化为特征矩阵 $\lambda_i\boldsymbol{E}-\boldsymbol{A}$ 的秩的问题.

例 5.3.3　已知 $\lambda=0$ 是 $\boldsymbol{A}=\begin{pmatrix}3 & 2 & -2\\ -k & 1 & k\\ 4 & k & -3\end{pmatrix}$ 的特征值,判断 $\boldsymbol{A}$ 能否对角化,并说明理由.

解: 由于 $\lambda=0$ 是特征值,所以

$$|\boldsymbol{A}|=\begin{vmatrix}3&2&-2\\-k&1&k\\4&k&-3\end{vmatrix}=-(k-1)^2=0,$$

可得 $k=1$.

由特征多项式

$$|\lambda\boldsymbol{E}-\boldsymbol{A}|=\begin{vmatrix}\lambda-3&-2&2\\1&\lambda-1&-1\\-4&-1&\lambda+3\end{vmatrix}=\lambda^2(\lambda-1)$$

可得, $\lambda=0$ 是 $\boldsymbol{A}$ 的二重特征值,

由于 $r(0\boldsymbol{E}-\boldsymbol{A})=r(\boldsymbol{A})=r\begin{pmatrix}3&2&-2\\-1&1&1\\4&1&-3\end{pmatrix}=2\neq n-n_i=3-2=1$, 所以 $\boldsymbol{A}$ 不能对角化.

5.4 实对称矩阵的相似标准形

5.4.1 $\lambda-$矩阵与标准形

5.4.1.1 $\lambda-$矩阵

定义 5.4.1 设 $a_{ij}(\lambda)(i=1,2,\cdots,m;\ j=1,2,\cdots,n)$ 是数域 F 上的多项式, 以 $a_{ij}(\lambda)$ 为元素的 $m\times n$ 矩阵

$$A(\lambda)=\begin{pmatrix} a_{11}(\lambda) & a_{12}(\lambda) & \cdots & a_{1n}(\lambda) \\ a_{21}(\lambda) & a_{22}(\lambda) & \cdots & a_{2n}(\lambda) \\ \vdots & \vdots & & \vdots \\ a_{m1}(\lambda) & a_{m2}(\lambda) & \cdots & a_{mn}(\lambda) \end{pmatrix}$$

称为**多项式矩阵**或**λ－矩阵**．多项式$a_{ij}(\lambda)(i=1,2,\cdots,m;j=1,2,\cdots,n)$中的最高次数称为$A(\lambda)$的次数．

定义 5.4.2　如果λ－矩阵中有一个$r(r\geqslant 1)$阶子式不为零，而所有$r+1$阶子式（如果有的话）全为零，则称$A(\lambda)$的秩为r，记为$rA(\lambda)=r$．

定义 5.4.3　一个n阶λ－矩阵可逆，若存在一个n阶λ－矩阵$B(\lambda)$，满足

$$A(\lambda)B(\lambda)=B(\lambda)A(\lambda)=E,$$

则称$B(\lambda)$为$A(\lambda)$的逆矩阵，记为$A^{-1}(\lambda)$．其中，E是n阶单位矩阵．

一个n阶λ－矩阵$A(\lambda)$可逆的充分必要条件是$\det A(\lambda)$是一个非零常数．

定义 5.4.4　下列三种变换称为λ－矩阵的初等变换．

（1）λ－矩阵的任意两行（列）互换位置．

（2）λ－矩阵的某一行（列）乘以非零常数k．

（3）λ－矩阵的某一行（列）的$\varphi(\lambda)$倍加到另一行（列），其中，$\varphi(\lambda)$是λ的多项式．

定义 5.4.5　如果$A(\lambda)$经过有限次的初等变换后变成$B(\lambda)$，则称$A(\lambda)$与$B(\lambda)$等价，记为$A(\lambda)\simeq B(\lambda)$．

$A(\lambda)$与$B(\lambda)$等价的充分必要条件是存在两个可逆矩阵$P(\lambda)$与$Q(\lambda)$，使得$B(\lambda)=P(\lambda)A(\lambda)Q(\lambda)$．

性质 5.4.1　λ－矩阵的这一等价定义满足下列性质：

（1）**反身性**：$A(\lambda)\simeq B(\lambda)$．

（2）**对称性**：若$A(\lambda)\simeq B(\lambda)$，则$B(\lambda)\simeq A(\lambda)$．

（3）**传递性**：若$A(\lambda)\simeq B(\lambda)$，$B(\lambda)\simeq C(\lambda)$，则$A(\lambda)\simeq C(\lambda)$．

5.4.1.2 Smith标准形

定义 5.4.6 设 $\boldsymbol{A}(\lambda)=(a_{ij}(\lambda))_{m\times n}$，且 $r(\boldsymbol{A}(\lambda))=r>0$，则

$$\boldsymbol{A}(\lambda)\sim\boldsymbol{J}(\lambda)=\begin{pmatrix} d_1(\lambda) & & & & & & \\ & d_2(\lambda) & & & & & \\ & & \ddots & & & & \\ & & & d_r(\lambda) & & & \\ & & & & 0 & & \\ & & & & & \ddots & \\ & & & & & & 0 \end{pmatrix}_{m\times n},$$

其中，$d_i(\lambda)(i=1,2,\cdots,r)$ 为任意多项式，且 $d_i(\lambda)|d_{i+1}(\lambda)\ (i=1,2,\cdots,r-1)$. 称 $\boldsymbol{J}(\lambda)$ 为 $\boldsymbol{A}(\lambda)$ 的 Smith 标准形.

例 5.4.1 用初等变换将 $\lambda-$矩阵

$$\boldsymbol{A}(\lambda)=\begin{pmatrix} \lambda-a & -1 & 0 & 0 \\ 0 & \lambda-a & -1 & 0 \\ 0 & 0 & \lambda-a & -1 \\ 0 & 0 & 0 & \lambda-a \end{pmatrix}$$

化为标准形.

解：

$$\boldsymbol{A}(\lambda)\xrightarrow{c_1\leftrightarrow c_2}\begin{pmatrix} -1 & \lambda-a & 0 & 0 \\ \lambda-a & 0 & -1 & 0 \\ 0 & 0 & \lambda-a & -1 \\ 0 & 0 & 0 & \lambda-a \end{pmatrix}$$

$$\xrightarrow{r_2+(\lambda-a)r_1}\begin{pmatrix} -1 & \lambda-a & 0 & 0 \\ 0 & (\lambda-a)^2 & -1 & 0 \\ 0 & 0 & \lambda-a & -1 \\ 0 & 0 & 0 & \lambda-a \end{pmatrix}$$

$$\xrightarrow[c_2-(\lambda-a)c_1]{(-1)r_1}\begin{pmatrix}1&0&0&0\\0&(\lambda-a)^2&-1&0\\0&0&\lambda-a&-1\\0&0&0&\lambda-a\end{pmatrix}$$

$$\xrightarrow[c_2\leftrightarrow c_3]{}\begin{pmatrix}1&0&0&0\\0&-1&(\lambda-a)^2&0\\0&\lambda-a&0&-1\\0&0&0&\lambda-a\end{pmatrix}$$

$$\xrightarrow{r_2+(\lambda-a)r_2}\begin{pmatrix}1&0&0&0\\0&-1&(\lambda-a)^2&0\\0&0&(\lambda-a)^3&-1\\0&0&0&\lambda-a\end{pmatrix}$$

$$\xrightarrow[c_3+(\lambda-a)^2c_2]{(-1)r_2}\begin{pmatrix}1&0&0&0\\0&1&0&0\\0&0&(\lambda-a)^3&-1\\0&0&0&\lambda-a\end{pmatrix}$$

$$\xrightarrow[c_3\leftrightarrow c_4]{}\begin{pmatrix}1&0&0&0\\0&1&0&0\\0&0&-1&(\lambda-a)^3\\0&0&\lambda-a&0\end{pmatrix}$$

$$\xrightarrow{r_4+(\lambda-a)r_3}\begin{pmatrix}1&0&0&0\\0&1&0&0\\0&0&-1&(\lambda-a)^3\\0&0&0&(\lambda-a)^4\end{pmatrix}$$

$$\xrightarrow[c_4+(\lambda-a)^3c_3]{(-1)r_3}\begin{pmatrix}1&&&\\&1&&\\&&1&\\&&&(\lambda-a)^4\end{pmatrix},$$

从而可知,

$$\begin{pmatrix} \lambda-a & -1 & & \\ & \lambda-a & \ddots & \\ & & \ddots & -1 \\ & & & \lambda-a \end{pmatrix}_{m\times m} \simeq \begin{pmatrix} 1 & & & \\ & \ddots & & \\ & & 1 & \\ & & & (\lambda-a)^m \end{pmatrix}_{m\times m}.$$

5.4.2 行列式因子与不变因子

5.4.2.1 行列式因子

定义 5.4.7 $\lambda-$矩阵 $\boldsymbol{A}(\lambda)$ 的所有 k 阶子式的首一(最高次项系数为 1)最大公因式为 $\boldsymbol{A}(\lambda)$ 的 k **阶行列式因子**,记为 $D_k(\lambda)(k=1,2,\cdots,n)$.

$\lambda-$矩阵 $\boldsymbol{A}(\lambda)$ 的行列式因子的几个结论:

(1)等价矩阵有相同的各阶行列式因子,从而有相同的秩.

(2)$\lambda-$矩阵 $\boldsymbol{A}(\lambda)$ 的 Smith 标准形时唯一的.

5.4.2.2 不变因子

定义 5.4.8 标准形的主对角线上非零元素 $d_1(\lambda),d_2(\lambda),\cdots,d_r(\lambda)$ 称为 $\lambda-$矩阵 $\boldsymbol{A}(\lambda)$ 的**不变因子**.

$\lambda-$矩阵 $\boldsymbol{A}(\lambda)$ 的不变因子的几个结论.

(1)$\lambda-$矩阵 $\boldsymbol{A}(\lambda)$ 与 $\boldsymbol{B}(\lambda)$ 等价的充分必要条件是它们有相同的行列式因子,或者它们有相同的不变因子.

(2)$\lambda-$矩阵 $\boldsymbol{A}(\lambda)$ 可逆的充分必要条件是 $\boldsymbol{A}(\lambda)$ 与单位矩阵等价.

(3)$\lambda-$矩阵 $\boldsymbol{A}(\lambda)$ 可逆的充分必要条件是 $\boldsymbol{A}(\lambda)$ 可表示为一系列初等矩阵的乘积.

例 5.4.2 已知 $\boldsymbol{A}(\lambda)=\begin{pmatrix}\lambda(\lambda+1) & & \\ & \lambda & \\ & & (\lambda+1)^2\end{pmatrix}$，求 $\boldsymbol{A}(\lambda)$ 的 Smith 标准形及不变因子.

解：方法 1：初等变换

$$\boldsymbol{A}(\lambda)=\begin{pmatrix}\lambda(\lambda+1) & & \\ & \lambda & \\ & & (\lambda+1)^2\end{pmatrix}\xrightarrow{c_3+c_2}\begin{pmatrix}\lambda(\lambda+1) & & \\ & \lambda & \lambda \\ & & (\lambda+1)^2\end{pmatrix}$$

$$\xrightarrow{r_3-(\lambda+2)r_2}\begin{pmatrix}\lambda(\lambda+1) & & \\ & \lambda & \lambda \\ & -\lambda(\lambda+2) & 1\end{pmatrix}$$

$$\xrightarrow{c_2+\lambda(\lambda+2)c_3}\begin{pmatrix}\lambda(\lambda+1) & & \\ & \lambda(\lambda+1)^2 & \lambda \\ & 0 & 1\end{pmatrix}$$

$$\xrightarrow{r_2-\lambda r_3}\begin{pmatrix}\lambda(\lambda+1) & & \\ & \lambda(\lambda+1)^2 & \\ & & 1\end{pmatrix}$$

$$\xrightarrow[\substack{c_1\leftrightarrow c_3\\ c_2\leftrightarrow c_3}]{\substack{r_1\leftrightarrow r_3\\ r_2\leftrightarrow r_3}}\begin{pmatrix}1 & & \\ & \lambda(\lambda+1) & \\ & & \lambda(\lambda+1)^2\end{pmatrix}.$$

由此可知，矩阵 $\boldsymbol{A}(\lambda)$ 的不变因子为 $d_1(\lambda)=1, d_2(\lambda)=\lambda(\lambda+1), d_3(\lambda)=\lambda(\lambda+1)^2$.

方法 2：用定义计算

根据最大公因式原理，可算得行列式因子为

$$D_1(\lambda)=1, D_2(\lambda)=\lambda(\lambda+1), D_3(\lambda)=\lambda^2(\lambda+1)^3,$$

从而不变因子为

$$d_1(\lambda)=1, d_2(\lambda)=\frac{D_2(\lambda)}{D_1(\lambda)}=\lambda(\lambda+1), d_3(\lambda)=\frac{D_3(\lambda)}{D_3(\lambda)}=\lambda(\lambda+1)^2.$$

于是 $\boldsymbol{A}(\lambda)$ 的标准形为

$$\begin{pmatrix} 1 & & \\ & \lambda(\lambda+1) & \\ & & \lambda(\lambda+1)^2 \end{pmatrix}.$$

5.4.3 矩阵相似的条件与初等因子

5.4.3.1 矩阵相似的条件

定理 5.4.1 设 $\boldsymbol{A}$、$\boldsymbol{B}$ 是数域 P 上两个 $n\times n$ 矩阵，$\boldsymbol{A}$ 与 $\boldsymbol{B}$ 相似的充分必要条件是它们的特征矩阵 $(\lambda\boldsymbol{E}-\boldsymbol{A})$ 与 $(\lambda\boldsymbol{E}-\boldsymbol{B})$ 等价.

由此可得两个重要的推论：

（1）矩阵 $\boldsymbol{A}$ 与 $\boldsymbol{B}$ 相似的充分必要条件是它们有相同的不变因子.

（2）矩阵 $\boldsymbol{A}$ 与 $\boldsymbol{B}$ 相似的充分必要条件是它们有相同的行列式因子.

5.4.3.2 初等因子

定义 5.4.9 把矩阵 $\boldsymbol{A}$（或线性变换 $\boldsymbol{\sigma}$）的每个次数大于零的不变因子分解成互不相同的一次因式方幂的乘积，所有这些一次因式方幂（相同的必须按出现的次数计算）称为矩阵 $\boldsymbol{A}$（或线性变换 $\boldsymbol{\sigma}$）的**初等因子**.

例 5.4.3　求λ－矩阵

$$A(\lambda)=\begin{pmatrix} \lambda^2+\lambda & 0 & 0 & 0 \\ 0 & \lambda & 0 & 0 \\ 0 & 0 & (\lambda+1)^2 & \lambda+1 \\ 0 & 0 & -2 & \lambda-2 \end{pmatrix}$$

的初等因子、不变因子和标准形.

解: 令 $A_1(\lambda)=\lambda^2+\lambda, A_2(\lambda)=\lambda, A_3(\lambda)=\begin{pmatrix} (\lambda+1)^2 & \lambda+1 \\ -2 & \lambda-2 \end{pmatrix}$,则

$$A(\lambda)=\begin{pmatrix} A_1(\lambda) & 0 & 0 \\ 0 & A_2(\lambda) & 0 \\ 0 & 0 & A_3(\lambda) \end{pmatrix}.$$

对于 $A_3(\lambda)$, 其初等因子为 $\lambda,\lambda-1,\lambda+1$, 因此 $A(\lambda)$ 的初等因子为 $\lambda,\lambda,\lambda,\lambda-1,\lambda+1,\lambda+1$, 显然, $A(\lambda)$ 的秩为 4, 因此 $A(\lambda)$ 的不变因子为

$$d_4(\lambda)=\lambda(\lambda-1)(\lambda+1), d_3(\lambda)=\lambda(\lambda+1), d_2(\lambda)=\lambda, d_1(\lambda)=1,$$

从而求得 $A(\lambda)$ 的 Smith 标准形为

$$A(\lambda)=\begin{pmatrix} 1 & 0 & 0 & 0 \\ 0 & \lambda & 0 & 0 \\ 0 & 0 & \lambda(\lambda+1) & 0 \\ 0 & 0 & 0 & \lambda(\lambda-1)(\lambda+1) \end{pmatrix}.$$

5.4.4 Jordon标准形

5.4.4.1 有理标准形

定义 5.4.10 设 $f(\lambda)\in P[\lambda]$, $f(\lambda)=\lambda^n+a_1\lambda^{n-1}+\cdots+a_{n-1}\lambda+a_n (n\geqslant 1)$，则称 n 阶方阵

$$N_0=\begin{pmatrix} 0 & 0 & \cdots & 0 & -a_n \\ 1 & 0 & \cdots & 0 & -a_{n-1} \\ 0 & 1 & \cdots & 0 & -a_{n-2} \\ \vdots & \vdots & & \vdots & \vdots \\ 0 & 0 & \cdots & 1 & -a_1 \end{pmatrix}$$

为 $f(\lambda)$ 的**伴侣阵**或 **Frobenius 块**.

定义 5.4.11 设 n 阶方阵 A 的不变因子为

$$1,1,\cdots,1,d_{k+1}(\lambda),d_{k+2}(\lambda),\cdots,d_n(\lambda)\text{，}$$

其中，$d_{k+i}(\lambda)$ 的次数大于等于 1，且 $N_1,N_2,\cdots,N_{n-k}$ 分别是 $d_{k+1}(\lambda),d_{k+2}(\lambda),\cdots,d_{k+i}(\lambda)$ 的伴侣阵，称分块对角矩阵

$$F=\begin{pmatrix} N_1 & & & \\ & N_2 & & \\ & & \ddots & \\ & & & N_{n-k} \end{pmatrix}$$

为 A 的**有理标准形**或 **Frobenius 标准形**.

数域 F 上 λ 的多项式 $f(\lambda)=\lambda^n+a_1\lambda^{n-1}+\cdots+a_{n-1}\lambda+a_n$ 的伴侣阵的不变因子为 $1,1,\cdots,1,f(\lambda)=|\lambda E-N_0|$.

5.4.4.2　Jordan标准形

定义 5.4.12　形如

$$J_i=\begin{pmatrix}\lambda_i & 1 & & & \\ & \lambda_i & 1 & & \\ & & \ddots & \ddots & \\ & & & \lambda_i & 1 \\ & & & & \lambda_i\end{pmatrix}_{n_i\times n_i}$$

的方阵称为 n_i 阶 **Jordan 块**，其中，λ_i 可以是实数，也可以是复数.

定义 5.4.13　称由若干个 Jordan 块组成的分块对角阵

$$J=\begin{pmatrix}J_1 & & & \\ & J_2 & & \\ & & \ddots & \\ & & & J_t\end{pmatrix}$$

为 **Jordan 标准形**. 其中，$J_i\left(i=1,2,\cdots,t\right)$ 为 n_i 阶 Jordan 块.

对角阵

$$\Lambda=\begin{pmatrix}\lambda_1 & & & \\ & \lambda_2 & & \\ & & \ddots & \\ & & & \lambda_n\end{pmatrix}$$

也是 Jordan 标准形，其中，每个 Jordan 块都是一阶的.

5.4.4.3　Jordon标准形的性质

性质 5.4.2　每个 n 阶复数矩阵 A 都与一个 Jordan 形矩阵 J 相似，即 $P^{-1}AP=J$. 除去 Jordan 块的排列次序外，Jordan 形矩阵 J 是被矩阵 A 唯一决定的.

性质 5.4.3 设 τ 是复数域上 n 维线性空间 V 的线性变换，在 V 中必定存在一组基，使 σ 在这组基下的矩阵是 Jordan 形的，并且这个 Jordan 形矩阵除去其中 Jordan 块的排列次序外是被 σ 唯一决定的.

性质 5.4.4 复数矩阵 A 与对角矩阵相似的充分必要条件是 A 的不变因子都没有重根.

性质 5.4.5 每一个 Jordan 块 J_i 对应着属于 λ_i 的一个特征向量.

性质 5.4.6 对于给定特征值 λ_i，其对应 Jordan 块个数等于 λ_i 的几何重复度.

性质 5.4.7 对于给定特征值 λ_i 所对应全体 Jordan 块的阶数之和等于 λ_i 的代数重复度.

例 5.4.4 已知矩阵

$$\boldsymbol{A}=\begin{pmatrix}17 & 0 & -25\\ 0 & 1 & 0\\ 9 & 0 & -13\end{pmatrix},$$

求它的 Jordan 标准形及变换矩阵 $\boldsymbol{P}$.

解：由题可知

$$\lambda\boldsymbol{E}-\boldsymbol{A}\simeq\begin{pmatrix}1 & & \\ & 1 & \\ & & (\lambda-1)(\lambda-2)^2\end{pmatrix},$$

求得

$$\boldsymbol{A}\simeq\begin{pmatrix}1 & & \\ & 2 & 1\\ & & 1\end{pmatrix},$$

于是

$$\boldsymbol{P}^{-1}\boldsymbol{A}\boldsymbol{P}=\boldsymbol{J}=\begin{pmatrix}1 & 0 & 0\\ 0 & 2 & 1\\ 0 & 0 & 2\end{pmatrix}.$$

令 $\boldsymbol{P}=\left(\boldsymbol{X}_1,\boldsymbol{X}_2,\boldsymbol{X}_3\right)$，则由 $\boldsymbol{AP}=\boldsymbol{PJ}$ 可知，

$$\boldsymbol{A}\left(\boldsymbol{X}_1,\boldsymbol{X}_2,\boldsymbol{X}_3\right)=\left(\boldsymbol{X}_1,\boldsymbol{X}_2,\boldsymbol{X}_3\right)\begin{pmatrix}1&0&0\\0&2&1\\0&0&2\end{pmatrix}.$$

比较上式两端得

$$\boldsymbol{AX}_1=\boldsymbol{X}_1,\boldsymbol{AX}_2=2\boldsymbol{X}_2,\boldsymbol{AX}_3=\boldsymbol{X}_2+2\boldsymbol{X}_3,$$

联立为方程组，即

$$\begin{cases}\left(\boldsymbol{E}-\boldsymbol{A}\right)\boldsymbol{X}_1=0,\\\left(2\boldsymbol{E}-\boldsymbol{A}\right)\boldsymbol{X}_2=0,\\\left(2\boldsymbol{E}-\boldsymbol{A}\right)\boldsymbol{X}_3=-\boldsymbol{X}_2,\end{cases}$$

从而求得基础解系为

$$\boldsymbol{X}_1=\left(0,1,0\right)^{\mathrm{T}},\boldsymbol{X}_2=\left(5,0,3\right)^{\mathrm{T}},\boldsymbol{X}_3=\left(2,0,1\right)^{\mathrm{T}},$$

因此，

$$\boldsymbol{P}=\left(\boldsymbol{X}_1,\boldsymbol{X}_2,\boldsymbol{X}_3\right)\begin{pmatrix}0&5&2\\1&0&0\\0&3&1\end{pmatrix}.$$

5.4.4.4　求Jordon标准形

求矩阵的 Jordon 标准形常采用如下两种方法.

方法 1：

（1）求出 n 阶方阵 $\boldsymbol{A}$ 的全部初等因子

$$(\lambda-\lambda_i)^{n_i}\,(i=1,2,\cdots,s;n_1+n_2+\cdots+n_s=n).$$

初等因子的求解有以下三种方法.

①通过化 $\lambda\boldsymbol{E}-\boldsymbol{A}$ 为 Smith 标准形求出不变因子,再求初等因子.

②通过求 $\lambda\boldsymbol{E}-\boldsymbol{A}$ 的行列式因子,再求不变因子,进而求初等因子.

③通过化 $\lambda\boldsymbol{E}-\boldsymbol{A}$ 为对角形式,然后求初等因子.

(2)根据初等因子 $(\lambda-\lambda_i)^{n_i}$,写出 n_i 阶 Jordon 块,即

$$\boldsymbol{J}_i=\begin{pmatrix}\lambda_1 & 1 & & \\ & \lambda_2 & \ddots & \\ & & \ddots & 1 \\ & & & \lambda_i\end{pmatrix}_{n_i\times n_i},$$

其中, $i=1,2,\cdots,s$; $n_1+n_2+\cdots+n_s=n$. 从而 $\boldsymbol{A}$ 的 Jordon 标准形为

$$\boldsymbol{J}=\begin{pmatrix}J_1 & & & \\ & J_2 & & \\ & & \ddots & \\ & & & J_s\end{pmatrix}.$$

方法 2:

这里主要介绍波尔曼法求 Jordan 标准形,其具体步骤为:

(1)求 n 阶方阵 $\boldsymbol{A}$ 的所有相异特征值 $\lambda_i\left(i=1,2,\cdots,t;t\leqslant n\right)$.

(2)对每一个相异的特征值 λ_i 以及每一个 $j\left(j=1,2,\cdots,n+1\right)$,分别求出矩阵 $\left(\lambda_i\boldsymbol{E}-\boldsymbol{A}\right)^j$ 的秩,即

$$r_j\left(\lambda_i\right)=\operatorname{rank}\left(\lambda_i\boldsymbol{E}-\boldsymbol{A}\right)^j.$$

其中, $i=1,2,\cdots,t$; $j=1,2,\cdots,n+1$. 特别地,若对某个 j_0 都有, $r_{j_0}\left(\lambda_i\right)=r_{j_0+1}\left(\lambda_i\right)$,则对于所有的 $j\geqslant j_0$,都有

$$r_j\left(\lambda_i\right)=r_{j_0}\left(\lambda_i\right)\quad\left(j=j_0+1,\cdots,n+1\right).$$

（3）对每一个 $r_j\left(i=1,2,\cdots,t\right)$，分别求出

$$\begin{cases} b_1\left(\lambda_i\right)_i = n-2r_1\left(\lambda_i\right)+r_2\left(\lambda_i\right), \\ b_j\left(\lambda_i\right)=r_{j+1}\left(\lambda_i\right)-2r_j\left(\lambda_i\right)-r_{j-1}\left(\lambda_i\right). \end{cases} \quad (j\geqslant 2)$$

（4）写出 $\boldsymbol{A}$ 的一个 Jordan 标准形 $\boldsymbol{J}$，它由 $\boldsymbol{A}$ 的每一个特征值 λ_i 所对应的 $b_j\left(\lambda_i\right)$ 各关于 $\lambda=\lambda_i$ 的 j 阶 Jordan 块按照某一确定的次序产生的直和所构成.

例 5.4.5　求三阶矩阵

$$\boldsymbol{A}=\begin{pmatrix} -1 & 1 & 0 \\ -4 & 3 & 0 \\ 1 & 0 & 2 \end{pmatrix}$$

的 Jordan 标准形.

解：本题利用波尔曼法求 Jordan 标准形.

由于矩阵 $\boldsymbol{A}$ 是三阶的，因此 $n=3$. 则由题可知

$$\left|\lambda \boldsymbol{E}-\boldsymbol{A}\right|=\begin{vmatrix} \lambda+1 & -1 & 0 \\ 4 & \lambda-3 & 0 \\ -1 & 0 & \lambda-2 \end{vmatrix}=\left(\lambda-2\right)\left(\lambda-1\right)^2=0 ,$$

解得 $\lambda_1=2, \lambda_2=\lambda_3=1$. 显然，当 $\lambda_1=2$ 时，矩阵 $\boldsymbol{A}$ 只有一个一阶的 Jordan 块.

当 $\lambda_2=1$ 时，可知

$$\begin{aligned} r_1\left(1\right)&=\operatorname{rank}\left(\boldsymbol{E}-\boldsymbol{A}\right)=2, \\ r_2\left(1\right)&=\operatorname{rank}\left(\boldsymbol{E}-\boldsymbol{A}\right)^2=1, \\ r_3\left(1\right)&=\operatorname{rank}\left(\boldsymbol{E}-\boldsymbol{A}\right)^3=1, \end{aligned}$$

因此，Jordan 块的个数与阶数为

$$\begin{aligned} b_1\left(1\right)&=n-2r_1\left(1\right)+r_2\left(1\right)=0, \\ b_2\left(1\right)&=r_3\left(1\right)-2r_2\left(1\right)+r_1\left(1\right)=1, \end{aligned}$$

从而可知 $\boldsymbol{A}$ 的 Jordan 标准形 $\boldsymbol{J}$,它由关于 $\lambda_1=2$ 的一个一阶 Jordan 块和关于 $\lambda_2=\lambda_3=1$ 的一个二阶的 Jordan 块的直和构成,即

$$\boldsymbol{J}=\begin{pmatrix}2&0&0\\0&1&1\\0&0&1\end{pmatrix}.$$

5.4.5 最小多项式

5.4.5.1 定义

定义 5.4.14 设 $\boldsymbol{A}$ 为数域 F 上的 n 阶方阵,如果数域 F 上的多项式 $f(x)$ 使得 $f(\boldsymbol{A})=0$,则以 $\boldsymbol{A}$ 为根或 $f(x)$ 为 $\boldsymbol{A}$ 的零化多项式. 在以 $\boldsymbol{A}$ 为根的多项式中,次数最低且首项系数为 1 的多项式称为 $\boldsymbol{A}$ 的最小多项式,记为 $m_{\boldsymbol{A}}(\lambda)$.

5.4.5.2 Hamilton –Cayley定理

定理 5.4.2 设 $\boldsymbol{A}\in\boldsymbol{C}^{n\times n}$,其特征多项式为

$$f(\lambda)=|\lambda\boldsymbol{E}-\boldsymbol{A}|=\lambda^n+a_{n-1}\lambda^{n-1}+\cdots+a_1\lambda+a_0,$$

则

$$f(\boldsymbol{A})=\boldsymbol{A}^n+a_{n-1}\boldsymbol{A}^{n-1}+\cdots+a_1\boldsymbol{A}+a_0\boldsymbol{A}=0,$$

即 $\boldsymbol{A}$ 是它的特征多项式的根,或 $\boldsymbol{A}$ 的特征多项式是它的零化多项式.

5.4.5.3 最小多项式的性质

性质 5.4.8 设 $\boldsymbol{A}$ 是数域 F 上的 n 阶方阵，$m_A(\lambda)$ 是 $\boldsymbol{A}$ 的最小多项式，那么

（1）最小多项式是唯一的.

（2）若 $\boldsymbol{A}$ 与 $\boldsymbol{B}$ 相似，则 $m_A(\lambda)=m_B(\lambda)$.

（3）方阵 $\boldsymbol{A}$ 的最小多项式可整除 $\boldsymbol{A}$ 的任一零化多项式.

（4）矩阵 $\boldsymbol{A}$ 的特征值是 $\boldsymbol{A}$ 的最小多项式的零点（不计重数）.

（5）$m_A(\lambda)=\dfrac{|\lambda \boldsymbol{E}-\boldsymbol{A}|}{D_{n-1}(\lambda)}=d_n(\lambda)$，其中，$D_{n-1}(\lambda)$ 是 $\boldsymbol{A}$ 的第 $n-1$ 个行列式因子，$d_n(\lambda)$ 是 $\boldsymbol{A}$ 的第 n 个不变因子.

（6）n_i 阶 Jordon 块 $\boldsymbol{J}_i=\begin{pmatrix}\lambda_i & 1 & & \\ & \lambda_i & \ddots & \\ & & \ddots & 1 \\ & & & \lambda_i\end{pmatrix}_{n_i\times n_i}$ 的最小多项式为 $(x-\lambda_i)^{n_i}$.

（7）若 $\boldsymbol{A}=\begin{pmatrix}B & O\\ O & C\end{pmatrix}$，其中，$B,C$ 都是方程，则 $\boldsymbol{A}$ 的最小多项式 $m_A(\lambda)$ 是 B 的最小多项式 $m_B(\lambda)$ 与 C 的最小多项式 $m_C(\lambda)$ 的最小公倍式.

（8）设 $\lambda_1,\lambda_2,\cdots,\lambda_t$ 是 $\boldsymbol{A}$ 的全部互异特征值，则

$$m_A(\lambda)=(\lambda-\lambda_1)^{r_1}(\lambda-\lambda_2)^{r_2}\cdots(\lambda-\lambda_t)^{r_t}.$$

其中，r_t 是 $\boldsymbol{A}$ 的 Jordon 标准形中以 λ_i 为对角元的 Jordon 块的最高阶数.

例 5.4.6 已知矩阵

$$\boldsymbol{A}=\begin{pmatrix}1 & 0 & 2\\ 0 & -1 & 1\\ 0 & 1 & 0\end{pmatrix},$$

求 $f(\boldsymbol{A})=2\boldsymbol{A}^8-3\boldsymbol{A}^5+\boldsymbol{A}^4+\boldsymbol{A}^2-4\boldsymbol{E}$.

解：由题可知，$\boldsymbol{A}$ 的多项式为

$$\varphi(\lambda)=|\lambda\boldsymbol{E}-\boldsymbol{A}|=\lambda^3-2\lambda+1,$$

取多项式

$$\varphi(\lambda)=2\lambda^8-3\lambda^5+\lambda^4+\lambda^2-4.$$

再用 $f(\lambda)$ 去除 $\varphi(\lambda)$，则有

$$\varphi(\lambda)=(2\lambda^5+4\lambda^3-5\lambda^2+9\lambda-14)f(\lambda)+r(\lambda),$$

其中，余式 $r(\lambda)=24\lambda^2-37\lambda+10$. 因此，由 Hamilton–Cayley 定理可计算得

$$\varphi(\lambda)=r(\lambda)=24\boldsymbol{A}^2-37\boldsymbol{A}+10\boldsymbol{E}=\begin{pmatrix}-3&48&26\\0&95&-61\\0&-61&34\end{pmatrix}.$$

5.5 特征值与特征向量的应用实例

通过讨论特征值与特征向量，将一个一般矩阵的分析问题转化为对其相似标准形进行分析，从而可达到简化计算的目的，特征值和特征向量主要在以下三个方面有典型应用.

（1）计算行列式.

设 $\boldsymbol{A}$ 的 n 个特征值为 $\lambda_1,\lambda_2,\cdots,\lambda_n$，则 $|\boldsymbol{A}|=\lambda_1\lambda_2\lambda_3\cdots\lambda_n$，一般有

$$|f(\boldsymbol{A})|=f(\lambda_1)(\lambda_2)(\lambda_3)\cdots(\lambda_n).$$

如果 $\boldsymbol{A}\sim\boldsymbol{B}$，则 $|\boldsymbol{A}|=|\boldsymbol{B}|$，$|f(\boldsymbol{A})|=|f(\boldsymbol{B})|$.

（2）求矩阵的秩.

如果 $\boldsymbol{A}\sim\boldsymbol{B}$，则 $r(\boldsymbol{A})=r(\boldsymbol{B})$，$r(f(\boldsymbol{A}))=r(f(\boldsymbol{B}))$.

（3）求矩阵的高次幂.

求矩阵的幂有很多方法，求矩阵幂的一种很重要的方法是利用矩阵对角化. 具体步骤如下：

①求可逆矩阵 $\boldsymbol{P}$，使得 $\boldsymbol{P}^{-1}\boldsymbol{A}\boldsymbol{P}=\begin{pmatrix}\lambda_1 & & \\ & \ddots & \\ & & \lambda_n\end{pmatrix}$.

②在上式两边 k 次方，得 $\boldsymbol{P}^{-1}\boldsymbol{A}^k\boldsymbol{P}=\begin{pmatrix}\lambda_1^k & & \\ & \ddots & \\ & & \lambda_n^k\end{pmatrix}$，则 $\boldsymbol{A}^k=\boldsymbol{P}\begin{pmatrix}\lambda_1^k & & \\ & \ddots & \\ & & \lambda_n^k\end{pmatrix}\boldsymbol{P}^{-1}$.

例 5.5.1 设 $\boldsymbol{A}$，$\boldsymbol{B}$ 为 4 阶矩阵，$\boldsymbol{A}$ 的特征值为 $\frac{1}{2}, \frac{1}{3}, \frac{1}{4}, \frac{1}{5}$，且 $\boldsymbol{A}\sim\boldsymbol{B}$，求 $|\boldsymbol{E}+\boldsymbol{B}^{-1}|$.

解：因为 $\boldsymbol{A}\sim\boldsymbol{B}$，所以 $\boldsymbol{B}$ 的特征值也是 $\frac{1}{2}, \frac{1}{3}, \frac{1}{4}, \frac{1}{5}$，又 $\boldsymbol{B}^{-1}$ 和 $\boldsymbol{B}$ 的特征值互为倒数，所以 $\boldsymbol{B}^{-1}$ 的特征值是 2,3,4,5，那么 $\boldsymbol{E}+\boldsymbol{B}^{-1}$ 的特征值是 3,4,5,6，所以 $|\boldsymbol{E}+\boldsymbol{B}^{-1}|=3\times4\times5\times6=360$.

例 5.5.2 设 $\boldsymbol{A}$ 是 3 阶矩阵，$\boldsymbol{\alpha}$ 是三维非零列向量，向量组 $\boldsymbol{\alpha}, \boldsymbol{A\alpha}, \boldsymbol{A}^2\boldsymbol{\alpha}$ 线性无关，且 $\boldsymbol{A}^3\boldsymbol{\alpha}=4\boldsymbol{\alpha}+4\boldsymbol{A\alpha}-\boldsymbol{A}^2\boldsymbol{\alpha}$.

（1）求 $\boldsymbol{A}$ 的特征值.

（2）求 $|3\boldsymbol{E}+\boldsymbol{A}^*|$.

解：（1）令 $\boldsymbol{P}=(\boldsymbol{\alpha},\boldsymbol{A\alpha},\boldsymbol{A}^2\boldsymbol{\alpha})$，因为向量组 $\boldsymbol{\alpha},\boldsymbol{A\alpha},\boldsymbol{A}^2\boldsymbol{\alpha}$ 线性无关，所以 $\boldsymbol{P}$ 可逆，而

$$\begin{aligned}\boldsymbol{AP}&=\boldsymbol{A}(\boldsymbol{\alpha},\boldsymbol{A\alpha},\boldsymbol{A}^2\boldsymbol{\alpha})=(\boldsymbol{A\alpha},\boldsymbol{A}^2\boldsymbol{\alpha},\boldsymbol{A}^3\boldsymbol{\alpha})=(\boldsymbol{A\alpha},\boldsymbol{A}^2\boldsymbol{\alpha},4\boldsymbol{\alpha}+4\boldsymbol{A\alpha}-\boldsymbol{A}^2\boldsymbol{\alpha})\\&=(\boldsymbol{\alpha},\boldsymbol{A\alpha},\boldsymbol{A}^2\boldsymbol{\alpha})\begin{pmatrix}0&0&4\\1&0&4\\0&1&-1\end{pmatrix}=\boldsymbol{P}\begin{pmatrix}0&0&4\\1&0&4\\0&1&-1\end{pmatrix}=\boldsymbol{PB},\end{aligned}$$

其中，$\boldsymbol{B}=\begin{pmatrix}0&0&4\\1&0&4\\0&1&-1\end{pmatrix}$，则 $\boldsymbol{AP}=\boldsymbol{PB}$，即 $\boldsymbol{P}^{-1}\boldsymbol{AP}=\boldsymbol{B}$，那么 $\boldsymbol{A}\sim\boldsymbol{B}$，又相似矩阵

特征值相同,所以 $\boldsymbol{A}$ 与 $\boldsymbol{B}$ 的特征值相同,根据

$$\left|\lambda\boldsymbol{E}-\boldsymbol{B}\right|=\begin{vmatrix}\lambda & 0 & -4\\ -1 & \lambda & -4\\ 0 & -1 & \lambda+1\end{vmatrix}=(\lambda+1)(\lambda^2-4)=0,$$

可得 $\boldsymbol{A}$ 的特征值为 $\lambda_1=-2,\lambda_2=-1,\lambda_3=2$.

(2) $\left|\boldsymbol{A}\right|=-2\times(-1)\times2=4$,则 $\left|\boldsymbol{A}^*\right|$ 的特征值也是 $-\frac{4}{2},\ -\frac{4}{1},\ \frac{4}{2}$,即 $-2,\ -4,2$,因此, $3\boldsymbol{E}+\boldsymbol{A}^*$ 的特征值为 $1,-1,5$,所以 $\left|3\boldsymbol{E}+\boldsymbol{A}^*\right|=1\times-1\times5=-5$.

第6章　二次型

二次型即所有项都是二次的多项式,当一个二次型只有平方项而没有交叉项时,该二次型称为标准二次型.

6.1　二次型及其矩阵表示

6.1.1　二次型的定义

定义 6.1.1　含有 n 个变量 $x_1, x_2, \cdots, x_n$ 的二次齐次多项式(函数)

$$
\begin{aligned}
f(x_1, x_2, \cdots, x_n) = a_{11}x_1^2 + 2a_{12}x_1x_2 + 2a_{13}x_1x_3 + \cdots + 2a_{1n}x_1x_n \\
+ a_{22}x_2^2 + 2a_{23}x_2x_3 + \cdots + 2a_{2n}x_2x_n \\
+ \cdots \\
+ a_{nn}x_n^2
\end{aligned}
$$

称为 $x_1,x_2,\cdots,x_n$ 的一个 n 元二次型.

当它的各项乘数均为实数时称为**实二次型**,否则称为**复二次型**.

6.1.2 二次型的矩阵表示

定义 6.1.2 称 n 个实变量 $x_1,x_2,\cdots,x_n$ 的二次齐次多项式

$$
\begin{aligned}
f\left(x_1,x_2,\cdots,x_n\right) &= a_{11}x_1^2 + a_{12}x_1x_2 + \cdots + a_{1n}x_1x_n + a_{21}x_2x_1 + a_{22}x_2^2 + \cdots \\
&\quad + a_{2n}x_2x_n + \cdots + a_{n1}x_nx_1 + a_{n2}x_nx_2 + \cdots + a_{nn}x_n^2 \\
&= \sum_{i=1}^{n}\sum_{j=1}^{n} a_{ij}x_ix_j
\end{aligned}
$$

为 n 元**实二次型**,简称 n **元二次型**.

取向量 $\boldsymbol{X}=\left(x_1,x_2,\cdots,x_n\right)^{\mathrm{T}}$,并规定 $a_{ij}=a_{ji}$,使矩阵

$$
\boldsymbol{A}=\begin{pmatrix} a_{11} & a_{12} & \cdots & a_{1n} \\ a_{21} & a_{22} & \cdots & a_{2n} \\ \vdots & \vdots & & \vdots \\ a_{n1} & a_{n2} & \cdots & a_{nn} \end{pmatrix}
$$

是实对称矩阵,即满足条件 $\boldsymbol{A}^{\mathrm{T}}=\boldsymbol{A}$,则上述二次型

$$
\begin{aligned}
f\left(x_1,x_2,\cdots,x_n\right) &= \sum_{i=1}^{n}\sum_{j=1}^{n} a_{ij}x_ix_j \\
&= \left(x_1,x_2,\cdots,x_n\right)\begin{pmatrix} a_{11} & a_{12} & \cdots & a_{1n} \\ a_{21} & a_{22} & \cdots & a_{2n} \\ \vdots & \vdots & & \vdots \\ a_{n1} & a_{n2} & \cdots & a_{nn} \end{pmatrix}\begin{pmatrix} x_1 \\ x_2 \\ \vdots \\ x_n \end{pmatrix}
\end{aligned}
$$

$$=\left(x_1,x_2,\cdots,x_n\right)\boldsymbol{A}\begin{pmatrix}x_1\\x_2\\\vdots\\x_n\end{pmatrix}=\boldsymbol{X}^{\mathrm{T}}\boldsymbol{A}\boldsymbol{X}.$$

上式就是二次型的矩阵表达形式. 任给一个实二次型,就唯一地确定了一个实对称矩阵; 反之,任给一个实对称矩阵,也可唯一地确定一个实二次型. 因此,二次型与实对称矩阵之间存在着一一对应关系. 我们把上式中的矩阵 $\boldsymbol{A}$ 称为**二次型** $f\left(x_1,x_2,\cdots,x_n\right)$ **的矩阵**,也把 f 称为**矩阵** $\boldsymbol{A}$ **的二次型**,实对称矩阵 $\boldsymbol{A}$ 的秩称为**二次型** f **的秩**. 因此,我们能用矩阵作为代数工具来研究二次型.

由于 $x_ix_j=x_jx_i\left(i=1,2,\cdots,n;j=1,2,\cdots,n\right)$ 具有对称性,因此若令 $a_{ij}=a_{ji}$, $2a_{ij}x_ix_j=a_{ij}x_ix_j+a_{ji}x_jx_i$,则二次型可以写成如下对称形式:

$$\begin{aligned}f\left(x_1,x_2,\cdots,x_n\right)=&a_{11}x_1^2+a_{12}x_1x_2+a_{13}x_1x_3+\cdots+a_{1n}x_1x_n\\&+a_{21}x_2x_1+a_{22}x_2^2+a_{23}x_2x_3+\cdots+a_{2n}x_2x_n\\&+\cdots\cdots\\&+a_{n1}x_nx_1+a_{n2}x_nx_2+a_{n3}x_nx_3+\cdots+a_{nn}x_n^2,\end{aligned}$$

既可以方便地表示成双重和式:

$$f(x_1,x_2,\cdots,x_n)=\sum_{i=1}^{n}x_i(a_{i1}x_1+a_{i2}x_2+\cdots+a_{in}x_n)=\sum_{i=1}^{n}\sum_{j=1}^{n}a_{ij}x_ix_j,$$

也可以表示成矩阵形式:

$$f\left(x_1,x_2,\cdots,x_n\right)=(x_1,x_2,\cdots,x_n)\begin{pmatrix}a_{11}x_1+a_{12}x_2+\cdots+a_{1n}x_n\\a_{21}x_1+a_{22}x_2+\cdots+a_{2n}x_n\\\cdots\cdots\\a_{n1}x_1+a_{n2}x_2+\cdots+a_{nn}x_n\end{pmatrix}$$

$$=(x_1,x_2,\cdots,x_n)\begin{pmatrix} a_{11} & a_{12} & \cdots & a_{1n} \\ a_{21} & a_{22} & \cdots & a_{2n} \\ \vdots & \vdots & & \vdots \\ a_{n1} & a_{n2} & \cdots & a_{nn} \end{pmatrix}\begin{pmatrix} x_1 \\ x_2 \\ \cdots \\ x_n \end{pmatrix}=\boldsymbol{x}^{\mathrm{T}}\boldsymbol{A}\boldsymbol{x},$$

其中，$\boldsymbol{x}=(x_1,x_2,\cdots,x_n)^{\mathrm{T}},\boldsymbol{A}=(a_{ij})_{n\times n}$，矩阵 $\boldsymbol{A}$ 是一个实对称矩阵，称为二次型 $f(x_1,x_2,\cdots,x_n)$ 的对应矩阵.

秩 $r(\boldsymbol{A})$ 称为二次型的秩，记为 $r(f)$.

给定二次型后，对应的矩阵 $\boldsymbol{A}$ 就被唯一确定，$\boldsymbol{A}$ 的对角元素 $a_{ij}\left(i=1,2,\cdots,n\right)$ 是二次型中平方项的系数，元素 a_{ij} 是混合项 x_ix_j 的系数的一半. 相反，给定一个二次型的对应矩阵（实对称），二次型也就完全被确定，即 n 元二次型与 n 阶实对称矩阵之间有一一对应关系.

例 6.1.1 写出下列二次型的矩阵.

（1）$f(x_1,x_2)=3x_1^2-2x_1x_2+x_2^2$；

（2）$f(x_1,x_2,x_3)=x_1^2+3x_2^2+5x_3^2+4x_1x_2-8x_1x_3$；

（3）$f(x_1,x_2,x_3)=(ax_1+ax_2+ax_3)^2$.

解：（1）因为 $f(x_1,x_2)=3x_1^2-2x_1x_2+x_2^2=(x_1,x_2)\begin{pmatrix} 3 & -1 \\ -1 & 3 \end{pmatrix}\begin{pmatrix} x_1 \\ x_2 \end{pmatrix}$，所以 f 的矩阵为 $\begin{pmatrix} 3 & -1 \\ -1 & 3 \end{pmatrix}$.

（2）$f(x_1,x_2,x_3)=(x_1,x_2,x_3)\begin{pmatrix} 1 & 2 & -4 \\ 2 & 3 & 0 \\ -4 & 0 & 5 \end{pmatrix}\begin{pmatrix} x_1 \\ x_2 \\ x_3 \end{pmatrix}$，所以二次型的矩阵为 $\begin{pmatrix} 1 & 2 & -4 \\ 2 & 3 & 0 \\ -4 & 0 & 5 \end{pmatrix}$.

（3）$f(x_1,x_2,x_3)=(ax_1+ax_2+ax_3)^2=\left((x_1,x_2,x_3)\begin{pmatrix} a_1 \\ a_2 \\ a_3 \end{pmatrix}\right)^2$

$$= \boldsymbol{x}^{\mathrm{T}} \begin{pmatrix} a_1 \\ a_2 \\ a_3 \end{pmatrix} (a_1,\ a_2,\ a_3) \boldsymbol{x}$$

$$= \boldsymbol{x}^{\mathrm{T}} \begin{pmatrix} a_1^2 & a_1a_2 & a_1a_3 \\ a_2a_1 & a_2^2 & a_2a_3 \\ a_3a_1 & a_3a_2 & a_3^2 \end{pmatrix} \boldsymbol{x}$$

所以 f 的矩阵为 $\begin{pmatrix} a_1^2 & a_1a_2 & a_1a_3 \\ a_2a_1 & a_2^2 & a_2a_3 \\ a_3a_1 & a_3a_2 & a_3^2 \end{pmatrix}$.

例 6.1.2　试把二次型 $f(x_1,x_2,x_3) = \boldsymbol{x}^{\mathrm{T}}\boldsymbol{G}\boldsymbol{x}$（非对称矩阵表示）用对称矩阵表示，并求出该二次型的秩，其中，$\boldsymbol{G} = \begin{pmatrix} 1 & 4 & 0 \\ 0 & 0 & 1 \\ 0 & 0 & -3 \end{pmatrix}$.

解：由 $f(x_1,x_2,x_3) = \boldsymbol{x}^{\mathrm{T}}\boldsymbol{G}\boldsymbol{x}$，有

$$f(x_1,x_2,x_3) = (x_1,x_2,x_3)\begin{pmatrix} 1 & 4 & 0 \\ 0 & 0 & 1 \\ 0 & 0 & -3 \end{pmatrix}\begin{pmatrix} x_1 \\ x_2 \\ x_3 \end{pmatrix} = x_1^2 + 4x_1x_2 + x_2x_3 - 3x_3^2,$$

由于 $a_{11} = 1, a_{12} = a_{21} = 2, a_{13} = a_{31} = 0, a_{22} = 0, a_{23} = a_{32} = \dfrac{1}{2}, a_{33} = -1$，因此原二次型的（对称）矩阵为

$$\boldsymbol{A} = \begin{pmatrix} 1 & 2 & 0 \\ 2 & 0 & \dfrac{1}{2} \\ 0 & \dfrac{1}{2} & -3 \end{pmatrix} = \frac{1}{2}\left(\boldsymbol{G} + \boldsymbol{G}^{\mathrm{T}}\right).$$

容易求得 $r(\boldsymbol{A}) = 3$，即二次型的秩为 3，而二次型的矩阵表示为

$$f\left(x_1,x_2,x_3\right)=\left(x_1,x_2,x_3\right)\begin{pmatrix}1 & 2 & 0\\ 2 & 0 & \frac{1}{2}\\ 0 & \frac{1}{2} & -3\end{pmatrix}\begin{pmatrix}x_1\\ x_2\\ x_3\end{pmatrix}.$$

6.2 矩阵的合同

定义 6.2.1 称关系式

$$\begin{cases}x_1 = p_{11}y_1 + p_{12}y_2 + \cdots + p_{1n}y_n,\\ x_2 = p_{21}y_1 + p_{22}y_2 + \cdots + p_{2n}y_n,\\ \quad\cdots\cdots\\ x_n = p_{n1}y_1 + p_{n2}y_2 + \cdots + p_{nn}y_n\end{cases}$$

为由变量 $x_1,x_2,\cdots,x_n$ 到变量 $y_1,y_2,\cdots,y_n$ 的线性变换,称矩阵

$$\boldsymbol{P}=\begin{pmatrix}p_{11} & p_{12} & \cdots & p_{1n}\\ p_{21} & p_{22} & \cdots & p_{2n}\\ \vdots & \vdots & & \vdots\\ p_{n1} & p_{n2} & \cdots & p_{nn}\end{pmatrix}$$

为**线性变换矩阵**,当矩阵 $\boldsymbol{P}$ 可逆时,称该线性变换为**可逆线性变换**(也称为非退化的线性变换).

对一般二次型 $f=\boldsymbol{X}^{\mathrm{T}}\boldsymbol{A}\boldsymbol{X}$,经可逆线性变换 $\boldsymbol{X}=\boldsymbol{P}\boldsymbol{Y}$,可将其化为

$$f=\boldsymbol{X}^{\mathrm{T}}\boldsymbol{A}\boldsymbol{X}=\left(\boldsymbol{P}\boldsymbol{Y}\right)^{\mathrm{T}}\boldsymbol{A}\left(\boldsymbol{P}\boldsymbol{Y}\right)=\boldsymbol{Y}^{\mathrm{T}}\left(\boldsymbol{P}^{\mathrm{T}}\boldsymbol{A}\boldsymbol{P}\right)\boldsymbol{Y},$$

其中，$\boldsymbol{Y}^{\mathrm{T}}\left(\boldsymbol{P}^{\mathrm{T}}\boldsymbol{AP}\right)\boldsymbol{Y}$ 为关于变量 $y_1,y_2,\cdots,y_n$ 的二次型，对应的矩阵为 $\boldsymbol{P}^{\mathrm{T}}\boldsymbol{AP}$，关于矩阵 $\boldsymbol{A}$ 与 $\boldsymbol{P}^{\mathrm{T}}\boldsymbol{AP}$ 的关系，我们给出下列定义．

定义 6.2.2　设 $\boldsymbol{A},\boldsymbol{B}$ 为 n 阶实对称矩阵，若存在 n 阶可逆阵 $\boldsymbol{P}$，使得

$$\boldsymbol{P}^{\mathrm{T}}\boldsymbol{AP}=\boldsymbol{B},$$

则称矩阵 $\boldsymbol{A}$ 合同于矩阵 $\boldsymbol{B}$，或称矩阵 $\boldsymbol{A}$ 与 $\boldsymbol{B}$ 合同，记为 $\boldsymbol{A}\cong\boldsymbol{B}$ ．

显然，二次型 $f\left(x_1,x_2,\cdots,x_n\right)=\boldsymbol{X}^{\mathrm{T}}\boldsymbol{AX}$ 的矩阵 $\boldsymbol{A}$ 与经过可逆线性变换 $\boldsymbol{X}=\boldsymbol{PY}$ 得到的二次型的矩阵 $\boldsymbol{B}=\boldsymbol{P}^{\mathrm{T}}\boldsymbol{AP}$ 是合同的.

性质 6.2.1　合同是实对称矩阵之间的又一个等价关系，它具有下列性质：

（1）自反性：$\boldsymbol{A}\cong\boldsymbol{A}$ ．

（2）对称性：$\boldsymbol{A}\cong\boldsymbol{B}$ ，则 $\boldsymbol{B}\cong\boldsymbol{A}$ ．

（3）传递性：$\boldsymbol{A}\cong\boldsymbol{B}$ 且 $\boldsymbol{B}\cong\boldsymbol{C}$ ，则 $\boldsymbol{A}\cong\boldsymbol{C}$ ．

（4）合同矩阵的秩相等：$r\left(\boldsymbol{A}\right)=r\left(\boldsymbol{B}\right)$ ．

（5）若 $\boldsymbol{A}$ 为实对称矩阵，$\boldsymbol{A}$ 合同于 $\boldsymbol{B}$ ，则 $\boldsymbol{B}$ 也是实对称矩阵.

例 6.2.1　若实对称矩阵 $\boldsymbol{A}$ 与矩阵 $\boldsymbol{B}=\begin{pmatrix}1&0&0\\0&0&2\\0&2&0\end{pmatrix}$ 合同，则求二次型 $\boldsymbol{x}^{\mathrm{T}}\boldsymbol{Ax}$ 的规范形.

解：由于矩阵 $\boldsymbol{A}$ 与矩阵 $\boldsymbol{B}$ 合同，所以 $\boldsymbol{A}$ 与 $\boldsymbol{B}$ 的秩与正负惯性指数相同，

由

$$\left|\lambda\boldsymbol{E}-\boldsymbol{B}\right|=\begin{vmatrix}\lambda-1&0&0\\0&\lambda&-2\\0&-2&\lambda\end{vmatrix}=(\lambda-1)(\lambda-2)(\lambda+1)$$

易求得 $\boldsymbol{B}$ 的特征值为 1,2, −1，所以 $\boldsymbol{B}$ 的秩为 3，正惯性指数为 2，负惯性指数为 1，则二次型 $\boldsymbol{x}^{\mathrm{T}}\boldsymbol{Ax}$ 的规范形为 $y_1^2+y_2^2-y_3^2$ ．

例 6.2.2　三元二次型 $f(x_1,x_2,x_3)=x_1^2+2x_2^2-2x_1x_2+4x_2x_3$ ．

（1）将二次型化为规范形，并求所做可逆线性变换．

（2）判定矩阵 $\boldsymbol{A}=\begin{pmatrix}1 & -1 & 0\\ -1 & 2 & 2\\ 0 & 2 & 0\end{pmatrix}$ 是否合同于 $\boldsymbol{B}=\begin{pmatrix}2 & & \\ & 1 & \\ & & -3\end{pmatrix}$，并说明理由.

解：（1）用配方法将 $f(x_1,x_2,x_3)$ 化为规范形：

$$f(x_1,x_2,x_3)=x_1^2+2x_2^2-2x_1x_2+4x_2x_3=(x_1-x_2)^2+x_2^2+4x_2x_3$$

$$=(x_1-x_2)^2+(x_2+2x_3)^2-4x_3^2 .$$

令

$$\begin{cases}x_1-x_2=y_1,\\ x_2+2x_3=y_2,\\ 2x_3=y_3,\end{cases} \tag{6-2-1}$$

得规范形 $f(x_1,x_2,x_3)=y_1^2+y_2^2-y_3^2$，由（6–2–1）得

$$\begin{cases}x_1=y_1+y_2-y_3,\\ x_2=y_2-y_3,\\ x_3=\dfrac{1}{2}y_3,\end{cases}$$

于是所做可逆线性变换为 $x=\boldsymbol{C}y$，其中，$\boldsymbol{C}=\begin{pmatrix}1 & 1 & -1\\ 0 & 1 & -1\\ 0 & 0 & \dfrac{1}{2}\end{pmatrix}$.

（2）易得 $\boldsymbol{B}$ 对应的二次型为 $g(x_1,x_2,x_3)=2x_1^2+x_2^2-3x_3^2$，由（6–2–1）可知，$f$ 与 g 有相同的正、负惯性指数，因此 f 合同于 g，从而 $\boldsymbol{A}$ 合同于 $\boldsymbol{B}$.

例 6.2.3 判断 $A=\begin{pmatrix}1&1&1\\1&1&1\\1&1&1\end{pmatrix}$，$B=\begin{pmatrix}3&0&0\\0&0&0\\0&0&0\end{pmatrix}$是否等价、相似、合同.

解：由于 $r(A)=r(B)=1$，所以 A 与 B 等价.

因为 $|\lambda E-A|=\lambda^3-3\lambda^2$，得矩阵 A 的特征值是 3,0,0，又 A 是实对称矩阵，因此 A 必能相似对角化，且 $A\sim\begin{pmatrix}3&0&0\\0&0&0\\0&0&0\end{pmatrix}$，即 A 与 B 相似.

实对称矩阵 $A\sim B\Rightarrow A$ 与 B 有相同的特征值.

$\Rightarrow x^{\mathrm{T}}Ax$ 与 $x^{\mathrm{T}}Bx$ 有相同的正、负惯性指数.

$\Rightarrow A$ 与 B 合同.

因此，A 与 B 等价、相似、合同.

例 6.2.4 设 A 是 3 阶实对称矩阵，将矩阵 A 的 1、2 两行互换后再将 1、2 两列互换得到的矩阵是 B，试判断 A 与 B 是否等价、相似、合同.

解：矩阵 A 经初等变换得到矩阵 B，所以 A 与 B 肯定等价.

利用初等矩阵描述有：

$$\begin{pmatrix}0&1&0\\1&0&0\\0&0&1\end{pmatrix}A\begin{pmatrix}0&1&0\\1&0&0\\0&0&1\end{pmatrix}=B.$$

由于

$$\begin{pmatrix}0&1&0\\1&0&0\\0&0&1\end{pmatrix}^{-1}=\begin{pmatrix}0&1&0\\1&0&0\\0&0&1\end{pmatrix},\quad\begin{pmatrix}0&1&0\\1&0&0\\0&0&1\end{pmatrix}^{\mathrm{T}}=\begin{pmatrix}0&1&0\\1&0&0\\0&0&1\end{pmatrix},$$

所以，A 与 B 等价、相似、合同.

6.3 二次型的标准形及规范形

6.3.1 二次型的标准形及相关定义

定义 6.3.1 若二次型中只含有变量的平方项,没有混合项,即所有的混合项 $x_i x_j (i \neq j)$ 的系数全为零的二次型 $f(x_1, x_2, \cdots, x_n) = d_1 x_1^2 + d_2 x_2^2 + \cdots + d_n x_n^2$,称其为二次型的**标准形**.

其中,系数为正的平方项的个数 p 称为二次型的正惯性指数;系数为负的平方项的个数 q 称为二次型的负惯性指数;r 是二次型(及对应矩阵)的秩.注意 $r(f) = r(\boldsymbol{A}) = p + q$.

其对应的矩阵是对角阵,即

$$f(x_1, x_2, \cdots, x_n) = d_1 x_1^2 + d_2 x_2^2 + \cdots + d_n x_n^2 = (x_1, x_2, \cdots, x_n)\begin{pmatrix} d_1 x_1 \\ d_2 x_2 \\ \vdots \\ d_n x_n \end{pmatrix}$$

$$= (x_1, x_2, \cdots, x_n)\begin{pmatrix} d_1 & 0 & \cdots & 0 \\ 0 & d_2 & \cdots & 0 \\ \vdots & \vdots & & \vdots \\ 0 & 0 & \cdots & d_n \end{pmatrix}\begin{pmatrix} x_1 \\ x_2 \\ \vdots \\ x_n \end{pmatrix}$$

$$= \boldsymbol{x}^{\mathrm{T}} \boldsymbol{\Lambda} \boldsymbol{x} ,$$

其中,$\boldsymbol{\Lambda}$ 是对角阵.

6.3.2　二次型化为标准形的方法

6.3.2.1　用正交变换化二次型为标准形

任意的一个实二次型 $f\left(x_1,x_2,\cdots,x_n\right)=\boldsymbol{x}^{\mathrm{T}}\boldsymbol{A}\boldsymbol{x}$，存在一个可使 $\boldsymbol{A}$ 对角化的正交矩阵 $\boldsymbol{C}$，且可以经过正交变换 $\boldsymbol{x}=\boldsymbol{C}\boldsymbol{y}$ 把实二次型 $f=\boldsymbol{x}^{\mathrm{T}}\boldsymbol{A}\boldsymbol{x}$ 化为标准形即 $f=\lambda_1 y_1^2+\lambda_2 y_2^2+\cdots+\lambda_n y_n^2$，其中，$\lambda_1,\lambda_2,\cdots,\lambda_n$ 是该二次型的矩阵 $\boldsymbol{A}$ 的全部实特征值，$\boldsymbol{C}$ 的列向量就是 $\boldsymbol{A}$ 的相应的 n 个标准正交特征向量.

用正交变换法化二次型为标准形的一般步骤是：

（1）二次型写成矩阵形式 $f=\boldsymbol{x}^{\mathrm{T}}\boldsymbol{A}\boldsymbol{x}$，写出其对应的矩阵 $\boldsymbol{A}$.

（2）求出 $\boldsymbol{A}$ 的全部特征值 $\lambda_i\left(i=1,2,\cdots,n\right)$. 利用 $\boldsymbol{A}$ 的特征多项式 $f(\lambda)=\left|\lambda\boldsymbol{E}-\boldsymbol{A}\right|$，求出特征方程 $f(\lambda)=\left|\lambda\boldsymbol{E}-\boldsymbol{A}\right|=0$ 的全部解，即为 $\boldsymbol{A}$ 的全部特征值.

（3）对于 $\boldsymbol{A}$ 不同的单特征值，由 $\left(\lambda\boldsymbol{E}-\boldsymbol{A}\right)\boldsymbol{X}=0$ 求得的特征向量已经正交，只需把它们单位化；对于 $\boldsymbol{A}$ 的 k 重特征值 λ_k，由 $\left(\lambda_k\boldsymbol{E}-\boldsymbol{A}\right)\boldsymbol{X}=0$ 求得 k 个线性无关的特征向量，用施密特正交法将它们化成两两正交的单位特征向量.

（4）将上面求出的 n 个两两正交的单位特征向量排成正交矩阵 $\boldsymbol{Q}$，做正交变换 $\boldsymbol{x}=\boldsymbol{Q}\boldsymbol{y}$.

（5）用此正交变换将 f 化成标准形，即

$$f=\lambda_1 y_1^2+\lambda_2 y_2^2+\cdots+\lambda_n y_n^2 .$$

6.3.2.2　配方法化二次型为标准形

化二次型为标准形时，如果不用正交变换，而是用一般的可逆线性变换也可将二次型化为标准形. 常用的方法之一就是配方法，配方法化二次型为标准形的关键是消去交叉项，其要点是利用两数和的平方公式及两数平方差公

式逐步消去非平方项并构造新的平方项. 有以下两种情况.

(1)二次型中含有某变量 x_i 的平方项和交叉项. 先集中含 x_i 的交叉项, 然后与 x_i^2 配方,化成完全平方,令新变量代替各个平方项中的变量,即可做出可逆的线性变换,同时立即写出它的逆变换(即用新变量表示旧变量的变换), 这样后面求总的线性变换就比较方便. 每次只对一个变量配平方,余下的项中不应再出现这个变量,再对剩下的 $n-1$ 个变量同样进行,直到各项全部化为平方项为止.

(2)二次型中没有平方项,只有交叉项. 先利用平方差公式构造可逆线性变换,化二次型为含平方项的二次型,如当 x_1x_2 的系数 $a_{ij}\neq 0$ 时,进行可逆线性变换 $x_i=y_i-y_j$、$x_j=y_i+y_j$、$x_k=y_k(k\neq i,j)$,代入二次型后出现平方项 $a_{ij}y_i^2-a_{ij}y_j^2$,再按上一种方法处理即可.

例6.3.1 已知二次型 $f(x_1,x_2,x_3)=4x_2^2-3x_3^2+4x_1x_2-4x_1x_3+8x_2x_3$.

(1)写出二次型 f 的表达式.

(2)用正交变换把二次型 f 化为标准形,并写出相应的正交矩阵.

解:(1)f 的矩阵表达式为

$$f(x_1,x_2,x_3)=(x_1,x_2,x_3)\begin{pmatrix}0&2&-2\\2&4&4\\-2&4&-3\end{pmatrix}\begin{pmatrix}x_1\\x_2\\x_3\end{pmatrix}.$$

(2)二次型 f 的矩阵 $\boldsymbol{A}=\begin{pmatrix}0&2&-2\\2&4&4\\-2&4&-3\end{pmatrix}$, $\boldsymbol{A}$ 为实对称矩阵.

$\boldsymbol{A}$ 的特征方程为 $|\lambda\boldsymbol{E}-\boldsymbol{A}|=(\lambda-1)(\lambda^2-36)=0$,由此得 $\boldsymbol{A}$ 的特征值为: $\lambda_1=1$, $\lambda_2=6$, $\lambda_3=-6$,对应的特征向量为: $\boldsymbol{\alpha}_1=(2,0,-1)^{\mathrm{T}}$, $\boldsymbol{\alpha}_2=(1,5,2)^{\mathrm{T}}$, $\boldsymbol{\alpha}_3=(1,-1,2)^{\mathrm{T}}$,它们两两正交,所以只需单位化,得

$$\boldsymbol{\beta}_1=\frac{1}{\sqrt{5}}\begin{pmatrix}2\\0\\-1\end{pmatrix},\quad \boldsymbol{\beta}_2=\frac{1}{\sqrt{30}}\begin{pmatrix}1\\5\\2\end{pmatrix},\quad \boldsymbol{\beta}_3=\frac{1}{\sqrt{6}}\begin{pmatrix}1\\-1\\2\end{pmatrix},$$

令正交矩阵

$$
\boldsymbol{P}=(\boldsymbol{\beta}_1,\boldsymbol{\beta}_2,\boldsymbol{\beta}_3)=\begin{pmatrix} \frac{2}{\sqrt{5}} & \frac{1}{\sqrt{30}} & \frac{1}{\sqrt{6}} \\ 0 & \frac{5}{\sqrt{30}} & -\frac{1}{\sqrt{6}} \\ -\frac{1}{\sqrt{5}} & \frac{2}{\sqrt{30}} & \frac{2}{\sqrt{6}} \end{pmatrix},
$$

对 f 做正交变换 $\boldsymbol{x}=\boldsymbol{P}\boldsymbol{y}$，二次型可化为 $f(x_1,x_2,x_3)=y_1^2+6y_2^2-6y_3^2$．

例 6.3.2　已知二次型 $f(x_1,x_2,x_3)=5x_1^2+5x_2^2+cx_3^2-2x_1x_2+6x_1x_3-6x_2x_3$ 的秩为 2.

（1）求参数 c.

（2）求由正交变换化二次型 f 为标准型.

解：（1）二次型 f 的矩阵为

$$
\boldsymbol{A}=\begin{pmatrix} 5 & -1 & 3 \\ -1 & 5 & -3 \\ 3 & -3 & c \end{pmatrix},
$$

由于 $r(\boldsymbol{A})=2$，所以 $|\boldsymbol{A}|=0$，解得 $c=3$.

（2）由 $|\lambda\boldsymbol{E}-\boldsymbol{A}|=\begin{vmatrix} \lambda-5 & 1 & -3 \\ 1 & \lambda-5 & 3 \\ -3 & 3 & \lambda-3 \end{vmatrix}=\lambda(\lambda-4)(\lambda-9)$ 可知，$\boldsymbol{A}$ 的特征值为：$\lambda_1=0$，$\lambda_2=4$，$\lambda_3=9$，求得对应的特征向量为

$$
\boldsymbol{p}_1=\begin{pmatrix} -1 \\ 1 \\ 2 \end{pmatrix},\quad \boldsymbol{p}_2=\begin{pmatrix} 1 \\ 1 \\ 0 \end{pmatrix},\quad \boldsymbol{p}_3=\begin{pmatrix} 1 \\ -1 \\ 1 \end{pmatrix},
$$

单位化得：

$$\boldsymbol{q}_1=\begin{pmatrix}-\frac{1}{\sqrt{6}}\\ \frac{1}{\sqrt{6}}\\ \frac{2}{\sqrt{6}}\end{pmatrix},\quad \boldsymbol{q}_2=\begin{pmatrix}\frac{1}{\sqrt{2}}\\ \frac{1}{\sqrt{2}}\\ 0\end{pmatrix},\quad \boldsymbol{q}_3=\begin{pmatrix}\frac{1}{\sqrt{3}}\\ -\frac{1}{\sqrt{3}}\\ \frac{1}{\sqrt{3}}\end{pmatrix},$$

所以由正交变换可得

$$\begin{pmatrix}x_1\\x_2\\x_3\end{pmatrix}=\begin{pmatrix}-\frac{1}{\sqrt{6}} & \frac{1}{\sqrt{2}} & \frac{1}{\sqrt{3}}\\ \frac{1}{\sqrt{6}} & \frac{1}{\sqrt{2}} & -\frac{1}{\sqrt{3}}\\ \frac{2}{\sqrt{6}} & 0 & \frac{1}{\sqrt{3}}\end{pmatrix}\begin{pmatrix}y_1\\y_2\\y_3\end{pmatrix},$$

化成二次型得 $f=0y_1^2+4y_2^2+9y_3^2=4y_2^2+9y_3^2$.

例 6.3.3 化下列二次型为标准形,并写出所做的可逆线性变换.

（1）$f(x_1,x_2,x_3)=x_1^2+2x_2^2-x_3^2+2x_1x_2+2x_1x_3+4x_2x_3$；

（2）$f(x_1,x_2,x_3)=x_1^2+2x_2^2+2x_1x_2-2x_1x_3$；

（3）$f(x_1,x_2,x_3)=x_1^2+3x_3^2+2x_1x_2+4x_1x_3+2x_2x_3$.

解:（1）用配方法把变量 x_1 , x_2 , x_3 全部配成完全平方和的形式:

$$\begin{aligned}f(x_1,x_2,x_3)&=x_1^2+2x_1x_2+2x_1x_3+2x_2^2+4x_2x_3-x_3^2\\&=(x_1+x_2+x_3)^2-x_2^2-x_3^2-2x_2x_3+2x_2^2+4x_2x_3-x_3^2\\&=(x_1+x_2+x_3)^2+(x_2+x_3)^2-3x_3^2,\end{aligned}$$

令

$$\begin{cases} x_1+x_2+x_3=y_1, \\ x_2+x_3=y_2, \\ x_3=y_3, \end{cases} \tag{6-3-1}$$

即得二次型的标准形 $f(x_1,x_2,x_3)=y_1{}^2+y_2{}^2-3y_3^2$.
由方程组（6-3-1）解得

$$\begin{cases} x_1=y_1-y_2, \\ x_2=y_2-y_3, \\ x_3=y_3, \end{cases}$$

写成矩阵形式为

$$\boldsymbol{x}=\boldsymbol{C}\boldsymbol{y}=\begin{pmatrix} 1 & -1 & 0 \\ 0 & 1 & -1 \\ 0 & 0 & 1 \end{pmatrix}\boldsymbol{y}, \tag{6-3-2}$$

其中，$|\boldsymbol{C}|=\begin{vmatrix} 1 & -1 & 0 \\ 0 & 1 & -1 \\ 0 & 0 & 1 \end{vmatrix}=1\neq 0$，$\boldsymbol{C}$ 可逆，因此式（6-3-1）、式（6-3-2）是可逆线性变换.

（2）$f(x_1,x_2,x_3)=x_1^2+2x_2^2+2x_1x_2-2x_1x_3=(x_1^2+2x_2^2-2x_1x_3)+2x_2^2$

$$\begin{aligned} &=(x_1^2+2x_2^2-2x_1x_3)+2x_2^2 \\ &=x_1^2+2(x_2-x_3)x_1+(x_2-x_3)^2+2x_2^2-(x_2-x_3)^2 \\ &=(x_1+x_2-x_3)^2+(x_2-x_3)^2-2x_3^2, \end{aligned}$$

令

$$\begin{cases} y_1=x_1+x_2-x_3, \\ y_2=x_2+x_3, \\ y_3=\sqrt{2}x_3, \end{cases}$$

则 $f(x_1,x_2,x_3)=y_1^2+y_2^2-y_3^2$，

所做的可逆线性变换为 $\boldsymbol{x}=\boldsymbol{P}\boldsymbol{y}$, $\boldsymbol{P}=\begin{pmatrix}1 & -1 & \sqrt{2}\\ 0 & 1 & -\dfrac{\sqrt{2}}{2}\\ 0 & 0 & \dfrac{\sqrt{2}}{2}\end{pmatrix}$.

（3）$$\begin{aligned}f(x_1,x_2,x_3)&=x_1^2+3x_3^2+2x_1x_2+4x_1x_3+2x_2x_3\\&=[x_1+(x_2+2x_3)]^2-(x_2+2x_3)^2+3x_3^2+2x_2x_3\\&=(x_1+x_2+2x_3)^2-x_2^2-2x_2x_3-x_3^2,\end{aligned}$$

令

$$\begin{cases}y_1=x_1+x_2+2x_3,\\ y_1=x_2,\\ y_3=x_3,\end{cases}$$

得 $f=y_1^2-y_2^2-2y_2y_3-y_3^2=y_1^2-(y_2+y_3)^2$,再令

$$\begin{cases}z_1=y_1,\\ z_2=y_2+y_3,\\ z_3=y_3,\end{cases}$$

即得标准形 $f=z_1^2-z_2^2$,所经过的线性变换是

$$\begin{cases}x_1=y_1-y_2-2y_3=z_1-z_2-z_3,\\ x_2=y_2=z_2-z_3,\\ x_3=y_3=z_3.\end{cases}$$

注意,在配方时,要求某个平方项及其有关的混合项一次配平完全平方,使得二次型中每配完一个完全平方,未配完全平方的变量减少一个. 其结果是配成完全平方的项数小于等于未知量的个数,再做变换,这样的变换是可逆线性变换.

由以上例子可以看出,任何一个 n 元实二次型都可以用配方法化为标准

形,但二次项配方的次序可以不同,它的变换也就不同,如例 6.3.3(1),配方后化为

$$f(x_1,x_2,x_3)=(x_1+x_2+x_3)^2+(x_2+x_3)^2-3x_3^2,$$

但若令

$$\begin{cases} x_1+x_2+x_3=y_1, \\ x_2+x_3=y_2, \\ \sqrt{3}x_3=y_3, \end{cases}$$

即

$$\begin{cases} x_1=y_1-y_2, \\ x_2=y_2-\dfrac{1}{\sqrt{3}}y_3, \\ x_3=\dfrac{1}{\sqrt{3}}y_3, \end{cases}$$

则原二次型将化成 $f(x_1,x_2,x_3)=y_1^2+y_2^2-y_3^2$.

因此,用配方法化二次型为标准形,其可逆线性变换不唯一,标准形也不唯一.

6.3.3 二次型的规范形

定义 6.3.2 在二次型标准形 $f(x_1,x_2,\cdots,x_n)=d_1x_1^2+d_2x_2^2+\cdots+d_nx_n^2$ 中,如果只含有平方项,且平方项的系数为 1,-1,0, $f(x_1,x_2,\cdots,x_n)=x_1^2+x_2^2+\cdots+x_p^2-x_{p+1}^2-\cdots-x_{p+q}^2$,就称其为**二次型的规范形**. 显然,一个实二次型的规范形完全被 p,q 这两个数决定,这就是下面的定理.

定理 6.3.1 在一般的数域内,二次型的标准形不是唯一的,它与所做的可逆线性变换有关,但标准形中所含非零平方项的个数不变,等于该二次型的秩. 现在就复数域和实数域的情形来进一步讨论二次型的标准形. 先看复数

域的情形. 设 $f(x_1,x_2,\cdots,x_n)$ 是一个秩为 r 的复系数二次型,已知可经过适当的可逆线性变换后可化 f 为标准形

$$f = d_1 y_1^2 + d_2 y_2^2 + \cdots + d_r y_r^2 \left(d_i \neq 0, i = 1,2,\cdots,r\right),$$

因为复数总可以开平方,因此再做可逆线性变换

$$z_1 = \sqrt{d_1}\, y_1, \cdots, z_r = \sqrt{d_r}\, y_r, z_{r+1} = y_{r+1}, \cdots, z_n = y_n ,$$

可将二次型化为

$$f = z_1^2 + z_2^2 + \cdots + z_r^2 ,$$

称之为复二次型的规范形. 显然,规范形完全被原二次型的秩所决定,因此有下述定理.

定理 6.3.2 秩为 r 的任一复系数二次型 $f = \boldsymbol{x}^{\mathrm{T}} \boldsymbol{A} \boldsymbol{x}$ 可经过适当的可逆线性变换化成规范形

$$f = z_1^2 + z_2^2 + \cdots + z_r^2 ,$$

且规范形是唯一的.

该定理换成矩阵的语言可叙述如下.

推论 6.3.1 秩为 r 的任一复数的对称矩阵合同于如下形式的对角矩阵

$$\begin{pmatrix} \boldsymbol{E}_r & \boldsymbol{O} \\ \boldsymbol{O} & \boldsymbol{O} \end{pmatrix}.$$

推论 6.3.2 两个复数对称矩阵合同的充分必要条件是它们的秩相同.

再看实数域的情形.

定义 6.3.3 已知秩为 r 的 n 元实二次型 $f = \boldsymbol{x}^{\mathrm{T}} \boldsymbol{A} \boldsymbol{x}$ 可经过适当的可逆线性变换 $\boldsymbol{x} = \boldsymbol{C}\boldsymbol{y}$(包括重新排列变量的顺序)后,化为标准形

$$f = d_1 y_1^2 + \cdots + d_p y_p^2 - d_{p+1} y_{p+1}^2 - \cdots - d_r y_r^2 ,$$

其中，$d_i > 0(i=1,2,\cdots,r)$，再做实可逆线性变换

$$z_1 = \sqrt{d_1}y_1,\cdots,z_r = \sqrt{d_r}y_r, z_{r+1} = y_{r+1},\cdots,z_n = y_n \text{ ,}$$

就得到

$$f = z_1^2 + \cdots + z_p^2 - z_{p+1}^2 - \cdots - z_r^2 \text{ ,}$$

称这一简单形式为**实二次型的规范形**.

定理 6.3.3（惯性定理）

任意一个 n 元二次型 $f(x_1,x_2,\cdots,x_n)$ 都可以通过可逆线性变换化为规范形. 规范形是唯一的. 即 $f(x_1,x_2,\cdots,x_n) = z_1^2 + z_2^2 + \cdots + z_p^2 - z_{p+1}^2 - \cdots - z_r^2$ 是唯一的. 其中，正项个数 p 与负项个数 $q = r - p$ 是确定的，分别是 f 的正惯性指数和负惯性指数，二者的差 $p - q$ 是 f 的符号差.

推论 6.3.3 n 阶实对称矩阵 $\boldsymbol{A}$ 与 $\boldsymbol{B}$（实）合同的充分必要条件是其秩相等，并且其正惯性指数也相等，即 $\boldsymbol{A}$ 与 $\boldsymbol{B}$ 相应的非零特征值的个数相等，符号相同.

例 6.3.4 对于 元二次型 $\boldsymbol{x}^{\mathrm{T}}\boldsymbol{A}\boldsymbol{x}$，下述结论中正确的是（ ）.

（A）化 $\boldsymbol{x}^{\mathrm{T}}\boldsymbol{A}\boldsymbol{x}$ 为规范形的坐标变换是唯一的.

（B）化 $\boldsymbol{x}^{\mathrm{T}}\boldsymbol{A}\boldsymbol{x}$ 为标准形的坐标变换是唯一的.

（C）$\boldsymbol{x}^{\mathrm{T}}\boldsymbol{A}\boldsymbol{x}$ 的标准形是唯一的.

（D）$\boldsymbol{x}^{\mathrm{T}}\boldsymbol{A}\boldsymbol{x}$ 的规范形是唯一的.

解：化二次型为标准形既可用正交变换法也可用配方法，所用坐标变换和配方法消去的先后顺序不同，标准形也不同，所以（A）、（C）不正确.

化二次型为规范形一般用配方法，或者先正交变换法化为标准形后再用配方法化为规范形，方法不同所用坐标变换也可不同，所以（B）不正确.

规范形由二次型的正、负惯性指数所确定，而正负惯性指数在坐标变换下是不变的（惯性定理），故选（D）.

例 6.3.5 用可逆线性变换化二次型

$$f(x_1,x_2,x_3) = (-2x_1 + x_2 + x_3)^2 + (x_1 - 2x_2 + x_3)^2 + (x_1 + x_2 - 2x_3)^2$$

化为规范形.

分析：令$\begin{cases} y_1 = -2x_1 + x_2 + x_3 \\ y_2 = x_1 - 2x_2 + x_3 \\ y_3 = x_1 + x_2 - 2x_3 \end{cases}$，得 $f = y_1^2 + y_2^2 + y_3^2$，但该线性变换的矩阵的行列式 $\begin{vmatrix} -2 & 1 & 1 \\ 1 & -2 & 1 \\ 1 & 1 & -2 \end{vmatrix} = 0$，即所做的线性变换不是可逆的，从而 $f = y_1^2 + y_2^2 + y_3^2$ 不是所要求的规范形．因此，本题应先将右边的平方项展开，再用配方法求解.

解：
$$\begin{aligned} f &= 6x_1^2 - 6x_1x_2 - 6x_1x_3 + 6x_2^2 - 6x_2x_3 + 6x_3^2 \\ &= 6[x_1^2 - x_1(x_2 + x_3)] + 6x_2^2 - 6x_2x_3 + 6x_3^2 \\ &= 6[x_1 - \frac{1}{2}(x_2 + x_3)]^2 + \frac{9}{2}x_2^2 - 9x_2x_3 + \frac{9}{2}x_3^2, \end{aligned}$$

令

$$\begin{cases} y_1 = x_1 - \dfrac{1}{2}x_2 - \dfrac{1}{2}x_3, \\ y_2 = x_2, \\ y_3 = x_3, \end{cases}$$

可得 $f = 6y_1^2 + \frac{9}{2}y_2^2 - 9y_2y_3 + \frac{9}{2}y_3^2 = 6y_1^2 + \frac{9}{2}(y_2 - y_3)^2$，再令

$$\begin{cases} z_1 = y_1, \\ z_2 = y_2 - y_3, \\ z_3 = y_3, \end{cases}$$

可得标准形 $f = 6z_1^2 + \frac{9}{2}z_2^2$，令

$$\begin{cases} u_1 = \sqrt{6}z_1, \\ u_2 = \sqrt{\dfrac{9}{2}}z_2, \\ u_3 = z_3, \end{cases}$$

即得规范形 $f = u_1^2 + u_2^2$，易得其所用的线性变换为

$$\begin{cases} x_1 = \dfrac{1}{\sqrt{6}}u_1 + \dfrac{1}{\sqrt{18}}u_2 + u_3, \\ x_2 = \dfrac{2}{\sqrt{18}}u_2 + u_3, \\ x_3 = u_3. \end{cases}$$

6.4 正、负定二次型

6.4.1 正定二次型、正定矩阵的定义

定义 6.4.1 如果二次型 $\boldsymbol{x}^{\mathrm{T}}\boldsymbol{A}\boldsymbol{x}$ 对任意的 $x \neq 0$，恒有 $\boldsymbol{x}^{\mathrm{T}}\boldsymbol{A}\boldsymbol{x} > 0$，则称二次型 $\boldsymbol{x}^{\mathrm{T}}\boldsymbol{A}\boldsymbol{x}$ 是**正定二次型**．其对应的矩阵 $\boldsymbol{A}$ 是**正定矩阵**．

如果 $\boldsymbol{x}^{\mathrm{T}}\boldsymbol{A}\boldsymbol{x} < 0$，则称为**负定二次型**，相应的矩阵 $\boldsymbol{A}$ 称为**负定矩阵**；

如果 $\boldsymbol{x}^{\mathrm{T}}\boldsymbol{A}\boldsymbol{x} \geqslant 0$，则称为**半正定二次型**，相应的矩阵 $\boldsymbol{A}$ 称为**半正定矩阵**；

如果 $\boldsymbol{x}^{\mathrm{T}}\boldsymbol{A}\boldsymbol{x} \leqslant 0$，则称为**半负定二次型**，相应的矩阵 $\boldsymbol{A}$ 称为**半负定矩阵**．

不是正定、半正定、负定、半负定的二次型叫作**不定二次型**．

n 阶矩阵 $\boldsymbol{A}$ 位于第 i_1 行，第 i_2 行，…，第 i_k 行和第 i_1 列，第 i_2 列，…，第 i_k 列的 k 阶子式称为 k **阶主子式**．当 $i_1 = 1, i_2 = 2, \cdots, i_k = k$ 时，称该主子式为 k **阶顺序主子式**．

6.4.2 正定矩阵的性质

定理 6.4.1 下面给出 $\boldsymbol{A}$ 正定的两个必要条件.

若 n 阶实对称矩阵 $\boldsymbol{A}=(a_{ij})$ 正定,则:

(1) $\boldsymbol{A}$ 的主对角元 $a_{ii}>0(i=1,2,\cdots,n)$.

(2) $\boldsymbol{A}$ 是可逆矩阵,且它的行列式 $|\boldsymbol{A}|>0$.

证明: (1)由于 $\boldsymbol{A}$ 对应的二次型 $\boldsymbol{x}^{\mathrm{T}}\boldsymbol{A}\boldsymbol{x}=\sum_{i=1}^{n}\sum_{j=1}^{n}a_{ij}x_ix_j$ 正定,取 $x_i=(0,\cdots,0,1,0,\cdots,0)$,(其中,第 i 个分量 $x_i=1$),则有 $\boldsymbol{x}_i^{\mathrm{T}}\boldsymbol{A}\boldsymbol{x}_i=a_{ii}x_i^2=a_{ii}>0(i=1,2,\cdots,n)$.

(2)由于 $\boldsymbol{A}$ 正定,因此 $\boldsymbol{A}$ 的特征值都大于零, $|\boldsymbol{A}|=\lambda_1\lambda_2\cdots\lambda_n>0$.

性质 6.4.1 正定矩阵有下述性质:

若 n 阶实对称矩阵 $\boldsymbol{A}=(a_{ij})$ 正定,则

(1) $k\boldsymbol{A}(k>0)$, $\boldsymbol{A}^{\mathrm{T}}$, $\boldsymbol{A}^{-1}$, $\boldsymbol{A}^{*}$, $\boldsymbol{A}^{m}$ (m 为正整数)均为正定矩阵.

(2)若 A 、B 为同阶正定矩阵,则矩阵 $a\boldsymbol{A}+b\boldsymbol{B}$ 为正定矩阵($a\geqslant 0$, $b\geqslant 0$, a 、b 不同时为 0).

(3)设为 $m\times n$ 矩阵,且 $r(\boldsymbol{A})=n<m$,则 $\boldsymbol{A}^{\mathrm{T}}\boldsymbol{A}$ 也是正定矩阵 .

6.4.3 正定二次型的判定

定理 6.4.2 n 元实二次型 $f=\boldsymbol{x}^{\mathrm{T}}\boldsymbol{A}\boldsymbol{x}$ 为正定(或实对称矩阵 $\boldsymbol{A}$ 正定)的充要条件为对于任意非 0 列向量 $\boldsymbol{x}$, $\boldsymbol{x}^{\mathrm{T}}\boldsymbol{A}\boldsymbol{x}>0$.

定理 6.4.3 n 元实二次型 $f=\boldsymbol{x}^{\mathrm{T}}\boldsymbol{A}\boldsymbol{x}$ 为正定(或实对称矩阵 $\boldsymbol{A}$ 正定)的充要条件为 $\boldsymbol{A}$ 的特征值全为正数.

定理 6.4.4 n 元实二次型 $f\left(x_1,x_2,\cdots,x_n\right)=d_1x_1^2+d_2x_2^2+\cdots+d_nx_n^2$ 正定的充分必要条件是 $d_1,d_2,\cdots,d_n$ 全都大于 0.

证明: 必要性 . 若 $f\left(x_1,x_2,\cdots,x_n\right)=d_1x_1^2+d_2x_2^2+\cdots+d_nx_n^2$ 正定,取一组数 $(0,\cdots,0,1,0,\cdots,0)$, 代入得 $f(0,\cdots,0,1,0,\cdots,0)=d_i>0$, 当 $i=1,2,\cdots,n$ 时,得

$d_1,d_2,\cdots,d_n$ 全都大于零.

充分性. 若 $d_1,d_2,\cdots,d_n$ 全都大于零,则对任一组不全为零的实数 $c_1,c_2,\cdots,c_n$,有 $f\left(c_1,c_2,\cdots,c_n\right)=d_1c_1^2+d_2c_2^2+\cdots+d_nc_n^2$,至少有一个 $c_i\neq0$,即 $d_ic_i^2>0$,而其余的 $d_jc_j^2\geqslant0(j\neq i)$,因此 $f\left(c_1,c_2,\cdots,c_n\right)=d_1c_1^2+d_2c_2^2+\cdots+d_nc_n^2>0$,即证 f 是正定二次型.

定理 6.4.5　n 元实二次型 $f=\boldsymbol{x}^{\mathrm T}\boldsymbol{A}\boldsymbol{x}$ 为正定(或实对称矩阵 $\boldsymbol{A}$ 正定)的充要条件为 $\boldsymbol{A}$ 的所有顺序主子式全大于零. 在判断具体的实二次型或实对称矩阵是否正定时,通常用下面的定理.

定理 6.4.6　n 阶实对称矩阵 $\boldsymbol{A}=(a_{ij})$ 正定的充分必要条件是 $\boldsymbol{A}$ 的所有顺序主子式全大于 0,即 $|\boldsymbol{A}_k|=\begin{vmatrix}a_{11}&a_{12}&\cdots&a_{1k}\\a_{21}&a_{22}&\cdots&a_{2k}\\\vdots&\vdots&&\vdots\\a_{k1}&a_{k2}&\cdots&a_{kk}\end{vmatrix}>0,k=1,2,\cdots,n$.

证明: 必要性. 记 $\boldsymbol{A}=\begin{pmatrix}\boldsymbol{A}_k&\boldsymbol{B}\\\boldsymbol{B}^{\mathrm T}&\boldsymbol{a}_{nn}\end{pmatrix}$ 为分块矩阵. 如果 $\boldsymbol{x}_k\neq0$ 为 $\boldsymbol{R}^k$ 中的向量,则设 $\boldsymbol{x}=\begin{pmatrix}\boldsymbol{x}_k\\\boldsymbol{0}\end{pmatrix}$ 为 $\boldsymbol{R}^n$ 中的向量. 显然, $\boldsymbol{x}\neq0$. 于是,由 $\boldsymbol{A}$ 正定性推出

$$0<\boldsymbol{x}^{\mathrm T}\boldsymbol{A}\boldsymbol{x}=(\boldsymbol{x}_k^{\mathrm T},0)\begin{pmatrix}\boldsymbol{A}_k&\boldsymbol{B}\\\boldsymbol{B}^{\mathrm T}&\boldsymbol{a}_{nn}\end{pmatrix}\begin{pmatrix}\boldsymbol{x}_k\\\boldsymbol{0}\end{pmatrix}=\boldsymbol{x}_k^{\mathrm T}\boldsymbol{A}_k\boldsymbol{x}_k,$$

又由定义知 $\boldsymbol{A}_k$ 是正定矩阵,则 $|\boldsymbol{A}_k|>0,k=1,2,\cdots,n$.

充分性. 对 n 用归纳法.

当 $n=1$ 时, $\boldsymbol{A}=(a_{11})$,其中 $a_{11}>0$. 取 $P_1=(\sqrt{a_{11}})$,则 $\boldsymbol{A}=\boldsymbol{P}_1^{\mathrm T}\boldsymbol{P}_1$,可知 $\boldsymbol{A}$ 是正定的.

假设结论对 $n-1$ 阶矩阵成立,现证明它对 n 阶矩阵也成立. 将 $\boldsymbol{A}$ 分块表示为

$$\boldsymbol{A}=\begin{pmatrix}\boldsymbol{A}_{n-1}&\boldsymbol{\alpha}\\\boldsymbol{\alpha}^{\mathrm T}&\boldsymbol{a}_{nn}\end{pmatrix},$$

其中, $\boldsymbol{\alpha}$ 为 $\boldsymbol{R}^{n-1}$ 中的列向量,而 $\boldsymbol{A}_{n-1}$ 为实对称矩阵,有 $\boldsymbol{A}_{n-1}=\boldsymbol{P}_{n-1}^{\mathrm T}\boldsymbol{P}_{n-1}$,且 $\boldsymbol{P}_{n-1}$ 为

$n-1$阶可逆矩阵．若取 $\boldsymbol{\beta}=\left(\boldsymbol{P}_{n-1}^{\mathrm{T}}\right)^{-1}\boldsymbol{\alpha}$，且取 $b=\boldsymbol{a}_{nn}-\boldsymbol{\beta}^{\mathrm{T}}\boldsymbol{\beta}$，则利用分块矩阵的乘法有

$$\boldsymbol{A}=\begin{pmatrix}\boldsymbol{P}_{n-1}^{\mathrm{T}}\boldsymbol{P}_{n-1} & \boldsymbol{\alpha}\\ \boldsymbol{\alpha}^{\mathrm{T}} & \boldsymbol{a}_{nn}\end{pmatrix}=\begin{pmatrix}\boldsymbol{P}_{n-1}^{\mathrm{T}} & \boldsymbol{O}\\ \boldsymbol{\beta}^{\mathrm{T}} & 1\end{pmatrix}\begin{pmatrix}\boldsymbol{P}_{n-1} & \boldsymbol{\beta}\\ \boldsymbol{O} & b\end{pmatrix}.$$

则 $|\boldsymbol{A}|=b\left|\boldsymbol{P}_{n-1}\right|^2$．因为 $|\boldsymbol{A}|>0$，所以 $b>0$，于是 $\boldsymbol{A}$ 可以写成

$$\boldsymbol{A}=\begin{pmatrix}\boldsymbol{P}_{n-1}^{\mathrm{T}} & \boldsymbol{O}\\ \boldsymbol{\beta} & \sqrt{b}\end{pmatrix}\begin{pmatrix}\boldsymbol{P}_{n-1} & \boldsymbol{\beta}\\ \boldsymbol{O} & \sqrt{b}\end{pmatrix}=\boldsymbol{P}^{\mathrm{T}}\boldsymbol{P}.$$

显然 $\boldsymbol{P}$ 是可逆矩阵．于是，$\boldsymbol{A}$ 为正定矩阵．

推论 6.4.1　n 元实二次型 $f\left(x_1,x_2,\cdots,x_n\right)$ 正定的充分必要条件是其正惯性指数等于 n．

由惯性定理可知，实二次型经过可逆线性变换后其正惯性指数不变，因此，实二次型经过可逆线性变换保持正定性不变．若实二次型 $f\left(x_1,x_2,\cdots,x_n\right)=\boldsymbol{x}^{\mathrm{T}}\boldsymbol{A}\boldsymbol{x}$ 经过可逆线性变换 $\boldsymbol{x}=\boldsymbol{C}\boldsymbol{y}$ 化为 $g\left(y_1,y_2,\cdots,y_n\right)=\boldsymbol{y}^{\mathrm{T}}\boldsymbol{B}\boldsymbol{y}$，此处 $\boldsymbol{B}=\boldsymbol{C}^{\mathrm{T}}\boldsymbol{A}\boldsymbol{C}$．若 $f\left(y_1,y_2,\cdots,y_n\right)$ 是正定的，则 $g\left(y_1,y_2,\cdots,y_n\right)$ 也是正定的，反之亦然．由此得到下面的定理：可逆线性变换不改变实二次型的正定性．

定理 6.4.7　对于实二次型 $f=x^{\mathrm{T}}\boldsymbol{A}\boldsymbol{x}$，其中，$\boldsymbol{A}$ 是实对称的，则以下结论等价：

（1）$\boldsymbol{A}$ 合同于单位矩阵 $\boldsymbol{E}$．

（2）存在可逆矩阵 $\boldsymbol{P}$，使得 $\boldsymbol{A}=\boldsymbol{P}^{\mathrm{T}}\boldsymbol{P}$．

（3）存在正定矩阵 $\boldsymbol{B}$，使 $\boldsymbol{A}=\boldsymbol{B}^2$．

（4）存在正交矩阵 $\boldsymbol{Q}$，使 $\boldsymbol{Q}^{\mathrm{T}}\boldsymbol{A}\boldsymbol{Q}=\boldsymbol{\Lambda}=\begin{pmatrix}\lambda_1 & & \\ & \ddots & \\ & & \lambda_n\end{pmatrix}$，$\lambda_i>0(i=1,2,\cdots,n)$．

例 6.4.1　二次型 $x_1^2+4x_2^2+4x_3^2+2tx_1x_2-2x_1x_3+4x_2x_3$ 正定，则 t ______．

解：因为二次型正定，所以其对应的矩阵 $\boldsymbol{A}=\begin{pmatrix}1 & t & -1\\ t & 4 & 2\\ -1 & 2 & 4\end{pmatrix}$ 的顺序主子式

全大于零,即

$$|A_1| = 1 > 0\text{，}\quad |A_2| = \begin{vmatrix} 1 & t \\ t & 4 \end{vmatrix} = 4 - t^2 > 0 \Rightarrow t \in (-2,2)\text{，}$$

$$|A_3| = |A| = \begin{vmatrix} 1 & t & -1 \\ t & 4 & 2 \\ -1 & 2 & 4 \end{vmatrix} = -4t^2 - 4t + 8 > 0 \Rightarrow t \in (-2,1)\text{，}$$

所以,当 $t \in (-2,1)$ 时,满足二次型正定.

例 6.4.2　判断二次型 $f(x_1,x_2,x_3) = 3x_1^2 + 3x_2^2 + x_3^2 - 4x_1x_2$ 的正定性.

解:二次型 f 的矩阵为 $A = \begin{pmatrix} 3 & -2 & 0 \\ -2 & 3 & 0 \\ 0 & 0 & 1 \end{pmatrix}$,其特征多项式为

$$|\lambda E - A| = \begin{vmatrix} \lambda - 3 & 2 & 0 \\ 2 & \lambda - 3 & 0 \\ 0 & 0 & \lambda - 1 \end{vmatrix} = (\lambda - 1)^2(\lambda - 5),$$

从而 A 的特征值为 1,1,5,又 A 为实对称矩阵,所以 f 为正定二次型.

6.4.4　正、负定二次型

在实二次型中,正、负二次型占有特殊的地位.

定义 6.4.2　设有 n 元实二次型 $f = \boldsymbol{x}^{\mathrm{T}} A \boldsymbol{x}$,如果对任意 $\boldsymbol{x} \neq 0$ 都有:

(1)$f > 0$,则称 f 为**正定二次型**,并称实对称矩阵 A 为**正定矩阵**.

(2)$f < 0$,则称 f 为**负定二次型**,并称实对称矩阵 A 为**负定矩阵**.

(3)$f \geqslant 0$,则称 f 为**半正定二次型**,并称实对称矩阵 A 为**半正定矩阵**.

(4)$f \leqslant 0$,则称 f 为**半负定二次型**,并称实对称矩阵 A 为**半负定矩阵**.

（5）f 既不满足定义 6.4.2（3），又不满足定义 6.4.1（4），则称 f 为**不定二次型**，并称实对称矩阵 $\boldsymbol{A}$ 为**不定矩阵**.

例 6.4.3 已知 $\boldsymbol{A}$ 和 $\boldsymbol{B}$ 都是 n 阶正定矩阵，证明 $\boldsymbol{A}+\boldsymbol{B}$ 也是正定矩阵.

证明： 因为 $\boldsymbol{A}^{\mathrm{T}}=\boldsymbol{A},\boldsymbol{B}^{\mathrm{T}}=\boldsymbol{B}$，所以

$$(\boldsymbol{A}+\boldsymbol{B})^{\mathrm{T}}=\boldsymbol{A}^{\mathrm{T}}+\boldsymbol{B}^{\mathrm{T}}=\boldsymbol{A}+\boldsymbol{B},$$

即 $\boldsymbol{A}+\boldsymbol{B}$ 也是实对称矩阵. 又对任意 $\boldsymbol{x}\neq 0$，有 $\boldsymbol{x}^{\mathrm{T}}\boldsymbol{A}\boldsymbol{x}>0$，$\boldsymbol{x}^{\mathrm{T}}\boldsymbol{B}\boldsymbol{x}>0$，从而

$$\boldsymbol{x}^{\mathrm{T}}(\boldsymbol{A}+\boldsymbol{B})\boldsymbol{x}=\boldsymbol{x}^{\mathrm{T}}\boldsymbol{A}\boldsymbol{x}+\boldsymbol{x}^{\mathrm{T}}\boldsymbol{B}\boldsymbol{x}>0,$$

即 $\boldsymbol{x}^{\mathrm{T}}(\boldsymbol{A}+\boldsymbol{B})\boldsymbol{x}$ 是正定二次型，故 $\boldsymbol{A}+\boldsymbol{B}$ 是正定矩阵.

基于正（负）定二次型与正（负）定矩阵在数学、物理、工程技术中有着重要的应用，以下给出一些常用的判别条件.

定理 6.4.8 n 元实二次型 $f=\boldsymbol{x}^{\mathrm{T}}\boldsymbol{A}\boldsymbol{x}$ 为正定的充分必要条件是它的标准形中 n 个系数全为正，即 f 的正惯性指数为 n.

证明： 设二次型 $f=\boldsymbol{x}^{\mathrm{T}}\boldsymbol{A}\boldsymbol{x}$ 经可逆线性变换 $\boldsymbol{x}=\boldsymbol{C}\boldsymbol{y}$ 化为标准形

$$f=\sum_{i=1}^{n}d_i y_i^2 .$$

充分性. 已知 $d_i>0(i=1,2,\cdots,n)$，对于任意 $\boldsymbol{x}\neq\boldsymbol{0}$ 有 $\boldsymbol{y}=\boldsymbol{C}^{-1}\boldsymbol{x}\neq\boldsymbol{0}$，故

$$f=\sum_{i=1}^{n}d_i y_i^2>0 .$$

必要性. 用反证法. 假设有某个 $d_i\leqslant 0$，当取 $\boldsymbol{y}=\boldsymbol{e}_s$ 时，有 $\boldsymbol{x}=\boldsymbol{C}\boldsymbol{e}\ \neq$ 此时

$$f=\boldsymbol{x}^{\mathrm{T}}\boldsymbol{A}\boldsymbol{x}=\boldsymbol{e}_s^{\mathrm{T}}\boldsymbol{C}^{\mathrm{T}}\boldsymbol{A}\boldsymbol{C}\boldsymbol{e}_s=d_s\leqslant 0,$$

这与已知 f 为正定二次型矛盾，故 $d_i>0(i=1,2,\cdots,n)$.

推论 6.4.2　实对称矩阵 $\boldsymbol{A}$ 为正定矩阵的充分必要条件是 $\boldsymbol{A}$ 的特征值全为正数.

推论 6.4.3　实对称矩阵 $\boldsymbol{A}$ 为正定矩阵的充分必要条件是 $\boldsymbol{A}$ 合同于单位矩阵 $\boldsymbol{E}$.

推论 6.4.4　实对称矩阵 $\boldsymbol{A}$ 为正定矩阵的必要条件是 $\det\boldsymbol{A}>0$.

证明: 设 $\lambda_1,\lambda_2,\cdots,\lambda_n$ 是 $\boldsymbol{A}$ 的特征值,因为 $\boldsymbol{A}$ 是正定矩阵,由推论 6.4.2 知,$\lambda_i>0(i=1,\ 2,\ \cdots,\ n)$,因此

$$\det\boldsymbol{A}=\lambda_1\lambda_2\cdots\lambda_n>0\ .$$

定理 6.4.9　实对称矩阵 $\boldsymbol{A}$=（$\boldsymbol{a}$）$\boldsymbol{xn}$ 为正定矩阵的充分必要条件是 $\boldsymbol{A}$ 的各阶顺序主子式 $\Delta_k\left(k=1,2,\cdots,n\right)$ 均大于零,即

$$\Delta_1=a_{11}>0,\Delta_2=\begin{vmatrix}a_{11} & a_{12}\\ a_{21} & a_{22}\end{vmatrix}>0,\cdots,\Delta_n=\det\boldsymbol{A}>0\cdot$$

证明: 构造二次型

$$f=\boldsymbol{x}^{\mathrm{T}}\boldsymbol{A}\boldsymbol{x}=\sum_{i=1}^{n}\sum_{j=1}^{n}a_{ij}x_ix_j\cdot$$

必要性. 已知二次型 f 是正定的. 令

$$f_k\left(x_1,x_2,\cdots,x_k\right)=\sum_{i=1}^{k}\sum_{j=1}^{k}a_{ij}x_ix_j\left(k=1,2,\cdots,n\right),$$

则对任意的 $\left(x_1,x_2,\cdots,x_k\right)^{\mathrm{T}}\neq\boldsymbol{0}$,有

$$f_k\left(x_1,x_2,\cdots,x_k\right)=f\left(x_1,x_2,\cdots,x_k,0,\cdots,0\right)>0\ ,$$

从而 $f_k\left(x_1,x_2,\cdots,x_k\right)$ 是 k 元正定二次型. 由推论 6.4.4 知

$$\Delta_k=\begin{vmatrix}a_{11} & \cdots & a_{1k}\\ \vdots & & \vdots\\ a_{k1} & \cdots & a_{kk}\end{vmatrix}>0\left(k=1,2,\cdots,n\right)\cdot$$

充分性．已知 $\Delta_k>0(k=1,2,\cdots,n)$．对阶数 n 做数学归纳法，当 n=1 时，$\boldsymbol{A}=a_{11}$，由 $\Delta_1=a_{11}>0$ 知 $\boldsymbol{A}$ 是正定的．假设论断对 $n-1$ 阶方阵成立．以下来证 n 阶方阵．

设 $\boldsymbol{A}=\begin{pmatrix}\boldsymbol{A}_{n-1} & \boldsymbol{\alpha}\\ \boldsymbol{\alpha}^{\mathrm{T}} & \boldsymbol{A}_{nn}\end{pmatrix}$，则由归纳假设知，$\boldsymbol{A}_{n-1}$ 是对称正定矩阵，且

$$\begin{pmatrix}\boldsymbol{E} & 0\\ -\boldsymbol{\alpha}^{\mathrm{T}}\boldsymbol{A}_{n-1}^{-1} & 1\end{pmatrix}\begin{pmatrix}\boldsymbol{A}_{n-1} & \boldsymbol{\alpha}\\ \boldsymbol{\alpha}^{\mathrm{T}} & a_{nn}\end{pmatrix}\begin{pmatrix}\boldsymbol{E} & -\boldsymbol{A}_{n-1}^{-1}\boldsymbol{\alpha}\\ 0 & 1\end{pmatrix}=\begin{pmatrix}\boldsymbol{A}_{n-1} & \\ & a_{nn}-\boldsymbol{\alpha}^{\mathrm{T}}\boldsymbol{A}^{\mathrm{T}}\boldsymbol{\alpha}\end{pmatrix},\quad(6\text{–}4\text{–}6)$$

因为

$$\boldsymbol{A}\simeq\begin{pmatrix}\boldsymbol{A}_{n-1} & \\ & a_{nn}-\boldsymbol{\alpha}^{\mathrm{T}}\boldsymbol{A}^{\mathrm{T}}\boldsymbol{\alpha}\end{pmatrix},$$

又式（6–4–6）两端取行列式，有

$$\det\boldsymbol{A}=\det\boldsymbol{A}_{n-1}\left(a_{nn}-\boldsymbol{\alpha}^{\mathrm{T}}\boldsymbol{A}_{n-1}^{-1}\boldsymbol{\alpha}\right)>0,$$

所以由 $\det\boldsymbol{A}_{n-1}>0$，得 $a_{nn}-\boldsymbol{\alpha}^{\mathrm{T}}\boldsymbol{A}_{n-1}^{-1}\boldsymbol{\alpha}>0$，便有 $\begin{pmatrix}\boldsymbol{A}_{n-1} & \\ & a_{nn}-\boldsymbol{\alpha}^{\mathrm{T}}\boldsymbol{A}^{\mathrm{T}}\boldsymbol{\alpha}\end{pmatrix}$ 的特征值皆大于零，所以

$$\begin{pmatrix}\boldsymbol{A}_{n-1} & \\ & a_{nn}-\boldsymbol{\alpha}^{\mathrm{T}}\boldsymbol{A}^{\mathrm{T}}\boldsymbol{\alpha}\end{pmatrix}$$

正定，故 $\boldsymbol{A}$ 是正定矩阵．

注意，若 $f=\boldsymbol{x}^{\mathrm{T}}\boldsymbol{A}\boldsymbol{x}$ 是负定二次型，则 $-f=\boldsymbol{x}^{\mathrm{T}}(-\boldsymbol{A})\boldsymbol{x}$ 是正定二次型，于是有以下定理．

定理 6.4.10　n 元实二次型 $f=\boldsymbol{x}^{\mathrm{T}}\boldsymbol{A}\boldsymbol{x}$ 负定的充分必要条件是下列之一成立：

（1）f 的负惯性指数为 n.

（2）$\boldsymbol{A}$ 的特征值全为负数.

（3）$\boldsymbol{A}$ 合同于 $-\boldsymbol{E}$.

（4）$\boldsymbol{A}$ 的各阶顺序主子式负正相间，即奇数阶顺序主子式为负数，偶数阶顺序主子式为正数.

例 6.4.4　判断下列二次型的正定性.

（1）$f=5x_1^2+x_2^2+5x_3^2+4x_1x_2-8x_1x_3-4x_2x_3$；

（2）$f=-5x_1^2-6x_2^2-4x_3^2+4x_1x_2+4x_1x_3$.

解：（1）二次型 f 的矩阵为

$$\boldsymbol{A}=\begin{pmatrix}5 & 2 & -4\\ 2 & 1 & -2\\ -4 & -2 & 5\end{pmatrix},$$

因为

$$\Delta_1=5>0,\Delta_2=\begin{vmatrix}5 & 2\\ 2 & 1\end{vmatrix}=1>0,\Delta_3=\det\boldsymbol{A}=1>0,$$

所以 f 是正定的.

（2）二次型 f 的矩阵为

$$\boldsymbol{A}=\begin{pmatrix}-5 & 2 & 2\\ 2 & -6 & 0\\ 2 & 0 & -4\end{pmatrix},$$

因为

$$\Delta_1=-5<0,\Delta_2=\begin{vmatrix}-5 & 2\\ 2 & -6\end{vmatrix}=26>0,\ \Delta_3=\det\boldsymbol{A}=-80<0,$$

所以 f 是负定的.

至于半正定二次型的判定有如下定理.

定理 6.4.11　n 元实二次型 $f=\boldsymbol{x}^{\mathrm{T}}\boldsymbol{A}\boldsymbol{x}$ 半正定的充分必要条件是下列之一成立：（1）f 的正惯性指数与秩相等；（2）$\boldsymbol{A}$ 的特征值全非负；（3）$\boldsymbol{A}$ 合同于矩阵 $\begin{pmatrix}\boldsymbol{E}_r & \boldsymbol{O}\\ \boldsymbol{O} & \boldsymbol{O}\end{pmatrix}$.

需要指出的是，仅有顺序主子式大于或等于零是不能保证半正定性的.

比如

$$f(x_1,x_2)=-x_2^2=(x_1,x_2)\begin{pmatrix}0 & 0\\ 0 & -1\end{pmatrix}\begin{pmatrix}x_1\\ x_2\end{pmatrix}$$

就是一个反例.

由解析几何知道,二次方程

$$\begin{aligned}&a_{11}x_1^2+a_{22}x_2^2+a_{33}x_2^2+2a_{12}x_1x_2+2a_{13}x_1x_3+2a_{23}x_2x_3+\\&b_1x_1+b_2x_2+b_3x_3+c=0,\end{aligned}$$

一般来说,其表示空间二次曲面. 要判断该二次曲面的类型,需要用直角坐标变换将其中三元二次型部分的交叉项消去,即变成标准形,再通过坐标平移,即可得到二次曲面的标准方程.

当二次曲线或二次曲面方程中的二次型部分是正定或负定二次型时,相应的二次曲线或二次曲面是椭圆或椭球面(读者可以考虑其原因).

例 6.4.5 判定 $5x^2-6xy+5y^2+4x+y-10=0$ 为何种二次曲线.

解: 二次型部分为

$$f=5x^2-6xy+5y^2,$$

该二次型的矩阵为 $\boldsymbol{A}=\begin{pmatrix}5 & -3\\ -3 & 5\end{pmatrix}$. 因为

$$\Delta_1=5>0,\Delta_2=\det\boldsymbol{A}=16>0,$$

故 f 为正定二次型,从而该二次曲线为椭圆.

6.4.5 其他类型的实二次型

定理 6.4.12 若 n 元实二次型 $\boldsymbol{x}^{\mathrm{T}}\boldsymbol{A}\boldsymbol{x},\forall x\neq 0$,恒有:

(1)对二次型做满秩线性替换,其负定性、半正定性、半负定性及不定性都不变.

（2）对于 n 元二次型 $\boldsymbol{x}^{\mathrm{T}}\boldsymbol{A}\boldsymbol{x}$，它负定的充要条件是 $\boldsymbol{A}$ 的奇数阶主子式都小于 0，偶数阶主子式都大于 0；它半正定的充要条件是 $\boldsymbol{A}$ 的正惯性指数等于 $r(\boldsymbol{A})$.

（3）$\boldsymbol{A}$ 负定与（$-\boldsymbol{A}$）正定是等价的.

（4）实对称矩阵 $\boldsymbol{A}$ 的各阶顺序主子式大于零不是 $\boldsymbol{A}$ 半正定的充分必要条件，它的充分必要条件是 $\boldsymbol{A}$ 的各阶主子式大于等于零.

例 6.4.6　判断二次型 $f_1(x_1,x_2,x_3)=-2x_1^2-6x_2^2-4x_3^2+2x_1x_2+2x_1x_3$ 的类型.

解：二次型 f_1 的矩阵为 $\boldsymbol{A}=\begin{pmatrix}-2&1&1\\1&-6&0\\1&0&-4\end{pmatrix}$，$\boldsymbol{A}$ 的顺序主子式 $|\boldsymbol{A}_1|=-2<0$，$|\boldsymbol{A}_2|=\begin{vmatrix}-2&1\\1&-6\end{vmatrix}=11>0$，$|\boldsymbol{A}_3|=\begin{vmatrix}-2&1&1\\1&-6&0\\1&0&-4\end{vmatrix}=-38<0$，所以 f_1 为负定二次型.

例 6.4.7　考虑二次型 $f=x_1^2+4x_2^2+4x_3^2+2\lambda x_1x_2-2x_1x_3+4x_2x_3$，问 λ 取何值时，f 为正定二次型?

解：二次型 f 的矩阵为

$$\boldsymbol{A}=\begin{pmatrix}1&0&-1\\\lambda&4&2\\-1&2&4\end{pmatrix},$$

$\boldsymbol{A}$ 的顺序主子式为

$$|\boldsymbol{A}_1|=1>0，\quad |\boldsymbol{A}_2|=\begin{vmatrix}1&\lambda\\\lambda&4\end{vmatrix}=4-\lambda^2，$$

$$|\boldsymbol{A}_3|=\begin{vmatrix}1&\lambda&-1\\\lambda&4&2\\-1&2&4\end{vmatrix}=-4\lambda^2-4\lambda+8=-4(\lambda-1)(\lambda+2)，$$

根据二次型 f 正定的充分必要条件可知，$|A_2|>0$，$|A_3|>0$，由 $|A_2|=4-\lambda^2>0$ 可得 $-2<\lambda<2$，由 $|A_3|=-4(\lambda-1)(\lambda+2)>0$ 可得 $-2<\lambda<1$，所以当 $-2<\lambda<1$ 时，f 为正定二次型.

例 6.4.8 设 n 元实二次型

$$f(x_1,x_2,\cdots,x_n)=(x_1+a_1x_2)^2+(x_2+a_2x_3)^2+\cdots+(x_{n-1}+a_{n-1}x_n)^2+(x_n+a_nx_1)^2,$$

问当 $a_1,a_2,\cdots,a_n$ 满足什么条件时，二次型 $f(x_1,x_2,\cdots,x_n)$ 是正定的.

解：由题意可知，对任意的 $x_1,x_2,\cdots,x_n$，有 $f(x_1,x_2,\cdots,x_n)\geqslant 0$.

由定义可知要使 f 正定，只需下述齐次方程组

$$\begin{cases} x_1+a_1x_2=0, \\ x_2+a_2x_3=0, \\ \quad\cdots\cdots \\ x_{n-1}+a_{n-1}x_n=0, \\ a_nx_1+x_n=0 \end{cases}$$

仅有零解，由于方程组仅有零解的充要条件是其系数矩阵的行列式不为零，即

$$|A|=\begin{vmatrix} 1 & a_1 & 0 & \cdots & 0 & 0 \\ 0 & 1 & a_2 & \cdots & 0 & 0 \\ 0 & 0 & 1 & \cdots & 0 & 0 \\ \vdots & \vdots & \vdots & & \vdots & \vdots \\ 0 & 0 & 0 & \cdots & 1 & a_{n-1} \\ a_n & 0 & 0 & \cdots & 0 & 1 \end{vmatrix}=1+(-1)^{n+1}a_1a_2\cdots a_n\neq 0,$$

因此，当 $1+(-1)^{n+1}a_1a_2\cdots a_n\neq 0$ 时，即 $a_1a_2\cdots a_n\neq(-1)^n$，对于任意的不全为 0 的 x_1，x_2，$\cdots$，x_n，有 $f(x_1,x_2,\cdots,x_n)>0$，即 f 是正定二次型.

6.5　二次型的应用实例

6.5.1　二次型在几何中的应用

6.5.1.1　二次曲面的标准形

在平面解析几何中，一般的二次曲线

$$ax^2+bxy+cy^2+dx+ey+f=0\ （a,\ b,\ c\ 不全为零），$$

利用旋转、平移变换可以化简，从而划分为椭圆、双曲线和抛物线三种类型，这一结论可以推广到一般的n维向量空间中.

一般地，在$\mathbf{R}^n$中由二次方程

$$\sum_{i=1}^{n}\sum_{j=1}^{n}a_{ij}x_ix_j+2\sum_{j=1}^{n}a_jx_j+a=0$$

确定的点$\boldsymbol{x}=\left(x_1,x_2,\cdots,x_n\right)^{\mathrm{T}}\in\mathbf{R}^n$的集合称为**二次超平面**.

如果$a_{ij}=a_{ji}\left(i,j=1,2,\cdots,n\right)$，则二次超曲面可以改写为

$$\boldsymbol{x}^{\mathrm{T}}\boldsymbol{A}\boldsymbol{x}+2\boldsymbol{\alpha}^{\mathrm{T}}\boldsymbol{x}+\boldsymbol{\alpha}=0,$$

其中，$\boldsymbol{A}=\left(a_{ij}\right)_{n\times n}$为实对称矩阵，$\boldsymbol{x}=\left(x_1,x_2,\cdots,x_n\right)^{\mathrm{T}}$，$\boldsymbol{\alpha}=\left(\alpha_1,\alpha_2,\cdots,\alpha_n\right)^{\mathrm{T}}$.

二次超曲面的化简、分类具有重要的理论意义和广泛应用. n元二次函数$f\left(\boldsymbol{x}\right)=\boldsymbol{x}^{\mathrm{T}}\boldsymbol{A}\boldsymbol{x}+2\boldsymbol{\alpha}^{\mathrm{T}}\boldsymbol{x}+\boldsymbol{\alpha}$是经济学中生产函数、成本函数的常见形式之一，在最优化理论中，也经常遇到该二次函数的极值问题.

为了化简二次超曲面，先引入仿射变换的概念.

定义 6.5.1　设$\boldsymbol{x}=\left(x_1,x_2,\cdots,x_n\right)^{\mathrm{T}}\in\mathbf{R}^n$，称

$$\boldsymbol{\sigma}(\boldsymbol{x})=\boldsymbol{B}\boldsymbol{x}+\boldsymbol{\beta}$$

为$\mathbf{R}^n$中的仿射变换,其中,$\boldsymbol{B}=(b_{ij})_{n\times n}$,$\det(\boldsymbol{B})\neq 0$,$\boldsymbol{\beta}=(b_1,b_2,\cdots,b_n)^{\mathrm{T}}\in\mathbf{R}^n$.

不难看出,这一变换将n维向量$\boldsymbol{x}$变换为n维向量$\boldsymbol{\sigma}(\boldsymbol{x})$.

引理 6.5.1 $\mathbf{R}^n$中的仿射变换$\boldsymbol{\sigma}$保持任意两个向量$\boldsymbol{x},\boldsymbol{y}\in\mathbf{R}^n$的距离不变的充分必要条件是$\boldsymbol{B}$为正交矩阵.

注:矩阵$\boldsymbol{B}$为正交矩阵时,仿射变换也称为等距变换.

定理 6.5.1 设$\mathbf{R}^n$中的二次超曲面为$f(\boldsymbol{x})=\boldsymbol{x}^{\mathrm{T}}\boldsymbol{A}\boldsymbol{x}+2\boldsymbol{\alpha}^{\mathrm{T}}\boldsymbol{x}+\boldsymbol{\alpha}=0$,实对称矩阵$\boldsymbol{A}$的非零特征根为$\lambda_1,\lambda_2,\cdots,\lambda_r$. 设$r$为矩阵$\boldsymbol{A}$的秩,$r^*$为矩阵$\begin{pmatrix}\boldsymbol{A} & \boldsymbol{\alpha}\\ \boldsymbol{\alpha}^{\mathrm{T}} & a\end{pmatrix}$的秩,则该曲面可经等距变换化为下列情形之一.

(1)当$r=r^*$时,$f=\lambda_1z_1^2+\lambda_2z_2^2+\cdots+\lambda_rz_r^2=0$.

(2)当$r=r^*-1$时,$f=\lambda_1z_1^2+\lambda_2z_2^2+\cdots+\lambda_rz_r^2-c=0$.

(3)当$r=r^*-2$时,$f=\lambda_1z_1^2+\lambda_2z_2^2+\cdots+\lambda_rz_r^2+2bz_n=0$.

此定理证明略.

利用该定理,可以把二次超曲面标准化为三种情形之一,从而进行分类.

6.5.1.2 二次曲面的分类

在$\mathbf{R}^3$中,一般的二次曲面方程都可以利用定理6.5.1化成标准形,从而对二次曲面进行分类,其中常见的曲面有以下七种.

(1)球面. 在某个空间直角坐标系中,如果二次曲面可化为$x^2+y^2+z^2=r^2$,则此曲面是以原点为球心,r为半径的球面.

(2)椭球面. 在某个空间直角坐标系中,如果二次曲面可化为

$$\frac{x^2}{a^2}+\frac{y^2}{b^2}+\frac{z^2}{c^2}=1\quad(a\geqslant b>c>0),$$

则称此曲面为椭球面.

(3)单叶双曲面. 在某个空间直角坐标系中,如果二次曲面可化为

$$\frac{x^2}{a^2}+\frac{y^2}{b^2}-\frac{z^2}{c^2}=1 \quad (a \geqslant b>0, c>0),$$

则称此曲面为单叶双曲面.

（4）双叶双曲面. 在某个空间直角坐标系中，如果二次曲面可化为

$$\frac{z^2}{c^2}-\frac{x^2}{a^2}-\frac{y^2}{b^2}=1 \quad (a \geqslant b>0, c>0),$$

则称此曲面为双叶双曲面.

（5）双曲抛物面. 在某个空间直角坐标系中，如果二次曲面可化为

$$\frac{x^2}{a^2}-\frac{y^2}{b^2}=z,$$

则称此曲面为双曲抛物面，亦称抛面.

（6）椭圆抛物面. 在某个空间直角坐标系中，如果二次曲面可化为

$$\frac{x^2}{a^2}+\frac{y^2}{b^2}=z,$$

则称此曲面为椭圆抛物面.

（7）锥面. 在某个空间直角坐标系中，如果二次曲面可化为

$$\frac{x^2}{a^2}+\frac{y^2}{b^2}-\frac{z^2}{c^2}=0 \quad (a \geqslant b>0, c>0),$$

则称此曲面为二次锥面.

6.5.2 多元函数极值的判定

在实际问题中，往往会遇到求多元函数的最大值、最小值问题. 这一问题可利用二次型的理论来解决.

设 n 元实函数 $f(x_1,x_2,\cdots,x_n)$ 在点 $M_0(a_1,a_2,\cdots,a_n)$ 的邻域内有连续的二

阶偏导数，且设 M_0 为驻点，即满足

$$\left.\frac{\partial f(x_1,x_2,\cdots,x_n)}{\partial x_j}\right|_{M_0}=0\ (j=1,2,\cdots,n) \tag{6-5-1}$$

函数的极值点必是驻点，但驻点不一定是极值点．现要判定 M_0 究竟是否为极值点．对 n=2 的情形，高等数学教材中已给出了一个充分条件；但对 n>2 的情形，一般高等数学教材中不进行介绍．

设 $\Delta x_i=x_i-a_i\ (i=1,2,\cdots,n)$，利用多元函数的泰勒公式（高等数学中仅讨论 n=2 的情形）有

$$\begin{aligned}
f(x_1,x_2,\cdots,x_n)-f(a_1,a_2,\cdots,a_n)&=\Delta x_1\frac{\partial f(a_1,a_2,\cdots,a_n)}{\partial x_1}+\cdots\\
&+\Delta x_n\frac{\partial f(a_1,a_2,\cdots,a_n)}{\partial x_n}+\frac{1}{2!}\left[(\Delta x_1)^2\frac{\partial^2 f(a_1,a_2,\cdots,a_n)}{\partial x_1^2}\right.\\
&+2(\Delta x_1)(\Delta x_2)\frac{\partial^2 f(a_1,a_2,\cdots,a_n)}{\partial x_1 x_2}+\cdots\\
&+2(\Delta x_1)(\Delta x_n)\frac{\partial^2 f(a_1,a_2,\cdots,a_n)}{\partial x_1 x_n}+(\Delta x_2)^2\frac{\partial^2 f(a_1,a_2,\cdots,a_n)}{\partial x_2^2}\\
&+2(\Delta x_2)(\Delta x_3)\frac{\partial^2 f(a_1,a_2,\cdots,a_n)}{\partial x_2 x_3}+\cdots\\
&\left.+(\Delta x_n)^2\frac{\partial^2 f(a_1,a_2,\cdots,a_n)}{\partial x_n^2}\right]+O(\rho^3).
\end{aligned}$$

其中，$\rho=\sqrt{(\Delta x_1)^2+(\Delta x_2)^2+\cdots+(\Delta x_n)^2}$ 令

$$\Delta\boldsymbol{x}=(\Delta x_1,\Delta x_2,\cdots,\Delta x_n)^{\mathrm{T}},\ \boldsymbol{A}=(a_{ij})_{n\times n}, \tag{6-5-2}$$

其中，$a_{ij}=\dfrac{\partial^2 f(a_1,a_2,\cdots,a_n)}{\partial x_i x_j}$，则根据 $f(x_1,x_2,\cdots,x_n)$ 有二阶连续偏导数可知 $a_{ij}=a_{ji}$，即 $\boldsymbol{A}$ 是实对称矩阵．利用式（6-5-1）可将式（6-5-2）写成

$$f\left(x_1,x_2,\cdots,x_n\right)-f\left(a_1,a_2,\cdots,a_n\right)=\frac{1}{2}(\Delta\boldsymbol{x})^{\mathrm{T}}\boldsymbol{A}(\Delta\boldsymbol{x})+O\left(\rho^3\right), \qquad (6\text{-}5\text{-}3)$$

在点 M_0 附近 ρ 很小，因此由式(6-5-3)可知，对任意 $\Delta\boldsymbol{x}\neq\boldsymbol{0}$，若 $(\Delta\boldsymbol{x})^{\mathrm{T}}\boldsymbol{A}(\Delta\boldsymbol{x})>0$，即 $\boldsymbol{A}$ 正定，则

$$f\left(x_1,x_2,\cdots,x_n\right)>f\left(a_1,a_2,\cdots,a_n\right),$$

即 M_0 是极小值点；若 $\boldsymbol{A}$ 负定，则

$$f\left(x_1,x_2,\cdots,x_n\right)<f\left(a_1,a_2,\cdots,a_n\right),$$

即 M_0 是极大值点；若 $\boldsymbol{A}$ 是不定矩阵，则在 M_0 点附近 $(\Delta\boldsymbol{x})^{\mathrm{T}}\boldsymbol{A}(\Delta\boldsymbol{x})$ 的值可正可负，所以 M_0 点不是极值点；当 $\boldsymbol{A}$ 是半正定或半负定矩阵时，在 M_0 点附近 $(\Delta\boldsymbol{x})^{\mathrm{T}}\boldsymbol{A}(\Delta\boldsymbol{x})$ 的符号会受到 $O\left(\rho^3\right)$ 项的影响，需采用其他方法来判定 M_0 是否为极值点.

定理 6.5.2 设 n 元实函数 $f\left(x_1,x_2,\cdots,x_n\right)$ 在点 $M_0\left(a_1,a_2,\cdots,a_n\right)$ 的邻域内有二阶连续偏导数，若

$$\left.\frac{\partial}{\partial x_j}\right|_{\left(a_1,a_2,\cdots,a_n\right)}=0\left(j=1,2,\cdots,n\right),$$

并且

$$\boldsymbol{A}=\begin{pmatrix}\dfrac{\partial^2 f\left(a_1,a_2,\cdots,a_n\right)}{\partial x_1^2} & \dfrac{\partial^2 f\left(a_1,a_2,\cdots,a_n\right)}{\partial x_1\partial x_2} & \cdots & \dfrac{\partial^2 f\left(a_1,a_2,\cdots,a_n\right)}{\partial x_1\partial x_n}\\ \dfrac{\partial^2 f\left(a_1,a_2,\cdots,a_n\right)}{\partial x_1\partial x_2} & \dfrac{\partial^2 f\left(a_1,a_2,\cdots,a_n\right)}{\partial x_2^2} & \cdots & \dfrac{\partial^2 f\left(a_1,a_2,\cdots,a_n\right)}{\partial x_2\partial x_n}\\ \vdots & \vdots & & \vdots\\ \dfrac{\partial^2 f\left(a_1,a_2,\cdots,a_n\right)}{\partial x_1\partial x_n} & \dfrac{\partial^2 f\left(a_1,a_2,\cdots,a_n\right)}{\partial x_2\partial x_n} & \cdots & \dfrac{\partial^2 f\left(a_1,a_2,\cdots,a_n\right)}{\partial x_2^2}\end{pmatrix},$$

则有

(1)当 $\boldsymbol{A}$ 正定时，M_0 是极小值点.

(2)当 $\boldsymbol{A}$ 负定时，M_0 是极大值点.

(3)当 $\boldsymbol{A}$ 不定时，M_0 不是极值点.

(4)当 $\boldsymbol{A}$ 为半正定或半负定矩阵时，M_0 是 $f(x_1, x_2, \dots, x_n)$ 的"可疑"极值点，尚需利用其他方法来判定.

特别地，对于二元实函数 $f(x,y)$，有

$$\boldsymbol{A}=\begin{pmatrix} \dfrac{\partial^2 f(a_1,a_2)}{\partial x_1^2} & \dfrac{\partial^2 f(a_1,a_2)}{\partial x_1 \partial x_2} \\ \dfrac{\partial^2 f(a_1,a_2)}{\partial x_1 \partial x_2} & \dfrac{\partial^2 f(a_1,a_2)}{\partial x_2^2} \end{pmatrix},$$

若利用顺序主子式判定 $\boldsymbol{A}$ 正定或负定，再根据定理 6.5.2 判定二元函数的极值，则有

(1)当 $\dfrac{\partial^2 f(a_1,a_2)}{\partial x^2}>0$，且

$$\frac{\partial^2 f(a_1,a_2)}{\partial x^2}\frac{\partial^2 f(a_1,a_2)}{\partial y^2}-\left(\frac{\partial^2 f(a_1,a_2)}{\partial x\partial y}\right)^2>0$$

时，$\boldsymbol{A}$ 正定，从而(a_1, a_2)是 $f(x,y)$ 的极小值点；

(2)当 $\dfrac{\partial^2 f(a_1,a_2)}{\partial x^2}<0$，且

$$\frac{\partial^2 f(a_1,a_2)}{\partial x^2}\frac{\partial^2 f(a_1,a_2)}{\partial y^2}-\left(\frac{\partial^2 f(a_1,a_2)}{\partial x\partial y}\right)^2>0$$

时，$\boldsymbol{A}$ 负定，从而(a_1, a_2)是 $f(x,y)$的极大值点.

可见，该判定条件与高等数学中所给条件是一致的.

例 6.5.1 求三元函数

$$f(x,y,z)=x^2+y^2+z^2+2x+4y-6z$$

的极值.

解: 因为

$$\frac{\partial f}{\partial x}=2x+2,\ \frac{\partial f}{\partial y}=2y+4,\ \frac{\partial f}{\partial z}=2z-6\ ,$$

所以, f 的驻点是(−1 , −2 , 3) 又可求得

$$\frac{\partial^2 f}{\partial x^2}=2,\ \frac{\partial^2 f}{\partial x\partial y}=0,\ \frac{\partial^2 f}{\partial x\partial z}=0,\ \frac{\partial^2 f}{\partial y^2}=2,\ \frac{\partial^2 f}{\partial y\partial z}=0,\ \frac{\partial^2 f}{\partial z^2}=2\ ,$$

于是

$$\boldsymbol{A}=\begin{pmatrix}2&0&0\\0&2&0\\0&0&2\end{pmatrix},$$

由于 $\boldsymbol{A}$ 是正定矩阵, 故(−1 , −2 , 3) 是极小值点, 且极小值为 f (−1 , −2 , 3) =−14.

第7章　欧氏空间

线性空间中主要研究空间的结构及线性变换的性质，但是在线性空间中，向量是没有长度的，两个向量之间也没有夹角，普通几何空间中的度量概念没有得到反映．欧氏空间就是在实数域上的线性空间中引进内积之后建立起来的．标准正交基的建立，使得在欧氏空间中讨论问题都变得更加方便．此外，普通几何空间中的一些重要的线性变换（如旋转变换、镜面反射等）在欧氏空间中得到了推广，使得欧氏空间增添了浓重的几何色彩．

7.1　欧氏空间的定义及基本性质

7.1.1　欧氏空间的定义

定义 7.1.1　向量空间 V_3（或 V_2）中两个向量的长度及夹角间的关系突

出表现为余弦定理．设 $\boldsymbol{\alpha}$，$\boldsymbol{\beta}$ 是几何空间 V_3 中从原点出发的向量，且 $\boldsymbol{\alpha}=\overrightarrow{OP}, \boldsymbol{\beta}=\overrightarrow{OQ}$．设点 P 的坐标为 $(x_1, y_1\ z_1)$，点 Q 的坐标为 $(x_2, y_2\ z_2)$，令 $\boldsymbol{\gamma}=\overrightarrow{QP}$，$\boldsymbol{\alpha}$ 与 $\boldsymbol{\beta}$ 的夹角为 A，由余弦定理知

$$|\boldsymbol{\gamma}|^2=|\boldsymbol{\alpha}|^2+|\boldsymbol{\beta}|^2-2|\boldsymbol{\alpha}|\cdot|\boldsymbol{\beta}|\cos A, \tag{7-1-1}$$

即

$$(x_1-x_2)^2+(y_1-y_2)^2+(z_1-z_2)^2$$

$$=x_1^2+y_1^2+z_1^2+x_2^2+y_2^2+z_2^2-2|\boldsymbol{\alpha}|\cdot|\boldsymbol{\beta}|\cos A,$$

因此，

$$|\boldsymbol{\alpha}|\cdot|\boldsymbol{\beta}|\cos A=x_1x_2+y_1y_2+z_1z_2\ . \tag{7-1-2}$$

对于一对向量 $\boldsymbol{\alpha}$，$\boldsymbol{\beta}$，有一确定的实数 $|\boldsymbol{\alpha}|\cdot|\boldsymbol{\beta}|\cos A$ 与之对应．即得到一个向量为自变量的二元函数，记为 $\langle\boldsymbol{\alpha}, \boldsymbol{\beta}\rangle$．此数称为 $\boldsymbol{\alpha}$ 与 $\boldsymbol{\beta}$ 的**内积**，由式（7-1-2）可以得到

$$\langle\alpha, \beta\rangle=\langle\beta, \alpha\rangle,$$

$$\langle k_1\alpha_1+k_2\alpha_2, \beta\rangle=k_1\langle\alpha_1, \beta\rangle+k_2\langle\alpha_2, \beta\rangle,$$

$$\langle\boldsymbol{\alpha}, \boldsymbol{\alpha}\rangle\geqslant 0,$$

且等号成立当且仅当 $\boldsymbol{\alpha}=\mathbf{0}$ ．

此外，还有

$$\langle\boldsymbol{\alpha}, \boldsymbol{\alpha}\rangle=|\boldsymbol{\alpha}|^2,$$

$$\cos A=\frac{\langle\boldsymbol{\alpha}, \boldsymbol{\beta}\rangle}{|\boldsymbol{\alpha}|\cdot|\boldsymbol{\beta}|}\ (\boldsymbol{\alpha}, \boldsymbol{\beta} \text{ 不为零}).$$

设 A, B 是两个集合,称集合 $\{(x,y)|x\in A, y\in B\}$ 是 A, B 的笛卡尔积,记作 $A\times B$.

定义 7.1.2　设 V 是实数域 $\mathbf{R}$ 上的一个线性空间. 如果有一映射 $f: V\times V\to\mathbf{R}$, $(\boldsymbol{\alpha},\boldsymbol{\beta})\mapsto f(\boldsymbol{\alpha},\boldsymbol{\beta})$,也可以将 $f(\boldsymbol{\alpha},\boldsymbol{\beta})$ 记作 $\langle\boldsymbol{\alpha},\boldsymbol{\beta}\rangle$,同时如果它还满足:

(1)对称性:$\langle\boldsymbol{\alpha},\boldsymbol{\beta}\rangle=\langle\boldsymbol{\beta},\boldsymbol{\alpha}\rangle, \forall\boldsymbol{\alpha},\boldsymbol{\beta}\in V$;

(2)线性性:$\langle k_1\boldsymbol{\alpha}_1+k_2\boldsymbol{\alpha}_2,\boldsymbol{\beta}\rangle=k_1\langle\boldsymbol{\alpha}_1,\boldsymbol{\beta}\rangle+k_2\langle\boldsymbol{\alpha}_1,\boldsymbol{\beta}\rangle, \forall k_1, k_2\in\mathbf{R}, \boldsymbol{\alpha}_1, \boldsymbol{\alpha}_2, \boldsymbol{\beta}\in V$;

(3)非负性: 对任意 $\in$,有 $\langle\boldsymbol{\alpha},\boldsymbol{\alpha}\rangle\geqslant 0$,当且仅当 $\boldsymbol{\alpha}=0$ 时,$\langle\boldsymbol{\alpha},\boldsymbol{\alpha}\rangle=0$.

那么 $\langle\boldsymbol{\alpha},\boldsymbol{\beta}\rangle$ 称为向量 $\boldsymbol{\alpha}$ 与 $\boldsymbol{\beta}$ 的内积,V 为这个内积的一个欧几里得空间,简称欧氏空间.

欧氏空间定义中线性与以下两条等价:

$$\langle k\boldsymbol{\alpha},\boldsymbol{\beta}\rangle=k\langle\boldsymbol{\alpha},\boldsymbol{\beta}\rangle, \forall k\in\mathbf{R}, \boldsymbol{\alpha}, \boldsymbol{\beta}\in V;$$

$$\langle\boldsymbol{\alpha}_1+\boldsymbol{\alpha}_2,\boldsymbol{\beta}\rangle=\langle\boldsymbol{\alpha}_1,\boldsymbol{\beta}\rangle+\langle\boldsymbol{\alpha}_2,\boldsymbol{\beta}\rangle, \forall\boldsymbol{\alpha}_1,\boldsymbol{\alpha}_2,\boldsymbol{\beta}\in V.$$

例 7.1.1　设 V 是普通二维或三维空间,向量的内积定义为向量的长与夹角余弦的乘积,即

$$\langle\boldsymbol{\alpha},\boldsymbol{\beta}\rangle=|\boldsymbol{\alpha}|\cdot|\boldsymbol{\beta}|\cos A.$$

由解析几何可知,这样规定的内积满足上述条件. 因此,普通二维和三维空间都是欧氏空间.

例 7.1.2　设 $\mathbf{R}^n$ 为实数域上的 n 元线性空间,且对任二向量

$$\boldsymbol{\alpha}=(a_1, a_2,\cdots, a_n), \boldsymbol{\beta}=(b_1, b_2,\cdots, b_n)$$

规定

$$\langle\boldsymbol{\alpha},\boldsymbol{\beta}\rangle=a_1b_1, a_2b_2,\cdots, a_nb_n,$$

不难验证,$\mathbf{R}^n$ 对这样定义的内积也做成一个欧氏空间.

7.1.2 欧氏空间的基本性质

现在我们在一般的欧氏空间里,推导内积的一些简单性质.

性质 7.1.1 设 V 是一个欧氏空间. 由定义 7.1.1 可知,对于任意 $\boldsymbol{\alpha} \in V$ 都有 $0 \cdot \boldsymbol{\alpha}=\boldsymbol{\alpha} \cdot 0=0$.

反过来,如果对任意 $\boldsymbol{\beta} \in V$,都有 $\boldsymbol{\alpha}\cdot\boldsymbol{\beta}=0$,那么 $\boldsymbol{\alpha}\cdot\boldsymbol{\alpha}=0$, 于是 $\boldsymbol{\alpha}=0$.

其次,由定义 7.1.2 可知,对于任意, $\boldsymbol{\alpha},\boldsymbol{\beta},\boldsymbol{\gamma} \in V$ 和任意 $a \in \mathbf{R}$,有

$$\gamma\cdot(\boldsymbol{\alpha}+\boldsymbol{\beta})=\gamma\cdot\boldsymbol{\alpha}+\gamma\cdot\boldsymbol{\beta} ,$$

$$\boldsymbol{\alpha}(a\boldsymbol{\beta})=a(\boldsymbol{\alpha}\boldsymbol{\beta}).$$

于是,对于任意向量 $\boldsymbol{\alpha}_1,\boldsymbol{\alpha}_2,\cdots,\boldsymbol{\alpha}_r,\boldsymbol{\beta}_1,\boldsymbol{\beta}_2,\cdots,\boldsymbol{\beta}_s \in V$; $a_1,a_2,\cdots,a_r,b_1,b_2,\cdots,b_s \in \mathbf{R}$ 都有

$$\left(\sum_{i=1}^{r}a_i\boldsymbol{\alpha}_i\right)\cdot\left(\sum_{j=1}^{s}b_j\boldsymbol{\beta}_j\right)=\sum_{i=1}^{r}\sum_{j=1}^{s}(a_ib_j)(\boldsymbol{\alpha}_i\boldsymbol{\beta}_j) ,$$

现在我们来证明欧氏空间里一个重要的不等式,正是由于有了这个不等式,我们可以合理地定义两个向量的夹角.

定理 7.1.1 [柯西-施瓦茨(Cauchy-Schwarz)不等式]在欧氏空间 V 中,对于任意向量 $\boldsymbol{\alpha},\boldsymbol{\beta}$,都有

$$(\alpha\cdot\beta)^2\leqslant(\alpha\cdot\alpha)(\beta\cdot\beta) ,$$

当且仅当 $\boldsymbol{\alpha}$ 与 $\boldsymbol{\beta}$ 线性相关时,等号成立.

证明: 如果 $\boldsymbol{\alpha}$ 与 $\boldsymbol{\beta}$ 线性相关,那么 $\boldsymbol{\alpha}=0$ 或者 $\boldsymbol{\beta}=a\boldsymbol{\alpha}$,不论哪一种情况都有

$$(\boldsymbol{\alpha}\cdot\boldsymbol{\beta})^2=(\boldsymbol{\alpha}\cdot\boldsymbol{\alpha})(\boldsymbol{\beta}\cdot\boldsymbol{\beta}) ,$$

现在设$\boldsymbol{\alpha}$与$\boldsymbol{\beta}$线性无关那么对于任意实数$\boldsymbol{\beta} = a\boldsymbol{\alpha}$，于是

$$(t\boldsymbol{\alpha}\cdot\boldsymbol{\beta})\cdot(t\boldsymbol{\alpha}\cdot\boldsymbol{\beta}) > 0,$$

即

$$t^2(\boldsymbol{\alpha}\cdot\boldsymbol{\alpha}) + 2t(\boldsymbol{\alpha}\cdot\boldsymbol{\beta}) + (\boldsymbol{\beta}\cdot\boldsymbol{\beta})^2 > 0.$$

不等式左端是t的一个二次三项式，由于它对于t的任意实数值来说都是正数，所以它的判别式一定小于零，即

$$(\boldsymbol{\alpha}\cdot\boldsymbol{\beta})^2 - (\boldsymbol{\alpha}\cdot\boldsymbol{\alpha})(\boldsymbol{\beta}\cdot\boldsymbol{\beta}) < 0$$

或

$$(\boldsymbol{\alpha}\cdot\boldsymbol{\beta})^2 < (\boldsymbol{\alpha}\cdot\boldsymbol{\alpha})(\boldsymbol{\beta}\cdot\boldsymbol{\beta}).$$

例 7.1.3　考虑欧氏空间$\mathbf{R}^n$．由定理 7.1.1，对于任意实数$a_1, a_2, \cdots, a_m, b_1, b_2, \cdots, b_n$有不等式

$$(a_1b_1 + \cdots + a_nb_n)^2 \leqslant (a_1^2 + \cdots + a_n^2)(b_1^2 + \cdots + b_n^2),$$

此不等式称为柯西(Cauchy)不等式.

例 7.1.4　考虑欧氏空间$C[a,b]$．由定理 7.1.1，对于定义在$[a, b]$上的任意连续函数$f(x)$，$g(x)$，有

$$\left|\int_a^b f(x)g(x)\mathrm{d}x\right| \leqslant \sqrt{\int_a^b f^2(x)\mathrm{d}x\int_a^b g^2(x)\mathrm{d}x},$$

此不等式就是数学分析中的施瓦茨(Schwarz)不等式.

现在来定义欧氏空间中两个向量的夹角.

定义 7.1.3　设$\boldsymbol{\alpha}$和$\boldsymbol{\beta}$是欧氏空间V中两个非零向量，则存在$0 \leqslant \theta \leqslant \pi$，

使得

$$\cos\theta=\frac{\boldsymbol{\alpha}\cdot\boldsymbol{\beta}}{|\boldsymbol{\alpha}||\boldsymbol{\beta}|},$$

式中，θ 为 $\boldsymbol{\alpha}$ 与 $\boldsymbol{\beta}$ 的夹角，并记为 $\langle\alpha,\beta\rangle$.

由于

$$-1\leqslant\frac{\boldsymbol{\alpha}\cdot\boldsymbol{\beta}}{|\boldsymbol{\alpha}||\boldsymbol{\beta}|}\leqslant 1,$$

所以这样定义夹角是合理的.

欧氏空间 V 中任意两个非零向量有唯一的夹角 $\theta(0\leqslant\theta\leqslant\pi)$.

在欧氏空间里这样定义向量的长度和夹角正是解析几何里向量长度和夹角概念的自然推广.

为了方便起见，我们补充规定：零向量与任意向量都正交，注意到定义 7.1.1 关于两个向量夹角的公式，我们有下面的定义.

定义 7.1.4 设 $\boldsymbol{\alpha}$ 和 $\boldsymbol{\beta}$ 是欧氏空间 V 中两个向量，如果 $\boldsymbol{\alpha}\cdot\boldsymbol{\beta}=0$ 则称 $\boldsymbol{\alpha}$ 与 $\boldsymbol{\beta}$ 是正交的（或垂直的），记为 $\boldsymbol{\alpha}\perp\boldsymbol{\beta}$.

例如，在欧氏空间 $\mathbf{R}^n$ 里，标准基向量

$$\boldsymbol{\varepsilon}_i=(0,\cdots,0,1,0,\cdots,0)(i=1,2,\cdots,n)$$

两两正交.

由定义 7.1.3 可知，只有零向量才与自己正交，它也与 V 中任一向量正交.

例 7.1.5 考察某个班的数学作业成绩和考试成绩，表 7–1 的第二列为作业成绩第三列为测验成绩，最后一列为期末考试成绩. 为了更好地区分每种情况，我们令最好成绩均为 200 分. 最后一行为班级平均分的汇总.

我们要计算一个班级的考试成绩和作业成绩之间的相关程度.

我们通过比较每一次测验或作业成绩衡量学生的成绩. 为了看到两个成绩集合的相关程度，并考虑到某些难度的差异，需要将每一次测试成绩的均值调整为 0. 若将每一列中的元素减去每一次成绩的平均分，则得到的每一次

成绩的均值都为 0,将这样的成绩存储在下面一个矩阵 $\boldsymbol{X}$ 中,

表7-1 数学成绩

学生	成绩		
	作业	测验	期末考试
$S1$	198	200	196
$S2$	160	165	165
$S3$	158	158	133
$S4$	150	165	91
$S5$	175	182	151
$S6$	134	135	101
$S7$	152	136	80
平均	161	163	131

$$\boldsymbol{X}=\begin{pmatrix} 37 & 37 & 65 \\ -1 & 2 & 34 \\ -3 & -5 & 2 \\ -11 & 2 & -40 \\ 14 & 19 & 20 \\ -27 & -28 & -30 \\ -9 & -27 & -51 \end{pmatrix},$$

$\boldsymbol{X}$ 的列向量表示三个成绩集合中的每一个成绩相对于均值的偏差. $\boldsymbol{X}$ 的列向量给出的三个数据集合的均值都是 0,且它们的和也都为 0. 为了比较两个成绩集合,计算 $\boldsymbol{X}$ 中相应两个列向量之间的夹角的余弦,余弦值接近 1 表示这两个成绩集合是高度相关的. 例如,作业成绩和考试成绩的相关度为

$$\cos\theta = \frac{\boldsymbol{\alpha}_1^{\mathrm{T}}\boldsymbol{\alpha}_2}{|\boldsymbol{\alpha}_1||\boldsymbol{\alpha}_2|} \approx 0.92,$$

最好的相关度为 1 时对应于两个成绩集合是成比例的. 因此,具有好的相关度的向量应满足 $\boldsymbol{\alpha}_2 = k\boldsymbol{\alpha}_1 (k > 0)$. 若将 $\boldsymbol{\alpha}_1$ 和 $\boldsymbol{\alpha}_2$ 的对应坐标组成数对,则每一个有序对均位于直线 $y=kx$ 上.

如果将 $\boldsymbol{\alpha}_1$ 和 $\boldsymbol{\alpha}_2$ 缩放为下面的单位向量

$$\boldsymbol{\beta}_1 = \frac{1}{|\boldsymbol{\alpha}_1|}\boldsymbol{\alpha}_1, \boldsymbol{\beta}_2 = \frac{1}{|\boldsymbol{\alpha}_2|}\boldsymbol{\alpha}_2,$$

则向量之间的夹角的余弦仍然保持不变,并且可以简单地通过内积 $\boldsymbol{\beta}_1^{\mathrm{T}} \cdot \boldsymbol{\beta}_2$ 求得. 将三个成绩集合再缩放并存储为一个矩阵

$$\boldsymbol{U} = \begin{pmatrix} 0.74 & 0.65 & 0.62 \\ -0.02 & 0.03 & 0.33 \\ -0.06 & -0.09 & 0.02 \\ -0.22 & 0.03 & -0.38 \\ 0.28 & 0.33 & 0.19 \\ -0.54 & -0.49 & -0.29 \\ -0.18 & -0.47 & -0.49 \end{pmatrix}.$$

若令 $\boldsymbol{C} = \boldsymbol{U}^T\boldsymbol{U}$,则

$$\boldsymbol{C} = \begin{pmatrix} 1 & 0.92 & 0.83 \\ 0.92 & 1 & 0.83 \\ 0.83 & 0.83 & 1 \end{pmatrix},$$

且 $\boldsymbol{C}$ 的第 i 行第 j 列元素就表示第 i 个成绩集合和第 j 个成绩集合的相关程度,矩阵 $\boldsymbol{C}$ 称为相关矩阵.

因素分析开始于 20 世纪初,当时心理学家正致力于智力产生的因素研究,这个领域中一个较为公认的先驱者是心理学家查尔斯 · 斯皮尔曼,该学者分析了一个学校的一系列测试成绩,这些测试来自一个有 23 名学生的班级的一些基本课程,同时包括辨别能力. 斯皮尔曼的相关矩阵如表 7–2 所示,利用

这个表和其他数据集合，斯皮尔曼发现了在不同学科的测试成绩中存在一个相关层次．他得到结论：各个不同分支的智力活动中均有一个公共基本函数（或一组基本函数）．后来，心理学家们进一步确定了由智力因素导致的在一个学习领域中发展的公共因子，这就是心理学中的因素分析．

表7–2　斯皮尔曼的相关矩阵

	文学	法语	英语	数学	辨别	音乐
文学	1	0.83	0.78	0.70	0.66	0.63
法语	0.83	1	0.67	0.67	0.65	0.57
英语	0.78	0.67	1	0.64	0.54	0.51
数学	0.70	0.67	0.64	1	0.45	0.51
辨别	0.66	0.65	0.54	0.45	1	0.40
音乐	0.63	0.57	0.51	0.51	0.40	1

定理 7.1.2　在欧氏空间 V 中，如果向量 $\boldsymbol{\alpha}$ 与向量 $\boldsymbol{\beta}_1,\boldsymbol{\beta}_2,\cdots,\boldsymbol{\beta}_r$ 中每一个向量正交，那么 $\boldsymbol{\alpha}$ 与 $\boldsymbol{\beta}_1,\boldsymbol{\beta}_2,\cdots,\boldsymbol{\beta}_r$ 的任意一个线性组合也正交．

证明：设 $\sum\limits_{i=1}^{r}\boldsymbol{a}_i\boldsymbol{\beta}_i$ 是 $\boldsymbol{\beta}_1,\boldsymbol{\beta}_2,\cdots,\boldsymbol{\beta}_r$ 的一个线性组合，因为 $\boldsymbol{\alpha}\cdot\boldsymbol{\beta}_i=0(i=1,2,\cdots,r)$，所以

$$\boldsymbol{\alpha}\cdot\left(\sum_{i=1}^{r}\boldsymbol{a}_i\boldsymbol{\beta}_i\right)=\sum_{i=1}^{r}a_i\left(\alpha_i\boldsymbol{\beta}_i\right)=0.$$

由此可见，向量 $\boldsymbol{\alpha}$ 与向量 $\sum\limits_{i=1}^{r}\boldsymbol{a}_i\boldsymbol{\beta}_i$ 正交．

设 $\boldsymbol{\alpha},\boldsymbol{\beta}$ 是欧氏空间 V 的任意两个向量．由定理 7.4.1 可知，

$$\begin{aligned}\left|\boldsymbol{\alpha}+\boldsymbol{\beta}\right|^2&=\left(\boldsymbol{\alpha}+\boldsymbol{\beta}\right)\cdot\left(\boldsymbol{\alpha}+\boldsymbol{\beta}\right)=\boldsymbol{\alpha}\cdot\boldsymbol{\alpha}+2\boldsymbol{\alpha}\cdot\boldsymbol{\beta}+\boldsymbol{\beta}\cdot\boldsymbol{\beta}\\&\leqslant\boldsymbol{\alpha}\cdot\boldsymbol{\alpha}+2\left|\boldsymbol{\alpha}\right|\left|\boldsymbol{\beta}\right|+\boldsymbol{\beta}\cdot\boldsymbol{\beta}=\left(\left|\boldsymbol{\alpha}\right|+\left|\boldsymbol{\beta}\right|\right)^2,\end{aligned}$$

由于 $\left|\boldsymbol{\alpha}+\boldsymbol{\beta}\right|$ 和 $\left|\boldsymbol{\alpha}\right|+\left|\boldsymbol{\beta}\right|$ 都是非负实数，所以

$$|\boldsymbol{\alpha}+\boldsymbol{\beta}| \leqslant |\boldsymbol{\alpha}|+|\boldsymbol{\beta}| .$$

容易看出,当$\boldsymbol{\alpha}$与$\boldsymbol{\beta}$正交时,有

$$|\boldsymbol{\alpha}+\boldsymbol{\beta}|^2 = |\boldsymbol{\alpha}|^2+|\boldsymbol{\beta}|^2 .\text{(勾股定理)}$$

在欧氏空间V中,两个向量$\boldsymbol{\alpha}$与$\boldsymbol{\beta}$之间的距离指的是$\boldsymbol{\alpha}-\boldsymbol{\beta}$的长,即$|\alpha-\beta|$,用符号$d(\boldsymbol{\alpha},\boldsymbol{\beta})$表示$\boldsymbol{\alpha}$与$\boldsymbol{\beta}$之间的距离. 根据内积的定义,容易看出,距离具有下列性质:

(1)当$\boldsymbol{\alpha}\neq\boldsymbol{\beta}$时,$d(\boldsymbol{\alpha},\boldsymbol{\beta})>0$;

(2)$d(\boldsymbol{\alpha},\boldsymbol{\beta})=d(\boldsymbol{\beta},\boldsymbol{\alpha})$;

(3)$d(\boldsymbol{\alpha},\boldsymbol{\gamma})\leqslant d(\boldsymbol{\alpha},\boldsymbol{\beta})+d(\boldsymbol{\beta},\boldsymbol{\gamma})$.

这里$\boldsymbol{\alpha},\boldsymbol{\beta},\boldsymbol{\gamma}$是欧氏空间$V$中任意向量.

最后一个不等式称为三角形不等式,在解析几何里,这个不等式的意义就是一个三角形两边的和大于第三边. 如果W是欧氏空间V的一个子空间,那么对于V中内积来说,W显然也做成一个欧氏空间.

7.2 标准正交基的求法

定义 7.2.1 如果欧氏空间V中的一组非零向量$\boldsymbol{\alpha}_1,\boldsymbol{\alpha}_2,\cdots,\boldsymbol{\alpha}_s$两两正交,则称其为**正交向量组**.

命题 7.2.1 正交向量组一定是线性无关的.

证明: 若$\boldsymbol{\alpha}_1,\boldsymbol{\alpha}_2,\cdots,\boldsymbol{\alpha}_s$是正交向量组,它们的线性组合为

$$\boldsymbol{\beta}=k_1\boldsymbol{\alpha}_1+k_2\boldsymbol{\alpha}_2+\cdots+k_s\boldsymbol{\alpha}_s=0,$$

将向量$\boldsymbol{\beta}$与每个向量$\boldsymbol{\alpha}_i$做内积,则有

$$0=\langle\boldsymbol{\beta},\boldsymbol{\alpha}_i\rangle=k_i\langle\boldsymbol{\alpha}_i,\boldsymbol{\alpha}_i\rangle,$$

又$\boldsymbol{\alpha}_i\neq 0$,则$k_i=0$,即$\boldsymbol{\alpha}_1,\boldsymbol{\alpha}_2,\cdots,\boldsymbol{\alpha}_s$线性无关. 证毕.

命题 7.2.2　在n维欧氏空间中不可能找到$n+1$个两两正交的非零向量.

定义 7.2.2　在n维欧氏空间中,由n个向量组成的正交向量组是一组基,称为**正交基**. 由单位向量组成的正交基,称为**标准正交基**.

在n维欧氏空间V中,任选一组基$\boldsymbol{\alpha}_1,\boldsymbol{\alpha}_2,\cdots,\boldsymbol{\alpha}_n$,可以从它出发来构造一个标准正交基.

首先,令$\boldsymbol{\beta}_1=\boldsymbol{\alpha}_1,\boldsymbol{\beta}_2=\boldsymbol{\alpha}_2+k\boldsymbol{\alpha}_1$,使得$\langle\boldsymbol{\beta}_1,\boldsymbol{\beta}_2\rangle=0$,可得

$$k=-\frac{\langle\boldsymbol{\alpha}_1,\boldsymbol{\alpha}_2\rangle}{\langle\boldsymbol{\alpha}_1,\boldsymbol{\alpha}_1\rangle},$$

因此向量

$$\boldsymbol{\beta}_1=\boldsymbol{\alpha}_1,\boldsymbol{\beta}_2=-\frac{\langle\boldsymbol{\beta}_1,\boldsymbol{\alpha}_2\rangle}{\langle\boldsymbol{\beta}_1,\boldsymbol{\beta}_1\rangle}\boldsymbol{\alpha}_1+\boldsymbol{\alpha}_2,$$

满足条件$\boldsymbol{\beta}_1,\boldsymbol{\beta}_2$正交,并且

$$span(\boldsymbol{\alpha}_1,\boldsymbol{\alpha}_2)=span(\boldsymbol{\beta}_1,\boldsymbol{\beta}_2),$$

令$\boldsymbol{\beta}_3=\boldsymbol{\alpha}_3+k\boldsymbol{\beta}_1+l\boldsymbol{\beta}_2$,且$\boldsymbol{\beta}_1,\boldsymbol{\beta}_2,\boldsymbol{\beta}_3$两两正交,则有

$$\langle\boldsymbol{\beta}_1,\boldsymbol{\beta}_3\rangle=0,\langle\boldsymbol{\beta}_2,\boldsymbol{\beta}_3\rangle=0,$$

从中解得

$$k=-\frac{\langle\boldsymbol{\beta}_1,\boldsymbol{\alpha}_3\rangle}{\langle\boldsymbol{\beta}_1,\boldsymbol{\beta}_1\rangle},l=-\frac{\langle\boldsymbol{\beta}_2,\boldsymbol{\alpha}_3\rangle}{\langle\boldsymbol{\beta}_2,\boldsymbol{\beta}_2\rangle},$$

此时,$\boldsymbol{\beta}_1,\boldsymbol{\beta}_2,\boldsymbol{\beta}_3$两两正交,且

$$span(\boldsymbol{\alpha}_1,\boldsymbol{\alpha}_2,\boldsymbol{\alpha}_3)=span(\boldsymbol{\beta}_1,\boldsymbol{\beta}_2,\boldsymbol{\beta}_3),$$

若 $\boldsymbol{\beta}_1,\boldsymbol{\beta}_2,\cdots,\boldsymbol{\beta}_i$ 已两两正交,则向量

$$\boldsymbol{\beta}_{i+1}=-\sum_{r=1}^{i}\frac{\langle\boldsymbol{\beta}_r,\boldsymbol{\alpha}_{i+1}\rangle}{\langle\boldsymbol{\beta}_r,\boldsymbol{\beta}_r\rangle}\boldsymbol{\beta}_r+\boldsymbol{\alpha}_{i+1}$$

与它们正交,并且满足条件

$$span(\boldsymbol{\alpha}_1,\boldsymbol{\alpha}_2,\cdots,\boldsymbol{\alpha}_{i+1})=span(\boldsymbol{\beta}_1,\boldsymbol{\beta}_2,\cdots,\boldsymbol{\beta}_{i+1}),$$

如此继续,可得正交向量组 $\boldsymbol{\beta}_1,\boldsymbol{\beta}_2,\cdots,\boldsymbol{\beta}_n$,且

$$span(\boldsymbol{\alpha}_1,\boldsymbol{\alpha}_2,\cdots,\boldsymbol{\alpha}_n)=span(\boldsymbol{\beta}_1,\boldsymbol{\beta}_2,\cdots,\boldsymbol{\beta}_n).$$

上面由基 $\boldsymbol{\alpha}_1,\boldsymbol{\alpha}_2,\cdots,\boldsymbol{\alpha}_n$ 得到两两正交的基 $\boldsymbol{\beta}_1,\boldsymbol{\beta}_2,\cdots,\boldsymbol{\beta}_n$ 的方法称为 Gram - Schimidt 正交化方法。将得到的向量组 $\boldsymbol{\beta}$ 单位化,这样就证明了下面定理.

定理 7.2.1 在 n 维欧氏空间 V 中,从任意一组基 $\boldsymbol{\alpha}_1,\boldsymbol{\alpha}_2,\cdots,\boldsymbol{\alpha}_n$ 出发,一定可以构造一组标准正交基 $\boldsymbol{\beta}_1^0,\boldsymbol{\beta}_2^0,\cdots,\boldsymbol{\beta}_n^0$,并且这组基还满足

$$span(\boldsymbol{\beta}_1^0,\boldsymbol{\beta}_2^0,\cdots,\boldsymbol{\beta}_i^0)=span(\boldsymbol{\alpha}_1,\boldsymbol{\alpha}_2,\cdots,\boldsymbol{\alpha}_i),i=1,2,\cdots,n.$$

推论 7.2.1 n 维欧氏空间 V 恒存在标准正交基.

推论 7.2.2 n 维欧氏空间 V 的任意一个正交向量组恒可扩充为一组 V 的正交基.

特别地,任意一个单位向量都可以扩充成一组标准正交基.

例 7.2.1 在三维空间 $\mathfrak{R}^3$ 中,设 $\boldsymbol{\alpha}_1=(1,1,0),\boldsymbol{\alpha}_2=(1,0,-1),\boldsymbol{\alpha}_3=(0,-1,1)$,已知 $\langle\boldsymbol{\beta}_1,\boldsymbol{\beta}_2\rangle=0$,则有

$$0=\langle\boldsymbol{\beta}_1,\boldsymbol{\beta}_2\rangle=\langle\boldsymbol{\alpha}_1,\boldsymbol{\alpha}_2+k\boldsymbol{\beta}_1\rangle=\langle\boldsymbol{\alpha}_1,\boldsymbol{\alpha}_2\rangle+k\langle\boldsymbol{\alpha}_1,\boldsymbol{\alpha}_1\rangle=1+2k,$$

从中解得 $k=-\dfrac{1}{2}$,则有 $\boldsymbol{\beta}_2=\left(\dfrac{1}{2},-\dfrac{1}{2},-1\right)$.

再令 $\boldsymbol{\beta}_3=\boldsymbol{\alpha}_3+k\boldsymbol{\beta}_1+l\boldsymbol{\beta}_2$,且 $\langle\boldsymbol{\beta}_3,\boldsymbol{\beta}_1\rangle=\langle\boldsymbol{\beta}_3,\boldsymbol{\beta}_2\rangle=0$,则有

$$0=\langle\boldsymbol{\beta}_1,\boldsymbol{\beta}_3\rangle=\langle\boldsymbol{\beta}_1,\boldsymbol{\alpha}_3+k\boldsymbol{\beta}_1+l\boldsymbol{\beta}_2\rangle=-1+2k,$$

$$0=\langle\boldsymbol{\beta}_2,\boldsymbol{\beta}_3\rangle=\langle\boldsymbol{\beta}_2,\boldsymbol{\alpha}_3+k\boldsymbol{\beta}_1+l\boldsymbol{\beta}_2\rangle=-\frac{1}{2}+\frac{3}{2}l,$$

解得 $k=\frac{1}{2},l=\frac{1}{3}$,则有 $\boldsymbol{\beta}_3=\left(\frac{2}{3},-\frac{2}{3},\frac{2}{3}\right)$.

最后单位化,得到一组标准正交基

$$\boldsymbol{\beta}_1^0=\left(\frac{1}{\sqrt{2}},\frac{1}{\sqrt{2}},0\right),$$

$$\boldsymbol{\beta}_2^0=\left(\frac{1}{\sqrt{6}},-\frac{1}{\sqrt{6}},-\frac{2}{\sqrt{6}}\right),$$

$$\boldsymbol{\beta}_3^0=\left(\frac{1}{\sqrt{3}},-\frac{1}{\sqrt{3}},\frac{1}{\sqrt{3}}\right).$$

例 7.2.2 在闭区间 $[0,1]$ 上考虑 $\Re$ 上的线性空间 $\Re_2[x]$,内积定义为

$$\langle f(x),g(x)\rangle=\int_0^1 f(x)g(x)\mathrm{d}x .$$

取一组基 $\boldsymbol{\alpha}_1=1,\boldsymbol{\alpha}_2=x,\boldsymbol{\alpha}_3=x^2$, 令 $\boldsymbol{\beta}_1=\boldsymbol{\alpha}_1=1,\boldsymbol{\beta}_2=\boldsymbol{\alpha}_2+k\boldsymbol{\beta}_1$,且 $\langle\boldsymbol{\beta}_1,\boldsymbol{\beta}_2\rangle=0$,则有

$$0=\langle\boldsymbol{\beta}_1,\boldsymbol{\beta}_2\rangle=\langle 1,x+k\rangle=\int_0^1(x+k)\mathrm{d}x=\frac{1}{2}+k,$$

解得 $k=-\frac{1}{2}$,则有 $\boldsymbol{\beta}_2=x-\frac{1}{2}$.

再令 $\boldsymbol{\beta}_3=\boldsymbol{\alpha}_3+k\boldsymbol{\beta}_1+l\boldsymbol{\beta}_2$,且

$$\langle\boldsymbol{\beta}_3,\boldsymbol{\beta}_1\rangle=\langle\boldsymbol{\beta}_3,\boldsymbol{\beta}_2\rangle=0,$$

则有

$$\begin{aligned}0&=\langle\boldsymbol{\beta}_1,\boldsymbol{\beta}_3\rangle\\&=\langle\boldsymbol{\beta}_1,\boldsymbol{\alpha}_3+k\boldsymbol{\beta}_1+l\boldsymbol{\beta}_2\rangle\\&=\int_0^1\left(x^2+k\right)\mathrm{d}x\\&=\frac{1}{3}+k,\\0&=\langle\boldsymbol{\beta}_2,\boldsymbol{\beta}_3\rangle\\&=\langle\boldsymbol{\beta}_2,\boldsymbol{\alpha}_3+k\boldsymbol{\beta}_1+l\boldsymbol{\beta}_2\rangle\\&=\int_0^1x^2\left(x-\frac{1}{2}\right)\mathrm{d}x+l\int_0^1x^2\left(x-\frac{1}{2}\right)^2\mathrm{d}x\\&=\frac{1}{12}+\frac{1}{12}l,\end{aligned}$$

解得 $k=-\frac{1}{3}$，$l=-1$，则有 $\boldsymbol{\beta}_3=x^2-x+\frac{1}{6}$.

最后单位化,得

$$\begin{aligned}\boldsymbol{\beta}_1^0&=1,\\\boldsymbol{\beta}_2^0&=\sqrt{3}\left(2x-1\right),\\\boldsymbol{\beta}_3^0&=\sqrt{5}\left(6x^2-6x+1\right).\end{aligned}$$

例 7.2.3 （正交化过程的几何意义）在二维欧氏空间 $\Re^2$ 上,取两个向量 $\boldsymbol{\alpha}_1=(4,2),\boldsymbol{\alpha}_2=(1,3)$, 利用 Gram–Schimidt 正交化方法可得

$$\boldsymbol{\beta}_1=(4,2),\boldsymbol{\beta}_2=\boldsymbol{\alpha}_2+k\boldsymbol{\beta}_1=(-1,2),$$

其中, $k=-\frac{1}{2}$. 这里向量 $-k\boldsymbol{\beta}_1$ 是向量 $\boldsymbol{\alpha}_2$ 在向量 $\boldsymbol{\beta}_1$ 上的投影. 因此,正交化方法的实质是求出向量在已知正交向量组及其垂直方向上的分解.

若 $\boldsymbol{\varepsilon}_1,\boldsymbol{\varepsilon}_2,\cdots,\boldsymbol{\varepsilon}_n$ 是一组标准正交基,这时度量矩阵为单位矩阵

$$\boldsymbol{A}=\left(\langle\boldsymbol{\varepsilon}_i,\boldsymbol{\varepsilon}_j\rangle\right)=\boldsymbol{E}.$$

设向量 $\boldsymbol{\alpha}$ 的坐标是 x，向量 $\boldsymbol{\beta}$ 的坐标是 y，则易见

$$\langle \boldsymbol{\alpha}, \boldsymbol{\beta} \rangle = xy^{\mathrm{T}} = x_1y_1 + x_2y_2 + \cdots + x_ny_n ,$$

这个结果表明,在欧氏空间中内积是唯一确定的.

另选一组标准正交基 $\boldsymbol{\eta}_1, \boldsymbol{\eta}_2, \cdots, \boldsymbol{\eta}_n$,由 $\boldsymbol{\eta}_1, \boldsymbol{\eta}_2, \cdots, \boldsymbol{\eta}_n$ 到 $\boldsymbol{\varepsilon}_1, \boldsymbol{\varepsilon}_2, \cdots, \boldsymbol{\varepsilon}_n$ 的过渡矩阵是 $\boldsymbol{O}$,由于在不同基下的度量矩阵是合同的,则有 $\boldsymbol{O}^{\mathrm{T}}\boldsymbol{O}=\boldsymbol{E}$. 因此

$$\boldsymbol{O}^{\mathrm{T}}\boldsymbol{O}=\boldsymbol{O}\boldsymbol{O}^{\mathrm{T}}=\boldsymbol{E} .$$

定义 7.2.3　n 阶方阵 $\boldsymbol{O}$ 如果满足条件

$$\boldsymbol{O}^{\mathrm{T}}\boldsymbol{O}=\boldsymbol{O}\boldsymbol{O}^{\mathrm{T}}=\boldsymbol{E} ,$$

则 $\boldsymbol{O}$ 称为正交矩阵 .

从正交矩阵的定义可以得到.

定理 7.2.2　若矩阵 $\boldsymbol{A}$ 是 n 阶方阵,那么下面条件等价.

(1) $\boldsymbol{A}$ 是正交矩阵.

(2) $\boldsymbol{A}$ 的行向量组构成标准正交基.

(3) $\boldsymbol{A}$ 的列向量组构成标准正交基.

7.3　正交子空间的计算与证明

欧氏空间的子空间对于原空间的内积显然也是一个欧氏空间.

定义 7.3.1　设 W_1、W_2 是欧氏空间 V 的两个子空间. 如果对于任意的 $\boldsymbol{\alpha}_1 \in W_1, \boldsymbol{\alpha}_2 \in W_2$,都有

$$(\boldsymbol{\alpha}, \boldsymbol{\alpha}_1)=0 ,$$

则称 $\boldsymbol{\alpha}$ 与子空间 W_1 正交，记作 $\boldsymbol{\alpha}\perp W_1$.

因为只有零向量与其自身正交，因此由 $W_1\perp W_2$ 可以推出 $W_1\cap W_2$；由 $\boldsymbol{\alpha}\in W_1,\boldsymbol{\alpha}\perp W_1$ 可推出 $\boldsymbol{\alpha}=0$.

例 7.3.1 设 $\boldsymbol{\varepsilon}_1,\boldsymbol{\varepsilon}_2,\boldsymbol{\varepsilon}_3,\boldsymbol{\varepsilon}_4$ 是欧氏空间 V 的一组正交向量，有

$$L(\boldsymbol{\varepsilon}_1)\perp L(\boldsymbol{\varepsilon}_2,\boldsymbol{\varepsilon}_3,\boldsymbol{\varepsilon}_4);$$
$$L(\boldsymbol{\varepsilon}_1,\boldsymbol{\varepsilon}_2)\perp L(\boldsymbol{\varepsilon}_3,\boldsymbol{\varepsilon}_4);$$
$$\boldsymbol{\varepsilon}_1\perp L(\boldsymbol{\varepsilon}_3,\boldsymbol{\varepsilon}_4)$$

等正交关系.

定理 7.3.1 如果子空间 W_1, $W_2,\cdots$, W_n 两两正交，那么 $W_1+W_2+\cdots+W_s$ 是直和.

证明：在 $W_i\,(i=1,2,\cdots,\ s)$ 中取一组正交基

$$\boldsymbol{\alpha}_{i1},\boldsymbol{\alpha}_{i2},\cdots,\boldsymbol{\alpha}_{in_i},$$

则由假设可知

$$\boldsymbol{\alpha}_{11},\boldsymbol{\alpha}_{12},\cdots,\boldsymbol{\alpha}_{1n_1},\boldsymbol{\alpha}_{21},\boldsymbol{\alpha}_{22},\cdots,\boldsymbol{\alpha}_{2n_2},\cdots,\boldsymbol{\alpha}_{s1},\boldsymbol{\alpha}_{s2},\boldsymbol{\alpha}_{sn_s}$$

也是正交向量组，因此组成 $W_1,W_2,\cdots,W_n$ 的一组基. 这说明

$$\dim(W_1+W_2+\cdots+W_s)=\sum_{i=1}^{s}\dim(W_i).$$

所以，$W_1,W_2,\cdots,W_n$ 是直和.

定义 7.3.2 设 W_1 与 W_2 是欧氏空间 V 的一组标准正交基，$L(\boldsymbol{\varepsilon}_1,\boldsymbol{\varepsilon}_2,\cdots,\boldsymbol{\varepsilon}_m)$ 是 $L(\boldsymbol{\varepsilon}_{m+1},\boldsymbol{\varepsilon}_{m+2},\cdots,\boldsymbol{\varepsilon}_n)$ 的正交补（$0<m<n$）.

定理 7.3.2 n 维欧氏空间 V 的每一个子空间 W_1 都有唯一的正交补.

证明：（1）正交补存在.

如果 $W_1=\{0\}$ ，那么 W_1 的正交补就是 V；如果 $W_1=V$ ，那么 W_1 的正交补是零子空间 $\{0\}$. 如果 $W_1\neq\{0\}$ ，则在 W_1 中取一组正交基 $\boldsymbol{\varepsilon}_1,\boldsymbol{\varepsilon}_2,\cdots,\boldsymbol{\varepsilon}_m$（$0<m<n$），将它扩充为 V 的一组正交基

$$\boldsymbol{\varepsilon}_1, \boldsymbol{\varepsilon}_2, \cdots, \boldsymbol{\varepsilon}_m, \boldsymbol{\varepsilon}_{m+1}, \cdots, \boldsymbol{\varepsilon}_n \ ,$$

那么子空间 $L(\boldsymbol{\varepsilon}_{m+1}, \boldsymbol{\varepsilon}_{m+2}, \cdots, \boldsymbol{\varepsilon}_n)$ 就是 W_1 的正交补.

（2）唯一性．如果 W_2 与 W_3 同是 W_1 的正交补，那么

$$V = W_1 \dot{+} W_2 \ ; \ V = W_1 \dot{+} W_3 \ .$$

任取 W_2 中一个向量 $\boldsymbol{\alpha}_2$，$\boldsymbol{\alpha}_2$ 可表示为

$$\boldsymbol{\alpha}_2 = \boldsymbol{\alpha}_1 + \boldsymbol{\alpha}_3 \ , \ \boldsymbol{\alpha}_1 \in W_1 \ , \ \boldsymbol{\alpha}_3 \in W_3 \ .$$

由于 $W_2 \perp W_1$，$W_3 \perp W_1$，所以 $\boldsymbol{\alpha}_2 \perp \boldsymbol{\alpha}_1, \boldsymbol{\alpha}_3 \perp \boldsymbol{\alpha}_1$，因此

$$(\boldsymbol{\alpha}_2, \boldsymbol{\alpha}_1) = (\boldsymbol{\alpha}_1 + \boldsymbol{\alpha}_3, \boldsymbol{\alpha}_1) = (\boldsymbol{\alpha}_1, \boldsymbol{\alpha}_1) + (\boldsymbol{\alpha}_3, \boldsymbol{\alpha}_1) = (\boldsymbol{\alpha}_1, \boldsymbol{\alpha}_1) = 0.$$

于是

$$\boldsymbol{\alpha}_1 = 0, \ \boldsymbol{\alpha}_2 = \boldsymbol{\alpha}_3 \in W_3 \cdot$$

由此可知，$W_2 \subset W_3$；同理可证 $W_3 \subset W_2$．故 $W_2 = W_3$.

W_1 的正交补记作 $W_1^{\perp}$．由定义可知

$$\dim(W_1) + \dim(W_1^{\perp}) = n \ .$$

推论 7.3.1　$W_1^{\perp}$ 恰好由 V 中所有与 W_1 正交的向量组成.

由分解式

$$V = W_1 \dot{+} W_1^{\perp}$$

可知，V 中任一向量 $\boldsymbol{\alpha}$ 都可以唯一地分解成

$$\boldsymbol{\alpha} = \boldsymbol{\alpha}_1 + \boldsymbol{\alpha}_2 \ ,$$

其中，$\boldsymbol{\alpha}_1 \in W_1, \boldsymbol{\alpha}_2 \in W_1^{\perp}$. $\boldsymbol{\alpha}_1$ 称为向量 $\boldsymbol{\alpha}$ 在子空间 W_1 中的内射影.

例 7.3.2 W 是欧氏空间 $\Re^5$ 中的一个子空间. 已知

$$W=L(\alpha_1, \alpha_2, \alpha_3),$$

其中，$\alpha_1=(1,1,1,2,1)$，$\alpha_2=(1,0,0,1,-2)$，$\alpha_3=(2,1,-1,0,2)$. 求 $W^{\perp}$，并求向量

$$\alpha=(3,-7,2,1,8)$$

在 W 上的内射影.

解: 根据定理 7.3.2 的推论可得到：$W^{\perp}$ 由 $\alpha_1, \alpha_2, \alpha_3$ 正交的全部向量组成. 向量 $(x_1, x_2, x_3, x_4, x_5)$ 与 $\alpha_1, \alpha_2, \alpha_3$ 正交的充要条件为

$$\begin{cases} x_1+x_2+x_3+2x_4+x_5=0, \\ x_1+x_4-2x_5=0, \\ 2x_1+x_2-x_3+2x_5=0. \end{cases}$$

取这个齐次方程组的一个基础解系

$$\boldsymbol{\alpha}_4=(2,1,3,-2,0),$$

$$\boldsymbol{\alpha}_5=(4,-9,3,0,2).$$

那么 α_4, α_5 构成了 $W^{\perp}$ 的一组基，即

$$W^{\perp}=L(\boldsymbol{\alpha}_4,\boldsymbol{\alpha}_5).$$

要求 $\boldsymbol{\alpha}$ 在子空间 W 中的内射影，可将 $\boldsymbol{\alpha}$ 表达成 $\alpha_1, \alpha_2, \alpha_3, \alpha_4, \alpha_5$ 的线性组合

$$\alpha=\alpha_1-2\alpha_2+\frac{1}{2}\alpha_3-\frac{1}{2}\alpha_4+\alpha_5,$$

于是

$$\boldsymbol{\alpha}=\left(\boldsymbol{\alpha}_1-2\boldsymbol{\alpha}_2+\frac{1}{2}\boldsymbol{\alpha}_3\right)-\frac{1}{2}\boldsymbol{\alpha}_4+\boldsymbol{\alpha}_5,$$

其中,

$$\boldsymbol{\alpha}_1-2\boldsymbol{\alpha}_2+\frac{1}{2}\boldsymbol{\alpha}_3\in W,-\frac{1}{2}\boldsymbol{\alpha}_4+\boldsymbol{\alpha}_5\in W^{\perp},$$

因此,$\boldsymbol{\alpha}$ 在 W 中内射影为

$$\boldsymbol{\alpha}_1-2\boldsymbol{\alpha}_2+\frac{1}{2}\boldsymbol{\alpha}_3=\left(0,\frac{3}{2},\frac{1}{2},0,6\right).$$

7.4　正交变换与对称变换

7.4.1　正交变换

定义 7.4.1　设 V 是 n 维欧氏空间,如果线性变换 $\boldsymbol{\sigma}$: $V\to V$ 在一组标准正交基下的矩阵是正交矩阵,则称该变换为**正交变换**.

若 $\boldsymbol{\varepsilon}_1,\boldsymbol{\varepsilon}_2,\cdots,\boldsymbol{\varepsilon}_n$ 是欧氏空间 V 的一组标准正交基, $\boldsymbol{\sigma}$ 是一个正交变换,其矩阵为正交矩阵 $\boldsymbol{O}=\left(a_{ij}\right)_{n\times n}$,则有

$$\begin{aligned}\left\langle\boldsymbol{\sigma}\left(\boldsymbol{\varepsilon}_i\right),\boldsymbol{\sigma}\left(\boldsymbol{\varepsilon}_j\right)\right\rangle&=\left\langle\sum_{k=1}^{n}a_{ki}\boldsymbol{\varepsilon}_k,\sum_{l=1}^{n}a_{li}\boldsymbol{\varepsilon}_l\right\rangle\\&=\sum_{k=1}^{n}\sum_{l=1}^{n}a_{ki}a_{li}\left\langle\boldsymbol{\varepsilon}_{ki}\boldsymbol{\varepsilon}_{lj}\right\rangle\\&=\sum_{m=1}^{n}a_{mi}a_{mj}\\&=\left\langle\boldsymbol{\varepsilon}_i,\boldsymbol{\varepsilon}_j\right\rangle\\&=\delta_{ij},\end{aligned}$$

其中，δ_{ij} 是 Kronecker 符号，$1 \leqslant i, j \leqslant n$. 这表明，向量组 $\boldsymbol{\varepsilon}_1, \boldsymbol{\varepsilon}_2, \cdots, \boldsymbol{\varepsilon}_n$ 仍是一组标准正交基. 因此有

命题 7.4.1 正交变换把标准正交基仍变为标准正交基.

同样的计算可以得到下面的定理.

定理 7.4.1 正交变换保持向量之间的内积不变.

证明: 设 $\varepsilon_1, \varepsilon_2, \cdots, \varepsilon_n$ 是欧氏空间 V 的一组标准正交基，向量 $\alpha, \beta \in V$，且

$$\boldsymbol{\alpha} = \sum_{i=1}^{n} x_i \boldsymbol{\varepsilon}_i, \boldsymbol{\beta} = \sum_{i=1}^{n} y_i \boldsymbol{\varepsilon}_i ,$$

那么就有

$$\begin{aligned}\langle \boldsymbol{\sigma}(\boldsymbol{\alpha}), \boldsymbol{\sigma}(\boldsymbol{\beta}) \rangle &= \left\langle \sum_{i=1}^{n} x_i \boldsymbol{\sigma}(\boldsymbol{\varepsilon}_i), \sum_{j=1}^{n} y_j \boldsymbol{\sigma}(\boldsymbol{\varepsilon}_j) \right\rangle \\ &= \sum_{i=1}^{n} \sum_{j=1}^{n} x_i y_j \langle \boldsymbol{\sigma}(\boldsymbol{\varepsilon}_i), \boldsymbol{\sigma}(\boldsymbol{\varepsilon}_j) \rangle \\ &= \sum_{i=1}^{n} x_i y_i \\ &= \langle \boldsymbol{\alpha}, \boldsymbol{\beta} \rangle.\end{aligned}$$

证毕.

推论 7.4.1 正交变换保持向量的长度不变.

推论 7.4.2 正交变换保持向量之间的夹角不变.

定理 7.4.2 设 $\boldsymbol{\sigma}$ 是 n 维欧氏空间中的线性变换，则下述命题等价:

(1) $\boldsymbol{\sigma}$ 是正交变换.

(2) $\boldsymbol{\sigma}$ 是保持向量长度不变的.

(3) $\boldsymbol{\sigma}$ 是保持向量间的内积不变的.

(4) $\boldsymbol{\sigma}$ 把标准正交基变为标准正交基.

例 7.4.1 在平面 $\Re^2$ 上，考虑一组标准正交基

$$\boldsymbol{\varepsilon}_1 = (1,0), \boldsymbol{\varepsilon}_2 = (0,1),$$

并记

$$\boldsymbol{\varepsilon}_1' = \frac{\sqrt{2}}{2}\boldsymbol{\varepsilon}_1 + \frac{\sqrt{2}}{2}\boldsymbol{\varepsilon}_2, \boldsymbol{\varepsilon}_2' = -\frac{\sqrt{2}}{2}\boldsymbol{\varepsilon}_1 + \frac{\sqrt{2}}{2}\boldsymbol{\varepsilon}_2.$$

若线性变换 $\boldsymbol{\sigma}$,使得

$$\sigma(\boldsymbol{\varepsilon}_1) = \boldsymbol{\varepsilon}_1', \sigma(\boldsymbol{\varepsilon}_2) = \boldsymbol{\varepsilon}_2',$$

则容易得到 $\boldsymbol{\sigma}$ 的矩阵是

$$\boldsymbol{O} = \begin{pmatrix} \frac{\sqrt{2}}{2} & -\frac{\sqrt{2}}{2} \\ \frac{\sqrt{2}}{2} & \frac{\sqrt{2}}{2} \end{pmatrix},$$

易于验证,$\boldsymbol{O}^{\mathrm{T}}\boldsymbol{O} = \boldsymbol{E}$. 因此,$\boldsymbol{\sigma}$ 是一个正交变换. 从几何上看,变换 $\boldsymbol{\sigma}$ 相当于将坐标轴反时针旋转了 $\frac{\pi}{4}$.

例 7.4.2 （续例 7.4.1）考虑单位圆 $x^2+y^2=1$,在做正交变换 $\boldsymbol{\sigma}$ 之后,曲线的方程变成 $x'^2 + y'^2 = 1$.

7.4.2　对称变换

设 V 是 n 维欧氏空间,如果线性变换 $\boldsymbol{\sigma}$: $V \to V$ 在一组标准正交基下的矩阵是对称矩阵,则称该线性变换为对称变换.

定理 7.4.3　欧氏空间中的线性变换 $\boldsymbol{\sigma}$ 是对称变换的充分必要条件是对任意的向量 $\boldsymbol{\alpha}, \boldsymbol{\beta}$,有

$$\langle \boldsymbol{\sigma}(\boldsymbol{\alpha}), \boldsymbol{\beta} \rangle = \langle \boldsymbol{\alpha}, \boldsymbol{\sigma}(\boldsymbol{\beta}) \rangle.$$

证明:必要性. 若 $\boldsymbol{\sigma}$ 是对称变换,在标准正交基 $\boldsymbol{\varepsilon}_1, \boldsymbol{\varepsilon}_2, \cdots, \boldsymbol{\varepsilon}_n$ 下的矩阵是 $\boldsymbol{A}$,$\boldsymbol{A}^{\mathrm{T}}=\boldsymbol{A}$. 设 $\boldsymbol{\alpha}, \boldsymbol{\beta}$ 在这组标准正交基之下的坐标是 x, y 则有

$$\langle\sigma(\alpha),\beta\rangle=(\boldsymbol{A}\boldsymbol{x})^{\mathrm{T}}\boldsymbol{y}=\boldsymbol{x}^{\mathrm{T}}(\boldsymbol{A}\boldsymbol{y})=\langle\alpha,\sigma(\beta)\rangle.$$

充分性. 由于

$$\langle\sigma(\alpha),\beta\rangle=(\boldsymbol{A}\boldsymbol{x})^{\mathrm{T}}\boldsymbol{y}=\boldsymbol{x}^{\mathrm{T}}\boldsymbol{A}^{\mathrm{T}}\boldsymbol{y}$$

及

$$\langle\alpha,\sigma(\beta)\rangle=\boldsymbol{x}^{\mathrm{T}}\boldsymbol{A}\boldsymbol{y},$$

因此有 $\boldsymbol{x}^{\mathrm{T}}(\boldsymbol{A}^{\mathrm{T}}-\boldsymbol{A})\boldsymbol{y}=0$ 对任意的 x,y 都成立,则 $\boldsymbol{A}^{\mathrm{T}}-\boldsymbol{A}=0$. 证毕.

定理 7.4.4 对称变换的特征值均为实数.

证明: 只要证明对称矩阵 $\boldsymbol{A}$ 的特征值都是实数即可.

设 λ 是对称矩阵 $\boldsymbol{A}$ 的特征值,非零向量 $\boldsymbol{x}$ 是属于 λ 的特征向量,则

$$\boldsymbol{A}\boldsymbol{x}=\lambda\boldsymbol{x}.$$

取共轭复数有

$$\overline{\boldsymbol{A}\boldsymbol{x}}=\overline{\lambda\boldsymbol{x}}=\overline{\lambda}\overline{\boldsymbol{x}}.$$

下面用两种方法计算 $\overline{\boldsymbol{x}}^{\mathrm{T}}\boldsymbol{A}\boldsymbol{x}$ 得到

$$\overline{\boldsymbol{x}}^{\mathrm{T}}\boldsymbol{A}\boldsymbol{x}=\overline{\boldsymbol{x}}^{\mathrm{T}}(\boldsymbol{A}\boldsymbol{x})=\overline{\boldsymbol{x}}^{\mathrm{T}}(\lambda\boldsymbol{x})=\lambda\overline{\boldsymbol{x}}^{\mathrm{T}}\boldsymbol{x},$$
$$\overline{\boldsymbol{x}}^{\mathrm{T}}\boldsymbol{A}\boldsymbol{x}=\overline{\boldsymbol{x}}^{\mathrm{T}}\boldsymbol{A}^{\mathrm{T}}\boldsymbol{x}=(\boldsymbol{A}\overline{\boldsymbol{x}})^{\mathrm{T}}x=(\overline{\boldsymbol{A}\boldsymbol{x}})^{\mathrm{T}}\boldsymbol{x}=\overline{\boldsymbol{\lambda}\boldsymbol{x}}^{\mathrm{T}}\boldsymbol{x},$$

由于 $\boldsymbol{x}\neq\boldsymbol{0}$,因此 $\overline{\boldsymbol{x}}^{\mathrm{T}}\boldsymbol{x}\neq0$,比较两式得 $\overline{\lambda}=\lambda$,即 λ 是实数. 证毕.

定理 7.4.5 属于对称变换的不同特征值的特征向量一定是正交的.

证明: 设 $\lambda_1\neq\lambda_2$ 是对称变换 $\boldsymbol{\sigma}$ 的两个不同的特征值, $\boldsymbol{\alpha}$, $\boldsymbol{\beta}$ 分别是属于它们的特征向量,即

$$\boldsymbol{\sigma}(\boldsymbol{\alpha})=\lambda_1\boldsymbol{\alpha},\boldsymbol{\sigma}(\boldsymbol{\beta})=\lambda_2\boldsymbol{\beta},\lambda_1=\lambda_2\ ,$$

那么就有

$$\langle\boldsymbol{\sigma}(\boldsymbol{\alpha}),\boldsymbol{\beta}\rangle=\langle\lambda_1\boldsymbol{\alpha},\boldsymbol{\beta}\rangle=\lambda_1\langle\boldsymbol{\alpha},\boldsymbol{\beta}\rangle,$$
$$\langle\boldsymbol{\sigma}(\boldsymbol{\alpha}),\boldsymbol{\beta}\rangle=\langle\boldsymbol{\alpha},\boldsymbol{\sigma}(\boldsymbol{\beta})\rangle=\langle\boldsymbol{\alpha},\lambda_2\boldsymbol{\beta}\rangle=\lambda_2\langle\boldsymbol{\alpha},\boldsymbol{\beta}\rangle,$$

比较得$\langle\boldsymbol{\alpha},\boldsymbol{\beta}\rangle=0$. 证毕.

定理 7.4.6 若$\boldsymbol{\sigma}$是对称变换,则一定存在一组标准正交基,使得$\boldsymbol{\sigma}$在这组基下的矩阵是对角形矩阵.

证明: 对欧氏空间 V 的维数 n 用归纳法.

当 n=1 时,显然成立. 现在假设对维数不超过 $n-1$ 的欧氏空间命题都成立对 n 维欧氏空间. 设 λ_1 是其上对称变换 $\boldsymbol{\sigma}$ 的一个特征值, $\boldsymbol{\varepsilon}_1,\boldsymbol{\varepsilon}_2,\cdots,\boldsymbol{\varepsilon}_n$ 是特征子空间$V_{\lambda 1}$的一组标准正交基,则

$$\boldsymbol{\sigma}(\varepsilon_i)=\lambda_1\boldsymbol{\varepsilon}_i,\ 1\leqslant i\leqslant s.$$

将这组$V_{\lambda 1}$的标准正交基扩充为 V 的标准正交基$\boldsymbol{\varepsilon}_1,\boldsymbol{\varepsilon}_2,\cdots,\boldsymbol{\varepsilon}_n$,并记

$$W=span(\boldsymbol{\varepsilon}_{s+1},\cdots,\boldsymbol{\varepsilon}_n)\ ,$$

记$\boldsymbol{\sigma}$在 W 上的限制为$\tau=\sigma|_W$,则 W 的维数是 $n-s<n$,且

$$\langle\boldsymbol{\tau}(\varepsilon_i),\varepsilon_j\rangle=\langle\boldsymbol{\sigma}(\varepsilon_i),\varepsilon_j\rangle=\langle\varepsilon_i,\boldsymbol{\sigma}(\varepsilon_j)\rangle=\langle\varepsilon_i,\boldsymbol{\tau}(\varepsilon_j)\rangle,$$

即$\boldsymbol{\tau}$是对称变换. 由归纳假设,在子空间 W 中一定存在一组标准正交基$\boldsymbol{\varepsilon}_{s+1}{}',\boldsymbol{\varepsilon}'_{s+2},\cdots,\boldsymbol{\varepsilon}'_n$,满足条件$\tau(\boldsymbol{\varepsilon}'_i)=\lambda_i\boldsymbol{\varepsilon}'_i$,即$\boldsymbol{\sigma}(\varepsilon'_i)=\lambda_i\varepsilon'_i$, $s+1\leqslant i\leqslant n$.

取$\boldsymbol{\varepsilon}'_i=\boldsymbol{\varepsilon}_i$, $1\leqslant i\leqslant s$,则向量组$\varepsilon'_1,\varepsilon'_2,\cdots,\varepsilon'_n$是 V 的一组标准正交基,且

$$\sigma(\varepsilon'_i)=\lambda_i\varepsilon'_i\ ,\ \ 1\leqslant i\leqslant n.$$

证毕.

参考文献

[1] 陈东升 . 线性代数与空间解析几何及其应用 [M]. 北京 : 高等教育出版社 ,2010.

[2] 陈芸 . 线性代数 [M]. 北京 : 北京理工大学出版社 ,2019.

[3] 冯良贵 , 戴清平 , 李超 , 等 . 线性代数与解析几何 [M]. 北京 : 科学出版社 ,2008.

[4] 高宗升 , 周梦 . 线性代数 [M]. 北京 : 北京航空航天大学出版社 ,2005.

[5] 顾桂定 , 张振宇 . 矩阵论 [M]. 上海 : 上海财经大学出版社 ,2017.

[6] 胡万宝 , 舒阿秀 , 蔡改香 , 等 . 线性代数 [M]. 合肥 : 中国科学技术大学出版社 ,2013.

[7] 黄有度 , 朱士信 . 矩阵理论及其应用 [M]. 合肥 : 合肥工业大学出版社 ,2005.

[8] 江明辉 . 高等代数九讲 [M]. 武汉 : 华中科技大学出版社 ,2019.

[9] 姜同松 . 高等代数方法与技巧 [M]. 济南 : 山东人民出版社 ,2012.

[10] 黎克麟 , 宋乾坤 , 郭发明 . 高等代数教学分析与研究 [M]. 成都 : 四川大学出版社 ,2004.

[11] 李忠定 , 张保才 , 刘响林 , 等 . 线性代数与几何 (第 3 版)[M]. 北京 : 中国铁道出版社 ,2009.

[12] 李路 , 王国强 , 吴中成 . 矩阵论及其应用 [M]. 上海 : 东华大学出版社 ,2019.

[13] 李师正 . 高等代数解题方法与技巧 [M]. 北京 : 高等教育出版社 ,2004.

[14] 李小刚 , 刘吉定 , 罗进 . 线性代数及其应用 [M]. 北京 : 科学出版社 ,2012.

[15] 李志慧，李永明．高等代数中的典型问题与方法（第二版）[M]. 北京：科学出版社，2016.

[16] 刘剑平，施劲松，钱夕元，等．线性代数及其应用（第二版）[M]. 上海：华东理工大学出版社，2008.

[17] 刘三明．线性代数及应用 [M]. 南京：南京大学出版社，2012.

[18] 卢博，田双亮，张佳．高等代数思想方法及应用 [M]. 北京：科学出版社，2016.

[19] 卢刚．线性代数解题方法与技巧 [M]. 北京：北京大学出版社，2006.

[20] 罗桂生．线性代数（第三版）[M]. 厦门：厦门大学出版社，2016.

[21] 马传渔，马荣，袁明霞，等．线性代数解题方法与技巧 [M]. 南京：南京大学出版社，2014.

[22] 毛纲源．经济数学（线性代数）解题方法技巧归纳 [M]. 武汉：华中科技大学出版社，2017.

[23] 穆耀辉，司国星，郭燕双．线性代数 [M]. 合肥：合肥工业大学出版社，2018.

[24] 宁群．线性代数 [M]. 合肥：中国科学技术大学出版社，2019.

[25] 钱国华，唐锋．高等代数与解析几何 [M]. 苏州：苏州大学出版社，2020.

[26] 邱森．高等代数（第二版）[M]. 武汉：武汉大学出版社，2012.

[27] 宋旭霞，林洪燕．行列式及其应用 [M]. 赤峰：内蒙古科学技术出版社，2018.

[28] 孙振绮，张宪君．空间解析几何与线性代数 [M]. 北京：机械工业出版社，2011.

[29] 唐再良．高等代数 [M]. 北京：中国水利水电出版社，2016.

[30] 王殿军，张贺春，胡冠章．大学代数与几何 [M]. 北京：清华大学出版社，2012.

[31] 王纪林．线性代数解题方法与技巧 [M]. 上海：上海交通大学出版社，2011.

[32] 王晓翊，姜权．高等代数基础与数学分析原理探究 [M]. 北京：中国原子能出版社，2019.

[33] 王中良．线性代数解题指导——概念、方法与技巧 [M]. 北京：北京大

学出版社 ,2004.

[34] 阳平华 , 阳彩霞 . 线性代数 [M]. 北京 : 航空工业出版社 ,2018.

[35] 于朝霞 , 张苏梅 , 苗丽安 . 线性代数与空间解析几何 [M]. 北京 : 高等教育出版社 ,2009.

[36] 张国印 , 伍鸣 . 线性代数与空间解析几何 [M]. 南京 : 南京大学出版社 ,2011.

[37] 张杰 , 邹杰涛 . 线性代数及其应用 [M]. 北京 : 中国财政经济出版社 ,2010.

[38] 张清仕 , 田东霞 , 吉蕾 . 高等代数典型问题研究与实例探析 [M]. 北京 : 中国原子能出版社 ,2020.

[39] 张志让 , 刘启宽 . 线性代数与空间解析几何 (第二版)[M]. 北京 : 高等教育出版社 ,2009.

[40] 赵礼峰 , 李雷 , 张爱华 . 线性代数与解析几何 (第二版)[M]. 北京 : 科学出版社 ,2016.

[41] 邹庭荣 , 胡动刚 , 李燕 . 线性代数及其应用 [M]. 北京 : 科学出版社 ,2018.

[42] 左连翠 . 高等代数 [M]. 北京 : 科学出版社 ,2016.